上海市教委 085 工程资助项目

上海市哲学社会科学规划基金资助项目（2008BZH004）

区域电网建设安全风险识别及规避策略研究（以华东电网为例）

杨太华　著

东南大学出版社

SOUTHEAST UNIVERSITY PRESS

·南京·

内容提要

本书以电网工程建设为背景，借助现代系统控制论和复杂性科学，系统地研究了停电事故的发生发展规律，及其对经济和社会的影响。研究工作涉及区域电网的规划、建设、运营和管理，聚焦电网的安全可靠性、风险管理、防灾减灾和应急管理等。内容包括：对国内外主要大停电事故的剖析；构建区域电网安全风险评价体系；电网建设安全风险识别技术和评估方法；分层全息技术的运用；越江电力管道建设安全风险的模糊层次分析；电网安全风险神经元模拟的实现路径；电网事故演化机理的自组织和耗散结构分析；电网项目的脆弱性识别和物元模型分析，并通过华东电网工程实例研究，提出了区域电网安全风险的预测预防和控制策略措施。

本书可供电力、能源、矿业、土木、铁道交通、市政等部门从事工程建设和安全管理有关的生产、科研人员参考，亦可作为大专院校电力工程、能源工程、土木工程、安全工程、工程管理等专业高年级及研究生的教学参考书。

图书在版编目(CIP)数据

区域电网建设安全风险识别及规避策略研究：以华东电网为例/杨太华著. —南京：东南大学出版社，2014.5

ISBN 978 - 7 - 5641 - 4054 - 0

Ⅰ. ①区… Ⅱ. ①杨… Ⅲ. ①电网—电力工程—安全风险—风险管理—研究—华东地区 Ⅳ. ①TM727

中国版本图书馆 CIP 数据核字(2014)第 025977 号

书　　名：区域电网建设安全风险识别及规避策略研究（以华东电网为例）
著　　者：杨太华
策划编辑：叶　娟　　　　　编辑邮箱：yejuan80@sohu.com

出版发行：东南大学出版社
社　　址：南京市四牌楼 2 号　　　邮　　编：210096
网　　址：http://www.seupress.com
出 版 人：江建中

印　　刷：江苏兴化印刷有限公司
开　　本：700 mm×1000 mm　1/16　印张：17　字数：280千字
版　　次：2014 年 5 月第 1 版　　2014 年 5 月第 1 次印刷
书　　号：ISBN 978 - 7 - 5641 - 4054 - 0
定　　价：40.00 元

经　　销：全国各地新华书店
发行热线：025－83790519　83791830

前　言

伴随着人类的生存和发展，人类自身也在不断地追求安宁和幸福。马斯洛把人的需求按其重要性和发生的先后顺序排列成五个层次，而其中安全是仅次于生理的基本需求。随着社会经济的不断发展，电力需求也在不断增加，电网的规模迅速扩大，技术的复杂性相应增加，电网运行故障、人身事故、大停电事故、设备事故时有发生，事故所造成的损失还相当严重。电网建设安全事关国家和人民的生命财产安全和社会的稳定，因此，加强电网建设的安全风险研究，实施安全管理创新，探索并逐步建立与现代电力工业相适应的现代化管理体系，对确保我国电网建设和安全稳定运行具有重要意义。

本书主要研究区域电网的规划投资、设计建造和质量控制的风险识别技术及规避策略。研究工作从风险管理理论和经济学的角度，对电网规划设计、建造和运行管理中的经济合理性和安全可靠性进行分析，通过电网建设项目安全风险的测度、辨识、评价，构建了区域安全风险评价体系，并提出区域电网防灾减灾策略，特别是应对突发性特大停电事故的预防预测措施。

本书内容共分 15 章，主要包括：

第 1 章为绪论。根据国内外关于电网建设安全风险研究进展，系统深入地整理了相关的资料和研究成果。研究主要以电网系统为基础，对电网建设安全风险的概念及其发展进行详细论述。研究电力安全从以定性评价为主，逐步转向定量评价，并以定性与定量相结合，解决安全风险的评价问题。研究工作从电网规划建设安全风险研究进展、电网事故安全风险的复杂性研究、电力系统连锁故障安全风险研究进展、电网系统大停电事故的预防研究等几个方面展开，最后综合国内外电力安全风险的最新进展，指出了未来电网建设安全风险可能的研究方向。

第 2 章为国内外典型大停电事故对我国电网建设安全风险防范的启示。主要探讨了美加"8·14"、莫斯科"5·25"、欧洲"11·4"、2008 年我国南方冰冻灾害和 2011 年日本地震海啸引起的大停电等事故的成因及影响因子，并借鉴安全工程学中的"5M"模型对这些事故的成因进行解读。通过输电网本身的抗灾能力、电网的保护系统建设、安全风险管理等

1

方面的详细分析，提出了应对大停电事故的策略措施。

第3章为区域电网安全风险评价体系的构建。主要从区域电网安全风险评价体系的总体设计、安全风险评价体系的基本结构、安全风险评价的基本要素、安全风险值的量化与分级、电网性能化安全风险评价、电网系统安全风险评价标准的制定等方面，对区域电网安全风险评价体系进行了系统的研究和初步构建。研究过程中主要以华东电网为依据进行讨论分析。

第4章为电网建设安全风险识别。主要从电网建设安全风险辨识应遵循的原则、安全风险识别过程、安全风险识别方法与技术、安全风险识别成果、电网建设项目安全风险识别、电网建设项目施工安全风险辨识清单等方面展开研究，研究的背景以华东电网建设施工组织设计和输电网的主要安全危险辨识风险源为参考依据。

第5章为电网建设安全风险测度原理与方法。主要从建设项目安全风险测度过程、安全风险发生的统计和概率测度方法、安全风险损失测度方法和应用实例分析来对安全风险测度的统计和概率方法进行实证分析。研究主要以数据的处理和挖掘分析为基础，理论公式参考了相关的概率和数理统计理论。

第6章为电网建设安全风险识别的分层全息建模。主要引进美国学者 Haimes(1981)提出来的分层全息建模思想和方法。目前，在国内还未见这方面报道。该方法将该理论应用于电网建设工程的安全风险识别研究。主要从分层全息建模理论和方法的理解入手，基于可持续发展的电网建设安全风险识别、电网建设分层全息辨识理论框架的构建、电网建设工程施工的安全风险分层全息辨识等方面展开研讨，许多内容和思考具有创新性。

第7章为电网建设安全风险评价及 AHP 方法的应用。主要从电网建设安全风险评价的作用和评价步骤、电网建设安全风险水平、AHP 方法原理、电网建设 AHP 方法应用实例分析等方面探讨了电网建设安全风险评价方法原理，及其应用效果。

第8章为模糊故障树方法及其在华东电网建设安全风险分析中的应用。主要从故障树的含义、电网建设风险与可靠性比较、故障树的构成、故障树的分析程序、模糊故障树模型、电网建设故障树风险分级以及在华东电网上海复兴东路越江隧道工程和江苏电网倒塔事故安全风险分析实证分析等方面展开研究，并探讨了相应的安全风险对策研究。

第9章为区域电网建设安全风险的自组织临界特性分析。主要从区域电力供应系统与沙堆模型原理、区域电力供应自组织临界特性分析、电力供应系统安全风险分析等方面展开研究。研究的主体思想是以电力系统的复杂性为基础。

第 10 章为电网建设项目安全风险的模糊神经网络模型分析。这一章实际是电网建设安全风险评价的扩展。主要引进人工神经网络方法，从 BP 神经网络基本原理及其典型网络模型、电网建设安全风险控制效果状态集合、电网建设工程指标体系的确定、电网建设安全风险评价神经元网络的实现和工程应用实例等方面展开研究。

第 11 章为区域电网大停电事故的耗散结构特征及演化机理分析。该研究突破了传统的工程技术层面的研究，将系统科学和耗散结构理论（complexityscience）运用于复杂电网大停电事故的发生发展规律分析，在此基础上，应用熵变理论来揭示事故的演化机理，建立了熵流模型，从而为电网停电事故的预测预防奠定了理论基础。

第 12 章为基于脆弱性的电网建设项目安全风险评估。主要从现有脆弱性概念分析入手，提出了电网建设项目脆弱性的概念；根据建设项目各因素之间的相互关联作用，对电网建设项目的脆弱性进行识别，构建电网建设项目脆弱性的度量模型。并运用矩阵方法，通过项目安全事件的可能性、项目脆弱性的等级划分以及损失程度的计算，建立安全风险等级，以反映项目安全风险的严重程度，并运用实例计算进行了分析研究。

第 13 章为地下变电站安全风险的可拓物元模型分析。主要通过地下变电安全风险的影响因素分析，较系统地建立了地下变电站安全风险评价指标体系，提出了 5 大类 12 个影响因子作为地下变电站安全风险的评价指标，并应用可拓学中的物元理论对地下变电站安全风险进行研究，建立了基于物元模型的地下变电站安全风险评价体系。与其他方法相比，物元模型能够直观地反映评价对象的定性与定量的关系，从而比较完整地揭示地下变电站安全状况的综合水平，同时易于用计算机进行编程处理，扩大安全风险评价的范围。通过应用实例分析，对该评价模型进行了论证，这为提高地下变电站的安全管理水平，确保城市电网的正常运行提供了新的安全评估思路。

第 14 章为电网建设安全风险规避策略。主要从电网建设安全风险应对计划的编制、电网建设安全风险对策措施、电网建设安全风险规避、电网建设安全风险转移、电网建设安全风险减缓、电网建设风险自留与利用、电网建设的保险选择以及电网建设安全风险管理的科学决策等方面开展研究，分析各种策略的优越性和局限性。

第 15 章为结论。主要总结本书的研究结论和研究成果、存在的问题以及进一步研究的设想。

本书作者自 1992 年师从同济大学土木学院、中科院院士孙钧教授，1995 年取得博士学位，主要从事土木工程防灾减灾、施工技术和工程管理的教学和科研工作，在岩土工程、隧道及地下建筑工程，建设安全管理方面有较为深入的研究，现为上海电力学院教师。本书的主要内容和研究思路得益于导师中科院院士孙钧教授及其教学团队的师兄弟和同事的关心和指教。尽管离开母校已有多年，但作者在工作和学习中，仍然得到导师和学长的关心和指导，这些都为本书的选题、调查和试验研究、理论分析以及论文的撰写和定稿起到了"定海神针"的作用，在此，谨向恩师致以崇高的敬意和衷心的感谢。作者的研究和论文工作还得到了上海电力学院李国荣教授、施泉生教授等多位老师的支持和帮助，在此深表谢意。书中的部分内容参考了河海大学工程管理专家王卓甫教授等人的文献和著作（书中均有标注）。本书的后期研究工作还得到了上海电力学院工程管理教研室汪洋、王素芳、刘樱、孙建梅、谢婷等多位老师的帮助，在此深表感谢。

本书有关研究工作得到上海市哲学社会科学规划基金的资助（批准号：2008BZH004）、上海市教委 085 工程以及上海电力学院科研启动基金的资助，工作过程中得到了国家电网上海电力公司、华东电网公司的大力协助，上海电力学院各级领导高度重视，并给予大力支持。最后，上海电力学院出版基金为本书的出版提供资助，在此深表谢意。

作者还要感谢东南大学出版社对本书进行了认真细致的编辑加工，使本书质量大大提高。

本书希望能对从事电力工程规划和建设、输电线路工程施工和维护、能源工程管理、土木工程防灾减灾、安全工程、工程管理领域教学科研的有关人员起到一点抛砖引玉的作用。由于作者水平及经验有限，书中难免存在这样那样的错误，恳请前辈及同仁不吝赐教。

作者

2013 年 10 月于上海

目录

第1章 绪 论

1.1 研究的提出

随着我国国民经济的不断发展,跨区域电网大规模互联的形成和发展是电网发展的必然趋势。我国地域辽阔,各地区能源分布、电源结构和经济发展很不平衡。可开发和建设的电源呈北煤西水分布,而用电负荷中心主要集中在东部和南部。区域电网间有很大的互补性,对跨地区送电的需求很大。为充分利用我国丰富但分布极不平衡的动力资源,积极推进和实施"西电东送、南北互供、全国联网"的发展战略,加快区域电网间和区域电网与省电网间联网工程建设,是我国电力建设事业发展的重点[1—3]。跨区域电网的形成,一方面提高了电力系统的运行效率,另一方面却也增加了系统运行的不确定性,任何局部安全事故都可能使系统受到扰动而波及范围更广的相邻电网,且电网事故的后果更加严重。总体上看,我国还是一个发展中国家,电网的总体规划设计水平与发达国家相比,还有很大的差距,电网结构薄弱,电气主设备和线路故障率较高,部分电网电源供应紧张,应对电网突发事件的运行风险备用不足;此外,由于我国电网东西、南北地域跨距大,特性差异大,系统运行方式变化大,电网结构复杂(图 1.1),已成为世界上最复杂的网络之一[4—5],该复杂网络存在不少薄弱环节,如何保证系统安全稳定运行将是各区域电网以及全国电网互联建设所面临的重大研究和艰巨任务。

近年来,国内外区域电网事故造成灾难性的后果和不良影响是众所周知的(表 1-1)。2003 年 8 月 14 日,美国中西部和东北部的大部分地区、加拿大的安大略地区经历了一次大停电事故[6—8]。该停电事故影响到估计有 5 000 万人口的地区,包括俄亥俄、密执安、宾夕法尼亚、纽约、佛蒙特、马萨诸塞、康涅狄格和新泽西以及加拿大安大略省的约 61 800 MW 的电力负荷。估计在美国的总损失范围为 40 亿~100 亿美元之间。在加拿大,8 月份的国内生产总值下降了 0.7%,损失了 1 890 万个净工作小时,安大略制造业运输量下降了 23 亿加元。2003 年 8 月 28 日伦敦南部发生一起停电事故[9],起因是由于某变压器瓦斯继电器动作,需要进

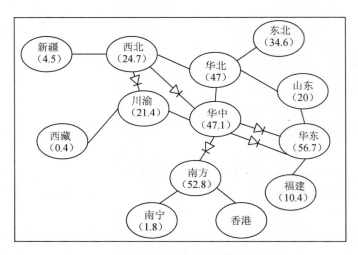

图 1.1　全国联网示意图

表 1-1　近年来大停电事故[6—11]

国家	事故发生时间	事故后果
美国	1996 年 7 月 2 日	系统解列成 5 个孤岛,事故影响 14 个州 200 万用户
美国	1996 年 8 月 10 日	系统解列成 4 个孤岛,事故影响 9 个州 150 万用户
美国、加拿大	2003 年 8 月 14 日	共损失 61 800 MW 负荷,停电范围超过 24 000 平方公里,受影响人口达 5 000 万
马来西亚	2003 年 9 月 1 日	事故影响 5 个州,停电时间持续 4 个多小时
意大利	2003 年 9 月 28 日	6 400 MW 的功率缺额导致了系统的频率崩溃
莫斯科	2005 年 5 月 25 日	电网过负荷导致系统崩溃,受影响人口达 200 万,停电时间持续 41 个小时
印尼	2005 年 8 月 18 日	输电网故障导致 3 大发电厂连锁停机,最终引发电网崩溃,受影响人口达 1 亿,停电时间持续半个多小时
中国	1995 年 9 月 9 日	宁夏电网发生大面积停电事故
中国	1997 年 2 月 27 日	西北电网发生大面积停电事故,造成西安东部、咸阳、渭南地区大面积停电,商洛地区全部停电
中国	2006 年 7 月 1 日	河南省大面积停电
中国	2008 年 1 月	冰雪灾害致贵州、河南、湖南、湖北、江西等省大面积停电

行一系列的倒闸操作调度,倒闸操作期间,NewCross 和 Hurst 变电站暂时由一条线路供电,而这条线路却在倒闸操作期间被线路保护误动作切除。2003 年 9 月 5 日东伯明翰的 Ham's Hall 变电站由于一起非常罕见的故障组合(三台主变中,一台由于过热被调度切除退出运行,另外一台由于保护的误动作而跳闸[9],导致剩下的一台变压器由于过负荷跳闸)引起整个变电站停电,失去全部负荷。2003 年 9 月 28 日,意大利发生大面积停电[9],停电故障的起因是 Oskashamm 电厂故障停机,损失1 200 MW。2006 年 7 月 1 日我国发生的华中电网停电事故[9],再次为我们敲响了警钟,这次事故发生在华中电网的河南省电网部分,500 kV 嵩郑两回线路突然发生故障先后跳闸引起大规模潮流转移,造成豫西、豫中部分 220 kV 线路连锁过载跳闸,导致了大面积停电事故。2008 年 1 月中旬以后,我国贵州、湖南、湖北、安徽、江西、浙江等南方省份出现罕见的低温雨雪冰冻极端灾害天气[10—11]。这次灾害天气持续时间长、影响范围广、危害程度深,给人民群众生命财产和工农业生产造成重大损失。

国内外的历次大停电事故说明电网建设从一开始就应该有风险的认识,但事实是我们并没有足够的考虑,特别是 2008 年我国南方罕见的覆冰灾害,电网故障的地点主要分布在山区,抢修起来比较困难,这次冻害既是一个世界性技术问题,也是中国电力建设制度的风险管理问题。这一风险到底是技术性的,还是制度性的? 到底存在哪些技术风险,哪些制度性风险? 它们怎样分布? 应该采取怎样的对策措施才能减少损失和预防这些风险? 这些是目前电网建设迫切需要解决的问题。

区域电网建设风险管理是对区域电网建设实施过程中各个环节、各个阶段可能出现的风险事件进行系统管理,旨在辨识出区域电网投资项目中现实的潜在的风险事件,并加以分析评价,控制这些风险事件对项目的实施产生的负面影响,降低损失发生的可能性,减弱风险发生的强度,减小波及面,达到电网建设的目标。同时,也可为电网企业决策者提供有利的决策依据。区域电网建设项目由于具有连续性、复杂性、少参照性等特点,其风险程度较高。各种灾难性事故的发生凸显了区域电网安全的重要性,使人们认识到电网建设规划在考虑投资费用的同时,还应考虑系统的稳定性。评估电网系统所面临的安全风险,这也是目前国内外许多研究工作者关注较多的一个问题。因此,对区域电网建设安全风险的影响因素进行分析,提出较合理的识别方法和应对策略措施,建立有效的风险综合评价指标体系和数学预测模型,对于以特高压电力网络为主干的坚强智能电网建设,建立电网建设风险的防控预控体系,保障电力系统健康稳定运行,促进经济发展和社会稳定和谐,具有重要意义。

1.2 研究现状及文献综述

1.2.1 安全风险概念及其发展

作为工业文明的重要标志,电力工程的建设和发展突飞猛进,电网系统的安全问题一直是人们关注的重点,特别是随着经济社会的不断发展,电力安全与人们的日常生活越来越密切。电力系统在给人们带来科学技术的进步和财富的同时,也伴随着灾害事故,并对人类的生命财产构成威胁。安全是相对于危险而言的,是一定条件下事故发生在人的可接受范围内的一种状态。安全与危险是相互依存,互为对立的统一体。安全是相对的,危险是绝对的,随着生产和技术的发展,出现了安全工程的概念[12]。安全工程是以人类生产、生活活动中发生的各种事故为主要研究对象,综合运用自然科学、技术科学和管理科学等方面的有关知识和成就,辨识和预测生产、生活活动中存在的不安全因素,并采取有效的控制措施,防止事故发生或减轻事故损失的工程领域。安全风险是安全概念的延伸[13],是安全科学与风险管理理论的交叉结合,它包含两层含义:一是事故发生的概率,二是事故发生的后果及损失程度。安全风险研究是伴随着风险管理理论的发展而逐步发展起来的。

风险的研究最早可追溯到公元前 916 年的共同海损制度。直到 20 世纪 40～50 年代,风险管理的思想在美国的保险行业广泛应用。其中,1950 年莫布雷(Mowbray)等人在《Insurance》一书中,较为系统地阐述了风险管理的概念及应用研究成果。1975 年美国保险管理协会(ASIM)改名为风险与保险管理协会(Risk & Insurance Management Society, RIMS),这标志着风险管理学科的逐步成熟。20 世纪 70 年代西方工业国家将风险管理理论应用于一些大型能源工程项目的建设,其中具有代表性的是 70 年代中期至 80 年代北美北部地区的极地管线项目,以及英国石油公司的北海海底管线铺设项目,在这些能源工程建设过程中,大量应用风险管理的理论和方法,使得工程项目风险管理理论逐步成熟。从 20 世纪 80 年代中期到现在,项目风险管理的理论开始运用于国防建设、核能工程、市政工程、房屋建筑和房地产开发与管理等各个方面[14—16]。20 世纪 80 年代以来,风险管理的理论研究和应用的发展较快,特别是在美英等发达国家,风险管理研究十分活跃。1987 年,英国查普曼(C. B.

Chapman)教授在《Risk Analysis for Large Projects：Models，Methods and Cases》一书中提出了"风险工程"的概念[17]，这也是风险管理理论在工程领域的应用和发展。风险工程是对各种风险分析技术的集成，以更有效地进行风险管理为目的，使得在较高层次上大规模地应用风险科学的研究成果成为可能。此外风险管理理论在大型工程项目决策，工程结构设计、工程投标、工程承包等过程被广泛应用和研究。1987 年为推动风险管理理论在发展中国家的推广和应用，联合国出版了《The Promotion of Risk Management in Developing Countries》研究报告，其影响较大。在我国，风险理论的教学、研究和应用始于 20 世纪 80 年代后期，主要研究保险行业和企业的经营管理问题[18]。随着国家大型水利工程项目"三峡工程"的立项建设，国外风险管理理论开始引入，并逐步在一些工程项目的决策和管理中得到应用，相继出版了多本有关专著，大大地推动了建设项目风险管理理论和方法的应用和发展[19—21]。

90 年代初，风险理论开始应用于电网系统[22—23]。研究电网建设安全风险必然涉及职业健康安全问题、投资规划和建设问题、电网运行管理问题等等，影响因素包括技术、组织、伦理、社会、法律和经济。受多种条件的制约，长期以来，电力安全一直是以定性评价为主，自引入风险理论后，电力安全的认识才逐步从定性评价转向定量评价，并以定性与定量相结合的方法，解决安全风险的评价问题[24—26]。

1.2.2 电网规划建设安全风险研究现状及进展

电网建设规划是电力系统规划的重要组成部分，其任务是根据电源和负荷增长情况，在现有电网结构基础上，合理地选择扩建线路以满足电力系统安全运行和经济性最优[27]。随着我国区域电网的发展，电源建设规模逐年扩大，电网规划和建设滞后。电网整体投入严重不足，增加了大停电的安全风险，因此，加快电网规划建设，已经刻不容缓。各种停电事故表明：输电网络是电力系统中最薄弱的环节。跨地区的电力市场和复杂多样的交易方式对电网的安全稳定提出了更高的挑战，电网容量的紧张加之调峰电量的不足使电网调节、应急能力进一步减弱。各种灾难性事故的发生凸显了输电网安全的重要性，使人们认识到输电规划在考虑投资费用的同时，还应考虑系统的安全稳定性，评估输电系统所面临的停电事故安全风险。

20 世纪 70 年代末，美国最早开始探索电力工业的改革。1989 年英国开始进行电力工业经营管理体制改革，传统的发电和输电垂直一体化体制逐渐被打破。世界各国纷纷效仿,很多国家已经或正在把市场竞争机制引入电力工业。90 年代开始,我国实行"厂网分开、竞价上网"的改革措施,电厂与电网分离,成立了独立的发电公司和具有自然垄断地位的电网公司,这些独立的企业将与电力用户一样,以市场参与者的身份参与电力市场交易,电力市场的形成将使电网建设规划的不确定性大大增加。2002 年的国际大电网会议(CIGRE)第 39 届委员会曾专门对电力系统规划、发展问题进行讨论[28],讨论集中在:面向快速发展的电力系统的挑战;规划、技术和体制的改革问题;发电、输电的新技术和新需求;电力市场对电网结构和电力系统发展的影响。由于电网结构、电压选择及交直流输电的配合是一个相当复杂的问题,取决于国民经济的发展和现代科学技术水平,目前电网系统规划建设安全风险的研究主要表现在如下几个方面:

(1)电网建设规划的安全可靠性

电力系统可靠性是指电力系统按照电能质量标准,不间断地向电力用户供应所需电力和电量的能力,包括充裕度和安全性两个方面。充裕度是指在静态条件下满足用户对电力和电量需求的能力;安全性是指在动态条件下电力系统抗干扰的能力。为了使电力系统能够安全稳定运行,世界各国都制订了详细的规划可靠性准则[29]。俄罗斯在制订可靠性准则时主要突出系统的稳定性。由于俄罗斯电网跨度很大,单独依靠加强电网来提高安全性有时并不经济,因此,其主要手段是加强系统反事故保护措施,规划的重点放在抗干扰的反事故自动装置设计上。欧洲各国电网普遍跨度小,输电线路短和稳定裕度大,在其制订准则时电力系统稳定问题并未特别强调,规划时更多地考虑系统的其他特性,稳定问题只在电网互联运行时被着重考虑。英国的输电网规划标准有所不同,主联网的静态可靠性采用 N-2 准则,而且规定在任何时刻系统必须在三相故障后保持暂态稳定[30]。按照大电网可靠性观点,NERC 发布的《NERC 规划标准》[31],对规划的互联大电网提出基本要求,指出规划的主要目标是:系统在受到发生概率较高的事故干扰时,能保持规划的负荷需求和预期的输电水平;在发生严重的但较小概率的事故时,避免系统崩溃。该标准考虑到了影响系统可靠性的各个方面,分别从系统充裕度和安全度、系统模型数据要求、系统保护和控制、系统恢复四个方面提出了具体标准。而文献[32]在对输电线路阻塞程度与网络可靠程度综合权衡的基础上,研究了市场条件下的电网建设规划问题。

从各国现行输电规划准则来看,基本上是以确定性准则为主,以技术条款和事件校验的方法来评价电网的可靠性,普遍采用的是 N-1 可靠性准则,以保证输电网发生故障或扰动时的安全运行。故障概率作为电网系统安全可靠性的定量指标,是各国学者和专家研究的重点,但目前尚未将概率性准则纳入电网建设规划之中。

（2）市场环境下的电网建设规划问题

电力市场的形成,使得发电市场、电网企业和电力用户之间的利益共同体被打破,市场成员间既相互竞争,又相互合作。电网建设规划的根本目标是,在保证电网系统安全可靠性的前提下,直接由市场需求决定。从而减少了电网系统的输电容量限制,降低了发电厂的地区性市场支配力（Market Power）。由于电网系统技术参数、经济参数等不确定因素增多,电网建设规划问题变得更加复杂[33,34],主要体现在:

① 电网建设规划与发电规划相互间的协调难度增大

在传统体制下,电网规划作为整个电力系统规划的一部分,服从于发电和输电垂直一体化的经济实体,相互之间比较容易协调。在市场环境下,发电公司或潜在的发电投资者、电网企业和电力用户各自为独立的经济实体,因而发电规划与电网建设规划分属于不同的决策企业,为各自的经济利益服务,相互间的协调非常困难,特别在对一些新电厂的兴建和老电厂的关闭进行协调时变得更加困难。尽管政府主管部门或监管机构可以给出一些指导性的发电规划方案,但这些规划方案一般不是强制性的,从而增加了电网建设规划的风险。

② 电网建设规划与投资模式的选择

市场经济条件下,对电网建设投资方式可以归纳为两种:基于管制的方法和基于市场的方法。

在基于管制的方法中,电网系统的调度运行和所有权由一个机构负责,同时该机构要受到一定的监管。在这种机制下,电网公司为电网系统所产生的阻塞成本负责,并需要以投资的方式来加以缓解,输电公司有最小化阻塞的激励,并对最优的电网扩展进行投资。采用这种方法的一个典型例子是英国电力市场[33]。在这个市场中,国家电网公司（NGC）是受管制的垄断输电公司,其所采用的输电价格结构中没有显示包含输电阻塞费用分量。当电网容量不足时,电力市场运营机构将根据相关调度条例来分配输电容量。在这种情况下,电网建设投资是通过行政或管理方式确定,而其成本回收和投资回报是由既定的管制方案确定,一般可以得到保证。由于经济、技术和地理环境等因素的影响,包括我国在内的大多数国家依然将电网企业作为一个垄断企业处理,输电网的运营仍然要受到政府或相关机构的严格监管,相应地,负责电网建设投资规划的主体也仅限于垄断企业。

在基于节点电价市场的方法中,可以通过市场需求信号来驱动电网建设投资与规划。投资者主要以对价格所产生的激励信号做出响应的方式来进行电网建设投资决策。对投资者而言,增加新的输电设备就是要获取潜在的阻塞成本或费用。在这种方式下,输电网建设投资是自愿的,其投资成本和回报不是通过管制的输电电价来获取的,而是通过所谓的"可交易输电权"来获得。节点电价之差就定义了输电的机会成本,或者输电权的价值。不管在理论还是实践上,目前还不存在单一的机制能够保证电网系统的最优扩展。文献[35]把各国电力市场环境下解决电网系统扩展的方法分为三种:长期金融输电权方法、统一管制方法和市场力方法,每种方法对应于不同的市场机制。文献[36]认为应该采用商业和管制相结合的办法,小规模的电网系统扩建工程采用商业方法,大规模建设工程采用统一管制的方法,无论采取何种方式,电网系统扩建规划的监管必不可少。

③ 电网建设投资成本的回收问题

合理的输电服务定价体系是实现市场条件下电网建设投资回收的前提。对基于管制的输电投资,已经提出了很多成本回收方法,且这些方法与管制政策密切相关。固定成本定价方法主要有三种:嵌入式方法、基于边际成本的方法、嵌入式和边际成本相结合的方法。总的来讲,国际上电力市场仍处于一个研究发展阶段,输电服务定价还没有一个完善的解决方法,这种情况很大程度上制约了电网建设规划的顺利实现。例如,挪威电网自 1991 年实行改革至 1996 年的统计数据表明,电网的投资总额减小了十分之九(从 4 亿挪威克朗降到 4 000 万挪威克朗),这主要是由于挪威电网的计费方法导致电网建设投资者无法获取足够的利润而引起的。

文献[37]通过研究竞争性双边市场模式下未来规划年的发电和负荷模式,建立了市场激励下的电网建设规划模型。文献[38]建立了拍卖市场下基于拍卖结果的电网建设规划。以投资费用及缺电费用最小为目标,文献[39]分析了系统的成本—收益率,并将其作为一种可靠性指标加入到电网建设规划目标中去。文献[40]以市场条件下社会运行成本最小化作为电网建设规划的目标。文献[41]介绍了一个面向对象的电力市场仿真模型,可用于研究电力市场环境下的电网系统动态规划问题。文献[42]指出为保证电网系统的长期建设投资和电力系统的安全运行,需要对提供输电服务的输电设备供应商进行合理的经济补偿,这部分补偿包括两部分:对短期运行成本(网损和阻塞成本)的补偿和对长期的输电网扩展提供资金。该文对输电网扩建规划进行了建模,所建模型可同时解决输电网长期边际成本的计算问题,可采用模拟退火法进行求解。模拟退火法可以求得长期边际成本(反映建设投资和运行成本),从而解决输电设备供应商的协调问题。文献[43]提出了一种市场环境下电网建设规划和投资的多层分析框架,以最大化的社会福利为目标,新框架在阻塞分析的基础上增加了输电网扩展建设投资层的分析,一共分为四层:网络物理层、商品市场层、金融市场层和输电投资层,能够评估输电网建设投资风险,并可以通过市场运行模拟的方法来检验输电设备投资前后的变化情况。

(3)电网建设规划中的风险因素

与传统的规划过程相比,市场环境下的电网建设规划面临更多的市场不确定性因素,主要包括规划期内的电源建设、负荷变化和系统运行方式变化等不确定性[44—46],新的市场环境下如何处理这些不确定性因素,使得规划方案具有较好的灵活性和鲁棒性,相对于传统的电网规划来说提出了更高的要求。

① 电源建设的不确定性

传统的电源建设规划由垂直一体化的电力企业来决定。电网建设规划是建立在发电规划基础上的。市场环境下,随着电厂与电网的分离,各自的规划都是相对独立的。老机组的退役和新增发电机组不再是集中式的统一规划。新增发电机组的规划取决于对未来节点电价的市场预测、管制政策的变化和季节变化。新建电厂的位置、容量和投运时间,以及旧电厂的关闭,都取决于发电公司或投资者自己的决策。这些因素对电网规划来说都是不确定的,也给电网规划带来很大的困难和影响,从而大大地增加了电网建设的投资风险。

② 电力负荷变化的不确定性

电力市场中实时电价会发生波动,甚至会发生剧烈的变化,如果考虑用户的需求弹性,则负荷水平也会随着电价的波动而变化。另外,当用户从价格、供电质量等因素出发改变其负荷需求时,将导致系统资源在一定程度上的重新分配,这也增加了电网建设规划的不确定性。

③ 电力系统运行方式的不确定性

在市场竞争中,电网调度的原则是根据市场成员报价的高低来确定成交量、成交价格和优先调度次序。电力市场中,发电厂生产的目标是使其利润最大化,从各自的利益出发,发电厂会不断调整自己的竞价策略,导致市场平衡点在一定范围内不断变化。伴随着跨区电力供求关系的出现,可能产生大规模的远距离输电交易,这就要求电网有足够的区域间输电容量,所有这些都会导致系统运行方式的不确定性。

1.2.3 电网系统安全事故的复杂性研究

(1) 电网系统的复杂性

复杂系统研究始于 20 世纪 80 年代,1998 年两位年轻的物理学家华兹(D. J. Watts)和史楚盖兹(S. H. Strogatz)在《Nature》杂志发表了一篇关于网络的论文[47],1999 年《Science》上又发表了另外两位年轻的物理学家(A. L. Barabasi 和 R. Albert)关于网络的另一篇论文[48],这两篇论文引发了关于复杂网络的研究热潮。因此,也孕育了一门新学科——复杂性科学。这门科学不完全遵从于牛顿定律,它探讨的是复杂系统中各组成部分之间相互作用所凸显的统计学特性[49]。目前,关于复杂性和复杂系统没有统一的严格定义,但一般认为复杂系统是由大量彼此相互联系又相互作用的基本单元组成的,这些基本单元涉及非常多的影响因素,其影响因素彼此之间又错综复杂,相互交织,所以不但不能进行动力学的解析求解,而且考虑近似的"理想精确"数值"从头计算"也不大可能。复杂性就是复杂系统的行为、组织特性。钱学森认为,复杂系统是一个开放的巨系统,复杂性是开放的复杂巨系统的动力学特性[48,50—51]。复杂系统的基本特征一般表现为:组成单元数量庞大;单元之间存在相互作用;具有多层次;具有开放性;具有自适应性和进化能力(指适应复杂系统);具有复杂的动力学特性[52—53]。复杂性理论作为一门新兴的交叉学科,在物理学、生物学、地质学、气象学和经济学等领域得到了广泛应用[54]。研究网络的几何性质、网络的形成机制、网络演化的统计规律、网络模型性质、网络的结构稳定性以及这些特性在具体网络中的影响对于研究电力系统的安全与稳定有着积极的意义。

近年来,关于网络复杂性的研究正处于蓬勃发展的阶段[55—57]。其中,"小世界"(Small-world)网络模型是一个新兴的热点。在对网络拓扑结构分析的过程中,华兹和史楚盖兹于 1998 年在《Nature》上提出了小世界网络模型[58],和随机网络相比,小世界网络具有相似的特征路径长度,而且具有大得多的聚类系数。人们发现小世界网络广泛存在于生物学领域中的神经系统、基因网络,以及社会领域中科学协作网络、人际关系网中,在一些人工建造的物理系统中,例如世界航空网、互联网等也呈现出小世界特性[54]。另外,在复杂网络领域研究中,有一个重大发现,就是很多大型的复杂网络都呈现出无标度(Scale-free)特性。无标度特性是指节点度概率分布遵循幂规律,即 $P(k) \sim k^{-\gamma}$。很多现实网络中的节点度数呈现幂分布规律,比如引用网、万维网、新陈代谢网等[59]。为了解释这种幂分布规律,巴拉巴西(Barabasi)和艾伯特(Albert)构建了一种无标度网络模型[48,59]。他们指出无标度网络自组织的两个重要因素是增长和择优连接,即不断地有新的节点加入网络中,新加入的节点优先与网络中已有节点中度数较大者连接(即所谓的"富者更富"现象)。

实际上,从 1882 年法国人 M. 德波列茨建成世界上第一个电力系统雏形到现代电力系统的形成,电力网络已经发展成为世界上规模最为庞大、结构最为复杂的网络系统之一。以北美电网 2003 年数据为例[60],115~765 kV 电网中就拥有多达 14 099 个变电站和 19 657 条支路。电网系统本身的结构及其演化规律具有内在的本质特性,一旦确定下来,必然对电网系统的性能及安全性产生深刻的影响[61—62]。文献[58]验证了美国西部电网是一个小世界网络。文献[118]对巴西电网进行了分析,证明其具有小世界特性。鲁宗相等对中国电网的分析发现中国部分电网也是小世界网络[61]。复杂电网系统传播的是电能,如果从网络动力学角度看,各种网络行为在具有小世界特性的电力网络上的传播将会是十分迅速的。这是因为小世界电网所特有的较小特征路径长度和较高聚类系数等特性,对故障的传播起推波助澜的作用[50,61]。这是由于,聚类系数对应着故障传播的广度,特征路径长度代表着故障传播的深度,而特征路径越小,故障在网络中传播的深度越大。小世界网络兼具大的深度和宽的广度,所以传播的速度和影响范围要大大高于相应的规则网络和随机网络。这就意味着一旦电力系统中某一元件发生故障,那么就很有可能在整个网络的范围内快速蔓延扩大,如果没有及时有效的预防和控制手段,即使是微小的局部故障都有可能演化为恶性的大故障,从而导致整个网络系统的崩溃。目前,基于小世界网络的电网研究还比较集中于电网拓扑分析、特征参数对电网安全性的影响,小世界网络的动力学行为对电网连锁故障的影响等。

1999 年,巴拉巴西在《Science》上发表文章认为美国西部的高压电网(包括 4 914 个节点)度分布近似服从幂律形式[48],其幂指数 $r=4.0$。大停电事故发生以后,艾伯特等人对北美 115 kV 以上电力网络(包括 14 099个节点,19 657 条线路)进行了更为细致的统计研究[60],认为电力网络度分布更趋向于指数形式,并且可以近似表示为 $p(k) \sim e^{-0.5k}$。文献

[63]在艾伯特等人研究基础上,研究了 200 kV 以上北美电网的分布特性,统计发现高电压等级的电网能更好地满足无标度分布,并得到北美东部互联电网的幂指数 $r=3.09$。文献[64]分别统计了 1995 和 2002 年全国电力网的顶点度分布。发现处在"尾部"的各个数据点相当好地落在双对数平面上的一条直线上,γ 分别等于 4.9、5.2;对华中电网 1990、1995及 2002 年的统计数据显示,华中电网也呈现无标度特性,幂指数 $r \in$[2.4,3]。在无标度网络中,高度数连接的节点在统计上是有重要意义的。无标度网络的大多数节点只有少数的连接,而仅有少数的节点有非常多的连接。这些高度连接的节点(中心)完全控制网络的连接性和拓扑,和同等规模的随机网络相比,电力网络中高度数节点出现的概率较大,处于指数分布与无标度分布之间,这一点在中国电力网络实际数据中得到了验证[61,64]。文献[65—68]从广义物理网络的角度认为,正是由于网络节点分布的异构性(Heterogeneity),才使得电网具有无标度网络的连锁故障特性。文献[65]通过仿真得到,由于许多高度数节点控制着网络的拓扑,所以它对随机故障是有抵抗力的。一个随机节点出现故障或许只是小范围的(大多数节点如此),这样的代价是可以牺牲的,另一方面,这样的网络又容易受到对中心节点有预谋的进攻的破坏。文献[48]首次从电网节点度分布的角度分析了高度数节点对连锁故障的影响,后来作者在文献[60]里进一步比较了高度数节点及高度数节点对电网连锁故障的影响。文献[67]研究了当电网平均度数不变,如何通过调节网络节点度分布来优化电网结构,减少负荷损失的问题。文献[69]指出,利用复杂网络理论,特别是节点度数、节点介数、线路介数等概念,可能有助于搜索电网中的关键元件(Hub 点),快速分析不同拓扑结构以及运行状态对 Hub 点的影响。

网络的小世界特性和无标度特性并不完全冲突,小世界特性主要反映节点间联系的紧密程度;而无标度特性反映的是节点边的分布特性,只是两者的侧重点不同。正如美国西部电网所示,其很好地满足了小世界特性,又能一定程度上满足无标度特性,只是其幂指数 γ 达到 4.0(趋近指数分布),网络主要体现的是小世界特性。为此,文献[70]提出了一种既有小世界特性又能体现节点无标度分布的网络生成模型。曹一家等人考虑了广泛存在的"邻域"现象,建立了一个邻域网络模型[71]。这种网络模型通过参数变化可以使节点获得从指数分布到幂律分布的过渡,研究成果有望更好地模拟现实世界电网的演化过程。Yook 等人[72]则提出了复杂加权网络,即在复杂网络中不同节点间作用的强度是不同的,通过引入边的权值更好地反映了网络的耦合强度。复杂加权网络能够更贴切地描述实际复杂系统,提供了人们深入探索实际复杂系统特性和复杂行为的一个数学工具,也拓展了复杂网络在实际中的应用。汪晓帆等[73]认为,实际世界的复杂网络大多数是时变的,不同的边不但具有不同的耦合强度而且还是时变的,从而提出了一个广义时变的复杂动力网络模型。该模型在研究复杂网络动力学行为上获得了广泛应用。

研究表明[5,74—76],电网系统安全事故的复杂性主要表现在:

① 电网的大规模性和行为的统计性。

② 电网连接结构的复杂性。电网虽然是一个人工网络,但其连接结构却显然既非完全规则,又非完全随机,具有其内在的自组织规律。

③ 电网节点动力学行为的复杂性。电网拓扑模型中的节点为发电机、变压器和变电站,各个节点本身就是典型的非线性系统,均可以表现出复杂的非线性动力学行为。

④ 电力故障的不可预测性。电网与复杂多变的外界环境密切相关,它随时随地都可能受到来自自然或人为因素的干扰,具有不可预测性。

⑤ 电力网络结构时空演化的复杂性。

⑥ 电网安全事故时空分布的复杂性。

上述特征①～④属于存在复杂性,特征⑤、⑥则主要体现了演化复杂性。在复杂电力网络的时空演化中,包括安全事故引起的大停电机理及其演化特征在内的复杂性,是迄今尚未解决的一类难题。因此,电网系统的复杂性给复杂性科学、非线性动力学等交叉科学提出了一系列极富挑战性的新研究。

(2) 电网系统安全事故的自组织临界性

近年来,复杂系统理论成为研究的热点,其代表性的成果之一是自组织理论[54]。自组织理论主要包括耗散结构理论、协同学原理、超循环理论等。自组织理论认为:客观实际存在的系统都是开放系统,即系统与外界环境存在着物质交换、能量和信息交换。对于开放系统来说,系统受外界环境的影响,有可能从无序态向着有序态方向发展,也可能从某一个有序态向另一种新的有序态方向发展,从而自发形成宏观有序现象。自组织临界性(Self-organized criticality,简称 SOC)是丹麦科学家帕·巴克(Per Bak)等 1987 年在 Physical Review Letters 杂志上提出来的[77],主要用以解释广义耗散动力学系统的行为特征。在这种耗散动力系统中包含众多发生短程作用的组元,自发地朝着临界状态演化。在临界状态下,小事件会引起连锁反应,甚至能对系统中任何数目的组元产生影响,最终形成宏观规模的连锁反应,这是自组织临界系统动态特性的本质。能说明这一现象的最简单例子可能是沙堆模型(Sandpile)[77,78]。设想在一个平台上通过任意加沙子来堆砌一个沙堆,一次加一粒,随着沙堆的升高,它的坡度逐渐增加,当斜坡的斜率达到某一数值时,沙子就会滑落到地面,如果达不到这一阈值,沙子会继续沉积。因此,可以认为沙堆斜率存在一个稳定阈值。一旦沙堆斜率小于该阈值时,不会显示宏观的流动,运动相对无序;斜率大于该阈值时,一定显示宏观的流动,表示相对有序运动,就会出现沙堆坍塌。沙子的沉积最终使系统演化到一个临界状态,系统恰好处于稳定性的边缘上,此时每增加一粒沙子就有可能产生具有各种时间和空间尺度的沙堆坍塌,它们满足幂定律分布。这个动力学吸引子就是所谓的自组织临界状态。达到这样的状态以后,系统的时空动力学行为不再具有特征时间和特征空间尺度,而表现出覆盖整个系统的满足幂定律分布的时空关联,它包括四种现象,如突变事件的规则性、分形、$1/f$ 噪声、标度律[77]。在宏观表现上,小事件的发生概率比大事件大,但大小事件都起源于同一机理。也就是说外界一系列的微小扰动都有可能使得系统发生大大小小的"雪崩"(Avalanche)事件。如果这些雪崩事件在空间上表现出分形结构,在时间上出现 $1/f$ 噪声,即出现时空幂律(Power-law)分布,则表明系统呈现自组织临界性。

卡雷拉斯(Carreras)、纽曼(Newman)和多布森(Dobson)等人首先将自组织临界理论引入电网大停电机理研究[79—81]。他们分析了北美地区停电事故数据,认为停电规模的概率分布服从幂指数律,初步证明了北美电网具有自组织临界特性[79—80]。例如,图 1.2 表现了美国东部电网负荷损失的幂律尾现象[79]。他们进一步对比了电网和沙堆模型的行为特征,发现二者具有高度一致性,并从物理学角度解释了这种相似性,见表 1-2[79]。

我国学者也相继开展了电网系统的自组织临界特性研究[81]。文献[82]综述了电网复杂性和连锁故障机理的研究进展,提出预防电网连锁故障,须寻找降低系统风险的作用力。文章认为,这种作用力包含非常复杂的社会和经济等外部因素,以及电网众多设备与运行环境和运行人员的交互作用。文献[83—84]应用自组织临界性的概念,深入探讨了电网大停电的两个基本特征——时间效应的 $1/f$ 噪声和大停电规模分布演化的标度不变自相似性(分形),并结合 Hurst 指数,说明存在预测大停电的可能。文献[81]利用中国电网的停电事故资料,基于分形思想,构建了停电事故的损失负荷数与频度的关系模型。文章认为停电事故的自组织临界特性客观存在,而分形的幂律值是一个依赖于不同标度的相对变化的数值。通过同一"标度—频度"下的比较,发现东北与西北电网的幂律值相近,华中与南方电网的幂律值相近。文献[85]将极值统计理论应用于电网停电事故的自组织临界性研究,证明了在电网停电事故的"标度—频度"幂律分布特征下,停电规模的极值分布是极限收敛于Ⅰ型渐进分布,并将这一结论用于我国电网的事故预测分析。文献[86]从停电持续时间分布的角度,对电网停电事故的 1/f 噪声特点做了进一步证明。文献[87]定性地认为,电网大停电的演化具有符合协同学理论的自组织过程,并借用山体滑坡理论,提出一种协同学预测模型,对电网的崩溃时间进行预测。

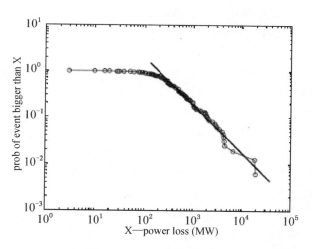

图 1.2　美国东部电网负荷损失的幂律尾现象[79]

表 1-2　电网系统与沙堆模型的相似性

类　型	系统状态	作用力	反作用力	事件
电　网	负荷水平	负荷	事故补救	切机、切负荷
沙　堆	梯度倾角	沙粒	重力	沙堆坍塌

由于电力系统所表现出来的存在复杂性和演化的复杂性,特别是大停电的自组织临界性,使得传统的还原论方法无法全面地评估日趋复杂的大电网结构安全性及演化的安全性。对于具有自组织临界特性的电网而言,除非有作用力促使系统得到改进,否则系统就会趋向临界状态。而这种促进系统风险降低的作用力,包含了非常复杂的社会和经济等外部

因素,以及电网的众多设备与运行环境和运行人员的交互作用,从快速的继电保护装置,到中长期的电网建设规划,都属于这种作用力的根源。如何找出有效又经济的改进措施避免系统进入临界态,是复杂性科学的相关理论在电力系统灾变研究中扮演的重要角色。

1.2.4 电力系统连锁故障安全风险研究进展

电力系统连锁故障是造成电网停电事故的重要原因之一,也是研究电网故障机理和安全风险的热点。连锁故障(cascading failure),又称连锁停运(cascading outage)。根据北美电力系统可靠性委员会(NERC)的定义,连锁故障是指系统中两个或多个元件相继停运的故障情况[88]。换句话说,电力系统中第一个元件的失效引起第二个元件失效,而第二个元件的失效又引起第三个元件失效,以此类推。长期以来,对电力系统连锁故障的研究都集中在单个元件的安全性,通过对系统中各元件建立数学模型,以时域仿真形式对系统进行动态分析[89]。这种分析方法对简单故障模拟起到了很好的作用,但在深入分析电力系统连锁反应事故和大停电事故等系统动态行为方面有明显的局限性。过分注重各元件的个体特性,很难揭示系统整体的动态行为特征[90,91]。事实上,电网本身的结构及演化规律具有内在本质特性,一旦确定下来,必然对电网的性能及安全性产生深刻的影响[61—62]。随着区域电网系统规模的不断扩大,一些偶然性因素的相互叠加总是超出了人们的预测和实际的可控范围,常规的 N-1 或 N-k 规则校验及安全分析,很难适应这种要求。因此,迫切需要发展新的系统分析方法,从安全风险理论的角度来研究复杂电网系统的动态行为。

目前,国内外关于电网连锁故障的研究,绝大多数所考虑的电网连锁故障的发展模式为:"初始故障后,电网因大负荷转移而造成了继电保护相继动作跳开电网元件"这种模式。但由于电网的连锁故障形式多样,故障参数各异,故障深度不定,且搜索连锁故障需要模拟保护动作性能和安全自动装置的控制措施及随机因素,因此连锁故障模式的搜索和分析十分困难。为解决该难题,研究人员通过抽象、简化、降阶、统计等各种方法建立了多种分析模型[92—99]。文献[92—93]介绍了美国南方电网公司使用的一种大规模系统输电可靠性评估工具 TRELSS(Transmission reliability evaluation of large scale systems)。通过筛选,设定了 600 个一般的初始扰动事件和 250 个严重事件,用潮流计算判断节点电压越限及支路的过负荷情况来分析系统可能发生的连锁故障,并制定相应的风险分

析指标。文献[98]提出了一种针对连锁事件快速响应的动态决策事件树
(Dynamic decision-event tree, DDET)的思想来分析和处理连锁故障。
目前,电力系统的连锁故障模型除了经典的模式搜索法[99]外,还有基于
复杂系统理论的建模法。

(1) OPA 模型[100,101]

OPA 模型由美国橡树岭国家实验室 ORNL(Oak Ridge National La-
boratory)、威斯康星大学电力系统工程研究中心 PSERC(Power System
Engineering Research Center)和 Alaska 大学的多位研究人员共同提出
的,简称 OPA 模型。OPA 模型的核心是以研究负荷、发电机、传输能力
变化为基础,探讨输电系统系列大停电的全局动力学行为特征。主要思
路是,随着电力系统的发展,系统发电能力和负荷水平不断上升,线路潮
流相应增加,当线路潮流接近线路传输极限时会以一定概率开断,而一条
线路的开断又会导致其他线路潮流增加,继而导致其他线路相继开断,最
终形成级联的连锁故障;另一方面,由于过载而开断的线路会被认为需要
进行建设改造,以增加线路的安全性。OPA 模型涵盖了慢速和快速两个
时间量程。慢过程描述的是几天到几年时间段内负荷增长和针对故障的
电网性能改善,这两种作用力都可能将电力系统的自组织推向动态平衡;
快过程描述的是几分钟到几小时的时间段内线路连锁故障的大停电过
程。连锁故障研究和电力系统复杂性研究的时间尺度差别很大,OPA 模
型很好地兼顾了这两个时间尺度。利用 OPA 模型对 IEEE118 母线系统
和人造 382 母线树状网络的仿真结果显示,其概率分布的幂尾区域与
NERC 停电数据是高度一致的[100]。

(2) 隐性故障模型[101—103]

隐性故障(Hidden failure)模型首先由索普(J. S. Thorp)等提出,用
于研究电力系统继电保护装置误动对系统的影响,应属于模式搜索法的
范畴。为了更好模拟保护特性对大停电自组织临界性的影响,凯尔特
(Jie Chert)等人简化了隐性故障模型,采用直流潮流仿真连锁故障过程,
进一步解释了电力系统的自组织特性。电力系统中线路有功潮流的大规
模转移和保护的不恰当动作是连锁故障发生的主要原因,而保护系统中
存在的隐性故障则直接推动了连锁故障的发生。隐性故障是指保护装置
中存在的一种永久缺陷,这种缺陷只有在系统发生故障等不正常运行状
态时才会表现出来,其直接后果是被保护元件错误断开。电力系统的隐
性故障通常由其他事件触发,发生频率不高,但其结果却可能是很严重
的。文献[104—105]则进一步考虑了频率变化对负荷影响、调度人员对

故障反应等因素建立了改进的隐性故障模型,丰富了连锁故障搜索模式。

（3）CASCADE 模型[106]

CASCADE 模型是抽象概率模型,用以模拟连锁故障下,系统可靠性不断被削弱的过程[106—107]。CASCADE 模型所模拟系统初始具有 n 个相同的元件,各元件具有随机初始负荷 L,所有初始负荷均匀分布于区间 $[L^{min}, L^{max}]$ 内。当元件的负荷大于阈值 L^{fail} 时元件发生故障,该元件所承载的一部分负荷 P 转移至其他未故障元件,导致其他元件由于过负荷而发生故障,由此引发连锁故障过程。CASCADE 模型中,引发连锁故障的初始扰动为使所有元件的负荷增加 d，d 的大小为节点初始负荷的一定比例。CASCADE 模型推导出故障元件数的概率分布的解析表达式。该概率分布是归一化初始扰动 d、归一化负荷转移量 P 和系统的元件数 n 的函数。文献[106]表明,随着故障时每一元件转移负荷增加量的不断加大,可以得到故障元件数量概率分布曲线:该概率分布曲线由"指数尾"变化到"幂律尾",再变化到包含了系统崩溃的概率分布。而一旦"幂律尾"或系统崩溃概率的情况发生,产生连锁故障的风险会显著增加。

尽管 CASCADE 模型并未完全反映出电力系统的固有特性,然而只要选择恰当的负荷水平,该模型所产生的故障元件数的概率分布会呈现出与 NERC 历史故障数据概率分布相似的幂律分布特征。

（4）分支过程模型[107]

分支过程（Branching process）模型与 CASCADE 模型相似,分支过程引入参数 λ 给出了连锁故障传播定量分析方法,简化了数学模型。Galton—Watson 分支过程认为故障由进程产生。每个进程的故障按照概率分布进一步独立地产生故障。分支过程是短暂的离散时间马尔科夫过程,其行为由参数 λ 控制。第 k 阶段的平均故障数目是 $\theta\lambda^{k-1}$。次临界状态 λ<1,故障消失阶段的平均故障数目呈几何数下降。超临界状态 λ>1,尽管有可能这个过程会停止,但故障通常是无止境增长的。对于普通的分支过程（假定不是每个故障引发的后继故障都符合泊松分布）,在临界点上,故障数的概率分布呈现指数为 -1.5 的幂律,分支过程中这一幂律普遍性是连锁故障的直接表现。

分支过程中的临界性和超临界性表明存在高风险连锁故障。在分支过程中根据简单的准则,保持足够的亚临界状态可以限制故障的传播并降低风险。然而使用这样的准则来降低连锁故障风险要求降低系统的可传输量,这个损失是严重的。事实上,对于大停电,经济性、工程和社会的压力会使系统向自组织临界发展,降低风险必须考虑这些更宽泛的动态特性。分支过程近似抓住了连锁故障的主要特征,并提出了通过限制平均故障传播来降低连锁故障的方法。

此外,在传统 OPA 模型的基础上,还衍生出了多种连锁故障模型。文献[108]认为直流潮流无法反映无功及电压对潮流计算的影响,提出了基于交流潮流的 Manchester 模型。梅生伟等[109]进一步认为,Manchester 模型没有考虑运行的经济调度,从而提出了基于最优交流潮流(OPF)的 OPA 模型。文献[60,62]以网络平均连通度作为评价指标,建立了电网的连锁故障模型。P. Crucitti[75,110—111]对电网的每条支路定义了传输效率 ε_{ij} 电能沿两节点间传输效率之和最大的路径传输,节点被效率最大路径通过的次数记为该节点负荷。节点的负荷受其容量限制,负荷一旦超出容量,就设定为故障状态。模型以故障结束后整个电网的平均输电效能为连锁故障规模的评价指标。文献[112]结合上述两个模型,把电力系统 FACTS 装置引入故障模型中。即当节点的介数超过其运行容量而低于其运行极限时,按过负荷比例增大与过负荷节点相关的线路的电抗,从而减小最短路径通过该节点次数;而当节点的介数超过其运行极限时,所有与之相关的线路的电抗值均变为无穷大,该节点退出运行。最后采用因节点退出运行而导致的失负荷(用户损失功率)来评估故障后果。

1.3　电网系统大停电事故的预防研究

现实的电网系统与外在复杂环境具有密切的联系,它随时都可能受到来自自然灾害的影响或人为因素的干扰,要完全防止事故的发生是不可能的。加强电网系统的规划建设,增强系统本身的抵抗力,减少电网系统连锁故障发生的可能性,使系统事故的范围尽可能小、持续的时间尽可能短是区域电网安全风险预防与控制研究的目标。预防电网事故风险是一个系统工程,就系统建设和管理而言,从宏观上规划建设阶段就要考虑未来系统的安全,以减少系统建成后的隐患,同时还需要考虑系统中长期的运行稳定;从微观上需要提高系统在扰动状态下的稳定能力。以特高压电力网络为主干的坚强智能电网系统,在这方面具有明显优势。

事实上,每次大停电事故都存在一定的内在演化规律,可以划分成若干阶段,每个阶段又都存在着终止多米诺骨牌效应的几率,只是未能及时把握住它们。若能有效地掌握导致灾变的全局特性以及由偶然故障演变为灾难的规律和机理,就能针对各个演化阶段的特点,优化统筹各阶段对策,有效预防和减少大停电事故。

目前,国内外电网多采用确定性的安全校验方法来预防电力系统发生连锁反应事故:即潮流、稳定计算检验是否会发生连锁性大面积停电事故,从而提出预防措施。国外不少电网(如美国的 BPA)及我国现行的《电力系统安全稳定导则》都是这种模式。《电力系统安全稳定导则》定义了经典的"三道防线"概念,意在不同的时刻通过不同的手段预防连锁故障的发生,降低故障损失。在一般故障发生时,由第一道防线保证不中断供电;在严重故障发生时,由第二道防线保证系统完整性;在发生特别严重的故障时,由第三道防线确保系统解列后尽量减少大停电的规模和时间。第一道防线中,除了系统规划和运行优化外,还需要考虑继电保护特性;第二道防线由区域型紧急控制装置组成;第三道防线包含振荡解列和低频/低压切负荷等分散控制。其中第三道防线的目标是针对那些难以预计的复杂故障。

随着计算机技术、通信技术的快速发展,以太网(Ethernet)正逐步取代工业控制的现场总线。许多地区在高压变电站间铺设了 SDH(Synchronous Digital Hierarchy)光纤环网,可将信号传输延时控制在4 m/s以内。文献[113]提出了能满足"三道防线"要求,由快速保护、安全自动控制和紧急控制以及系统振荡检测构成的广域保护系统。该系统基于以太网和 SDH 光纤环网的广域保护系统构架,采用分布式控制模式。文献[114—116]提出了自愈(Self-healing)电网控制的概念,认为电力系统的自愈控制满足:①及时发现、诊断和消除故障隐患;②具有故障情况下维持系统连续运行的能力,不造成系统的运行损失。依托先进的信息技术和 SCADA/EMS 的发展完善,文献[116]采用快速的分布式实时监测、控制和慢速的全局控制相结合的策略,提出了电网自愈控制系统"2-3-6"控制框架。

薛禹胜[117—119]认为现代电力系统应该能够将监控和数据采集(SCADA)系统及能量管理系统(EMS)扩展到动态范畴的 DSCADA/DEMS;能实现在线的稳定量化分析和预决策;实现预防控制、继电保护、紧急控制、校正控制和恢复控制的自适应优化及协调。基于此,提出了一个广域监视分析保护系统的大停电防御框架。该框架包括广域的静态和动态测量、安全稳定性的量化分析、各道防线(即控制措施)在空间中的协调问题、各道防线在控制时间上的优化协调等。文献[120]也强调当发生故障时,快速准确的保护动作可以防止故障的进一步扩大,建立一个基于广域网测量的保护和安全控制系统,可以从根本上预防电网连锁故障引起的停电事故。

1.4 电网建设安全风险研究发展趋势

综合国内外电力安全风险的最新进展,可以看出,电网安全管理水平在不断提高,电力系统稳定破坏事故的次数明显下降。随着现代科学技术的发展,各种新能源的开发,区域大电网的建设和发展,特别是智能电网建设和应用,电网建设安全风险将在如下几个方面取得显著进展:

(1)未来电网建设的安全风险将伴随着智能电网的发展,从一个全新的角度展现出来[121]。电网已成为工业化、信息化社会发展的基础和重要组成部分。同时,电网也在不断吸纳工业化、信息化成果,使各种先进技术在电网中得到集成应用,极大提升了电网系统功能。智能电网必须能够经受物理的和网络的攻击而不会出现大面积停电或者不会付出高昂的恢复费用。它应该不容易受到自然灾害的影响。智能电网必须运行在供求平衡的基本规律之下,保证价格公平且供应充足。智能电网必须利用投资,控制成本,减少电力输送和分配的损耗,电力生产和资产利用更加高效。通过控制潮流的方法,智能电网以减少输送功率拥堵和允许低成本的电源包括可再生能源的接入。智能电网的最终目标是实现电网运行的可靠、安全、经济、高效、环境友好和使用安全。解决这些问题本身不是一朝一夕的事,还有很多的工作要做,安全风险问题是每一项内容首先要考虑的。

(2)市场环境下的电网建设规划面临更多的市场不确定因素,包括规划期内的电源建设、负荷变化和系统运行方式变化等不确定性[44—46],新的市场环境下如何处理这些不确定性因素,仍将是电网建设安全风险的重要研究之一。

(3)随着区域大电网的建设和发展,电网事故更多的表现为自然灾害的冲击和电源结构的不确定性,以及影响的范围和破坏程度的不确定性。为抵御日益频繁的自然灾害和外界干扰,电网必须依靠智能化手段不断提高其安全防御能力和自愈能力。如何运用传感器技术和现代信息技术解决这一问题仍将是未来电网建设安全风险的研究重点之一。

(4)在实现智能电网的管理过程中,通信网络的完善和用户信息采集技术的推广应用,促进了电网与用户的双向互动,信息的安全风险问题将是未来电网面临的新问题,如何在电网结构脆弱性方面进行现代电网的信息安全风险评估、预测和预防,将是未来电网建设的一大研究。

(5)现代新兴学科,如:非线性科学、自组织理论主要包括耗散结构理论、协同学原理、超循环理论等，虽然在解释电网系统复杂性，以及电网事故发生的不确定性方面取得了一些进展，但在电网安全事故的定量预测和风险分析方面仍停留在理论上，离实际应用还有一定的距离，这是目前面临的一大研究。

（6）在智能电网运行模式下，如何加强电网系统的规划建设，增强系统本身的抵抗力，减少电网系统连锁故障发生的可能性，使系统事故的范围尽可能小、持续的时间尽可能短是区域电网安全风险预防与控制研究的目标。在目前三道防线的基础上如何进行优化设计，国外电网（如美国的 BPA）及我国现行的《电力系统安全稳定导则》控制模式是否适用，如何完善，都是未解决的问题。

（7）随着现代科学技术的发展，电力系统的安全稳定问题还涉及一些相关的社会问题，如智能电网运行模式下，人们的风险意识及社会责任将如何界定，电网事故对经济系统的影响如何，电力安全、电力设施及管理系统的相关法律法规将有哪些变化等等，都是未来需要解决的。

"安而不忘危，治而不忘乱，存而不忘亡"是中国历史上"防灾克难"的重要经验。正如司马相如所言："明者远见于未萌，而智者避危于无形"，电网要防患于未然，必须做好电网系统的安全风险防范，提高电网防灾减灾能力。结合电网的规划、设计、建设和安全运营管理，从自然因素、技术因素、社会因素、法律因素、经济因素、管理因素等方面全面认识电网安全风险，提出更为科学、更为有效的应对策略措施将是区域电网建设安全风险研究的必然趋势。

第2章 国内外典型大停电事故对我国电网建设安全风险防范的启示

2.1 前言

随着科学技术的不断发展,电网系统逐步完善,电网建设和管理水平在不断提高,电网的安全稳定性和可靠性大大增强,电网停电事故的次数明显下降。但是自然灾害、一次和二次设备故障、局部电网结构薄弱等事故因子客观存在,仍是威胁电网安全的主要因素。由此引发的电网大面积停电事故也时有发生,这些事故主要有:自然灾害引发事故、一次设备故障引发事故、安全自动装置及继电保护装置异常引发事故、控制及辅助系统故障引发事故、通信及自动化设备事故、安全管理责任事故、外力破坏事故、发电厂事故、电网振荡事故等,其中自然灾害引起的事故占到70%左右。很多自然灾害都对电网具有极强的破坏性,特别是2011年日本特大地震及引发的海啸灾害造成核电设施破坏、电网大面积停电等等。这些事故不但会对电网本身造成巨大的损害,而且,由供电故障引发的其他设施瘫痪等问题也会造成巨大经济灾害损失和社会影响,给经济发展和人民生活造成严重影响。

本章将以美加"8·14"、莫斯科"5·25"、欧洲"11·4"、中国南方冰冻灾害引起的大停电事故以及日本大地震引发的系列停电事故的形成过程[7,11,122—128]为背景,借用安全工程学中的"5M模型"[12,129]进行分析解读,并提出电网建设应对大面积停电安全风险的策略措施。

2.2 国内外典型大停电事故分析

2.2.1 美加"8·14"大停电事故分析

（1）事故概况

2003年8月14日,美加大停电是历史上典型的停电事故[7,122—125]。事故影响到美国俄亥俄、密执安、宾夕法尼亚、纽约、佛蒙特、马萨诸塞、康涅狄格和新泽西及加拿大安大略省的约 61 800 MW 的电力负荷,该地区估计有 5 000 万人口。停电在美国东部夏令时间下午 4 点多开始,一直持续到 16 时 10 分 46 秒。估计此次事故给美国造成的总损失在 40 亿~100 亿美元之间。在加拿大,8 月份的国内生产总值下降了 0.7%,安大略制造业运输量下降了 23 亿加元。

图 2.1　停电事故发生时的纽约街头

（2）事故发展过程

根据美加联合调查报告[7,122—125],此次事故经历了如下几个阶段:

第一阶段:事故当天 12 时 15 分,MISO SE 出现问题,线路状态估计错误。13 时 31 分 31 秒 Eastlake 5♯ 机组停止运行。14 时 02 分,由于与树木发生接触,Stuart-Atlanta 345 kV 线路跳闸。从 14 时 14 分开始,具有警报功能的主计算机发生故障,而备用计算机在 14 时 54 分停止运行。

第二阶段:15 时 5 分到 15 时 57 分,由于输电线路重载自然下垂加剧,输电走廊植物生长超限,与导线发生接触,Harding-Chamberlin 的 345 kV 输电线路过载跳闸。由于计算机故障,缺乏 FE 系统数据,IT 报警系统失效。PJM 和 AEP 没有认识到系统的危险程度。

第三阶段:15 时 39 分到 16 时 8 分,由于 345 kV 和 138 kV 输电线路停止供电,138 kV 总线上实际电压下降,使得大量工业用户对电压敏感的设备因电压下降而自动离线,最终有约 600 MW 的负荷离线。16 时 5 分 57 秒,Dale-West Akron 的 138 kV 线路和 Sammis-Star 的 345 kV 线路跳闸。16 时 08 分,FE 的输电系统解列,产生了意外的电涌。在巨大的负荷作用下,俄亥俄东北部的一系列线路因 3 区阻抗继电器的动作而加速跳闸。

第四阶段:16 时 10 分 36 秒后,俄亥俄西部线路跳闸。之后,跳闸发展到密执安,将密执安的西部和东部分离。安大略的东-西部联络线也出现过载和跳闸,使安大略西北部与 Manitoba 和明尼苏达连接。整个美国东北部和安大略省东部与互联电网其他部分隔离,形成大孤岛。

第五阶段:16 时 10 分 46 秒,东北部的大电气孤岛发电能力小于负荷,并因较大电涌和频率,加上电压波动而变得不稳定,造成故障地区多条线路和发电机组跳闸,并将整个地区解列,分成几个电气孤岛。部分较小的孤岛内部出现发电和负荷的不平衡,线路和发电机组不断跳闸,直到在每一个孤岛内建立起平衡,并开始供电。

(3) 事故安全因子分析

8 月 15 日,由美国和加拿大政府部门组成了此次停电事故的联合调查组,对事故进行了全面调查。根据调查结果[1—2]分析,事故的起因受到如下安全因子的影响:

① 输电网因子本身的影响

输电网因子的影响是造成本次事故的重要原因。该电网是一个跨国互联电网,连接了美国东北部和加拿大安大略地区,包括 345 kV 线路和 138 kV 线路若干条。首先,在俄亥俄内的其他输电线路停电和电压状况变坏之后,俄亥俄境内的 Sammis-Star 345 kV 线路停电引发了其他多条线路跳闸。其次,3 区阻抗继电器因过载而动作致使许多关键线路跳闸。再次,美国东北部输电线路、发电机组和欠频负荷削减的继电器整定可能不完全合适。另外大批发电机组停运,许多线路因重负荷和低电压,由距离 3 段跳闸,长线甚至出现距离 1 段跳闸,加剧了事故后果。

② 电网保护系统因子的影响

保护系统因子的影响也是造成该事故的重要原因。低压减载未曾设置,发电机组的保护措施与系统没有进行很好协调。

电网保护系统设计不完善,在线静态安全分析和状态估计工具不力。FE 由于计算机故障没有进行 N-1 事故分析,报警装置失效,调度员对电网系统的实时状态失去监视。MISO 没有及时维护状态估计设备,未对系统危险状态进行密切监视,也未向 FE 提供正确的电网系统信息。MISO 采用离线数据进行输电断面输送容量的计算,没有掌握准确的系统信息。

③ 风险管理系统因子的影响

风险管理系统因子的影响是造成此次事故的又一重要因素。FE 和 MISO 调度员缺少良好培训,特别是应对恶性紧急事故的培训。MISO 未能及时掌握断路器的操作信息。PJM 和 MISO 缺少处理控制区域之间联络线过载的预案。系统缺乏应对防御线路连锁跳闸、系统稳定破坏和大面积停电的意识和措施。

④ 外部环境因子的影响

输电走廊维护不够,沿线树木超过规定的高度,没有及时修剪,这是造成停电事故的重要因素。故障伊始,多条线路对树放电跳闸。故障使得故障线路产生了低电压和大电流,并迅速触发了断路器,使该线路与电力系统的其余部分切除。

2.2.2 莫斯科"5·25"停电事故分析

（1）事故概况

莫斯科当地时间 2005 年 5 月 25 日上午 10 时,莫斯科东南部卡波特尼区内恰吉诺变电站由于超负荷运行,站内一个配电设施发生短路,引起爆炸和起火连锁反应。为避免发生更大事故,电网自动启动防险装置,切断了低压线路,同时引起其他变电站和 110 kV 及 220 kV 线路跳闸,从莫斯科市南部地区开始引发大面积停电事故。莫斯科南部地区卡波特尼、马里伊诺、比柳列沃、切尔塔诺沃地区首先发生停电事故,之后莫斯科南部的列宁大街、梁赞公路、恩图济阿斯托夫公路、奥尔登基区及其他地区先后停电,莫斯科市附近图拉州、波多尔斯克州、卡卢加州的 25 个城市也随之断电。此次大规模停电事故,影响人口约 200 万,莫斯科市以南 200 km^2 范围内的地区受到影响。停电地区的电车和部分地铁线路停运,移动通讯信号受到影响,很多商场也停止营业,俄罗斯政府部门、医院等设施受到影响。停电事故还导致莫斯科的公寓楼和商业中心内的电梯停开,并致使莫斯科的外汇交易所暂停业务交易时间长达 2 h。到 26 日下午 14 时,莫斯科的电力供应才完全恢复。

（2）事故因子分析

根据此次事故的调查报告及相关资料分析[123],引起此次停电事故的安全因素包括:

① 输电网因子本身的影响

电力设备的老化问题是事故发生的直接原因。发生故障的变电站是运行了多年的变电站,按照设计使用年限,1997 年就应将相关设备报废或进行更新,实际直到 2003 年才进行相应的更新改造工作,这很难保证设备具有良好的运行状态。

调度安排不合理。在变电站只有一台变压器维持供电的情况下,调度人员应该考虑到该变压器的承受能力和当地的负荷特性,必要时应严格按照调度规程依次切除居民负荷、工业负荷以及重要负荷,确保大电网的安全稳定运行。

② 保护系统因子的影响

没有设置报警系统,消防设施也不健全,还出现变电站无人值守的情形,因而没有对事故现场和变电站火灾情况做到很好的把握与控制。

③ 用户因子的影响

炼油厂是重要的电力用户,在实际运行过程中,为确保对炼油厂的供电而使变压器过载并发生爆炸,最终牺牲了所有负荷,发生大面积停电。

由于当时俄罗斯经济不景气,多年来大量用户拖欠电费严重,造成绝大多数电力公司的财务指标不断恶化,因缺少资金而无法保证正常的设备维修,更谈不上技术改造和建设新项目。

④ 风险管理系统的影响

风险管理不健全是造成此次事故的重要因素。这次事故中,风险管理因子主要包括调度管理和设备维护管理。调度管理主要是变电站人员工作协调不当和缺乏明确的操作规程。

从设备维护管理来看,没有对电力设备进行及时维修和采取相关预防措施。电网系统缺乏明确的操作规程,在事故发生前电力系统已处于超负荷运转状态,但变电站工作人员既未接到任何提示,也没有保持应有的警惕,特别是对老化设备的维护管理不到位。

⑤ 外在环境因子的影响

对电网建设的投资严重不足。据莫斯科电力公司 2001 年 6 月的统计,其固定资产平均老化率已经达到 45%~47%。加上天气炎热,用电负荷快速增加,变电站不堪重负而引发事故,最终造成大面积停电。

2.2.3　欧洲"11·4"停电事故分析

(1) 事故概况

本次停电事故起源于德国西北部[7],德国是由 4 个控制区组成,分别属于 E. ON 、RWE、EnBW 和 Vattenfall 4 家电网公司管辖。2006 年 9 月 18 日,Meyerwerft 公司致函德国 E. ON 公司,称由于"挪威珍珠"号客轮要通过埃姆斯河进入北海,需要停运跨越该河的 Conneforde-Diele 双回 380 kV 线路。德国 E. ON 公司通过计算校核,同意在 11 月 5 日 1:00,拉停 Conneforde-Diele 双回 380 kV 线路,并配合调整了 11 月 5 日 0:00~6:00 荷兰与德国的售电交易计划,并将该情况通报给相关的德国 RWE 公司和荷兰 TenneT 公司,2 家公司的 N-1 的计算校核表明系统是安全的。

11 月 3 日,Meyerwerft 公司改变了原来的申请,要求客轮提前 3h 穿越线路。E. ON 对自己的电网进行了安全校验,未发现 N-1 超限,便同意了造船厂的申请,但没有及时通报 RWE 公司和荷兰 TenneT 公司,一直到 11 月 4 日晚 19:00,E. ON 公司才将此情况通知 RWE 公司和 TenneT 公司。按照 UCTE 市场交易规则,8 h 以内的交易计划不能改变,因此,该线路停运期间无法改变德国与荷兰原有的输电计划。

11 月 4 日 21:39 左右,E. ON 电网公司调度人员停运了 Conneforde-Diele 双回 380 kV 线路。21:41,德国 RWE 公司通知 E. ON 公司,临近的 Wehrendorf-Landesbergen 线路潮流很重。而实际上,E. ON 侧 (Landesbergen)保护设备动作电流设置为 3 000 A,与此相应的 RWE 侧 (Wehrendorf)的保护设备动作电流只有 2 100 A。E. ON 公司并不知道线路两侧的保护定值不同,因此,在此前的状态评估中,并未考虑此因素。在 22:05 之后,调度人员观察到 Wehrendorf-Landesbergen 线路电流超过警告限额,RWE 和 E. ON 的调度人员通过电话联系,决定在 380 kV Landesbergen 变电站进行合母操作,以减少线路的负载。由于时间有限,调度人员在合上开关前并未进行相应的仿真计算。然而该操作不仅没有像预期那样降低该线路的负载,反而增加了其负载,因电流超过了 RWE 公司的保护动作电流,致使该线路立即跳闸。

由于以上 2 条高压输电线跳闸,断面上其他联络线出现过负荷,连锁反应造成近 20 条线路在十几秒之内相继跳闸,导致 UCTE 电网解列为东北部、西部和南部电网 3 部分。在此情况下,各孤岛系统中发电和负荷严重不均衡。为保持系统频率稳定,除了南部电网规模较小,供需大体平衡外,其他各系统均采取了切除发电机组或切除负荷等紧急措施,从而造成大面积停电事故。

系统恢复过程中,在德国 REW 公司和 E. ON 公司、奥地利、克罗地亚、罗马尼亚和乌克兰电网公司运营机构的共同努力下,首先在西部电网和东北部电网成功并列,随后完成和南部电网的并列。欧洲 UCTE 电网在解列 38 min 后重新并网,恢复供电。

（2）事故影响因子分析

事故的直接原因是操作人员未严格遵循操作规程造成的。根据此次事故的调查结果分析[3—4],影响停电事故的安全因素主要有:

① 输电网因子的影响

E. ON 公司人员未严格执行 N-1 标准。E. ON 及相邻电网在 Conneforde-Diele 双回线停运后的系统状态不满足 N-1 准则。

供电电源结构分布不均。在 UCTE 电网系统中,西部电网缺电较多,风电机组规模又很大,其中大部分连接在配电网上,而输电网调度对此又没有实时的调控能力。东部电网电力过剩,造成严重线路过载,从而造成电网的进一步解列。

② 保护系统因素的影响

电网系统标准不统一。Wehrendorf-Landesbergen 线路两侧保护定值不一致,尽管 RWE 和 E. ON 都是德国电力公司,但其技术规范尚有很大的区别。调度人员在事故中处理电网阻塞时,受到相关法规限制。

在 UCTE 电网中,大批 2003 年之前安装的风力机组采用旧的接入系统,还保持着原来的保护方式,紧急情况下实时调控风电场的能力不足。

③ 用户因子的影响

此次事故中,东北部电网、西部电网、南部电网解列后,可以看出,南部电网内部的供需大体平衡,原因在于其电网规模较小,用户的耗电较少,没有停电。东北部电网和西部电网都受到影响。

④ 风险管理因素的影响

E. ON 公司临时变更停电计划,使得相关单位未能做好充分准备和计算校验。E. ON 公司在 Landesbergen 变电站的合母操作前未及时与相关电网公司进行沟通,因此,相关电网公司之间的协调不当,造成相关单位准备不足。调度人员缺少良好的培训。

⑤ 外在环境因素的影响

很显然,跨越该河的 Conneforde-Diele 双回 380 kV 线路,必然受到船舶航行的影响。为避开船舶通行的影响,不得不拉闸停电,这对电网系统的安全是一个值得关注的问题。

2.2.4　2008 年中国南方部分地区雨雪冰冻灾害停电事故分析

(1) 事故过程

2008 年 1 月至 2 月,我国南方部分地区遭遇 50 年一遇的严重低温雨雪冰冻灾害[9,124-125],给电网造成了巨大的灾难。湖南、贵州、广西、江西、浙江、福建等省市的覆冰倒塔、断线事故,导致了电网的大面积停电、限电。大范围的冰雪灾害给我国南方各地区造成了巨大危害,骨干电网遭受严重破坏。从 1 月 18 日起已发展成近 50 年来最大面积、最严重的冰冻灾害。

罕见的冰冻灾害,使部分地区输电线路覆冰厚度甚至达到了 80 mm,短时间内倒塔、断线集中发生,对我国南方地区电网造成了极其严重的破坏。据统计[11,124],国家电网公司系统因覆冰造成的高压线路杆塔倒塌 17.2 万基,受损 1.2 万基;低压线路倒塔断杆 51.9 万基,受损线路 15.3 万 km;各级电压等级线路停运 15.3 万条,变电站停运 884 座。南方电网公司系统杆塔损毁 12 万基,受损线路 7 000 多条,变电站停运 859 座。此次冰灾持续时间之长、影响范围之广、覆冰强度之大、危害程度之深实属历史罕见。受灾较重的湖南、江西、贵州电网最大负荷约为灾前正常负荷的 70% 左右,多条线路(含联络线)停运,此次受灾影响的电力用户涉及湖南 127 个县级供电企业,江西 95 个县级供电企业,贵州 50 个县级供电企业。此次电网受灾影响直到 3 月初才基本恢复。

图 2.2   2008 年中国南方冰冻灾害引发的倒塔、断线事故

(2)事故原因分析

根据事故调查结果分析,造成此次事故的重要因素有:

① 输电线路因子的影响

电网抵御灾害的设计标准偏低是造成此次事故的内因。根据气象部门统计,2008 年初,我国南方地区大范围持续低温雨雪冰冻灾害天气超过 50 年一遇,局部地区达到 100 年一遇,超过了我国现行规范规定的 500 kV 电压等级线路 30 年一遇、220 kV 及以下电压等级线路 15 年一遇设计标准。本次冰冻灾害造成导线覆冰严重,现场实测受损输电线路覆冰厚度绝大多数超过了 30 mm,最大达到 110 mm,普遍为设计标准的 4～5 倍。这次灾害的极端气候条件超出了现行的电网设计标准,造成线路跳闸,线路倒塔,导致大面积停电。

一些地区电网装备水平偏低,以及设备老化,不能及时更换。一些运行 30 年以上的老旧线路有单杆单地线线路,普遍存在水泥杆裂纹,横担锈蚀,导线截面偏小等问题。如果设备自身存在的隐患不能及时消除,一旦发生自然灾害,可能引发更大的事故。

② 保护系统因子的影响

在设计方面,有些 220 kV 及以下线路未提供土壤电阻率,接地电阻设计值随意性大,有的线路整条线一个设计值;在基建方面,突出表现在水泥杆内部的钢筋上下不导通,接地体埋深不足或不按设计要求;一些输电线路接地电阻较高,线路接地装置缺乏必要的保护设施。

③ 风险管理系统因子的影响

在电网安全风险管理方面,一些省电网尚未有效地建立电网防灾减灾及应急管理机制,不能有效地预警灾害发生,不能及时监控灾情,很多情况下都是由巡线员或护线员在灾害发生时通过语音通信方式在现场描述灾情,这给电力系统的防灾减灾及应急指挥工作带来了困难,导致救灾工作延误、低效,甚至引发二次灾害。

④ 环境因素的影响

输电线路覆冰的危害主要表现为:引起闪络,断线、断股,杆塔倒塌、变形及横担损坏,绝缘子及金具损坏,线路舞动或对跨越物的闪络放电,对电力系统通信的影响等。我国南方地区广泛分布在低温冻雨气候环境,容易形成雨凇,这种气候导致了输电线路严重覆冰,覆冰厚度越厚,危害越大。

变电站选点及线路走廊选择不当是造成输电线路灾害的另一个重要因素。部分变电站的选点选在喇叭口、洼地、泄洪道弓背部、山脚等,是覆冰可能成灾区,规划和设计时输电线路走廊要尽可能避开这些地区,实在避不开时,输电线路要进行重点复核,特别在微地形特征较明显的地区要考虑加强杆塔设计。

2.2.5　2011 年日本东京停电事故分析

(1)事故概况

北京时间 2011 年 3 月 11 日 13 时 46 分,日本本州岛仙台港以东 130公里处发生里氏 9.0 级地震并引发海啸,根据相关报道[126],造成日本岩手县、宫城县、茨城县、福岛县沿海城市电力设施破坏,大面积停电。受地震和海啸影响,东京电力公司福岛核电站自动停止运转,并出现放射性物质泄漏,东京电力公司宣布,对东京市电网实施间断性停电的决定。受停电和灾害影响,包括日本新干线、东京地铁、部分企业等都出现了停止生产和运营的状况,至 3 月底,大面积停电仍未完全恢复。

(2)事故影响因子分析

① 输电网因子的影响

此次停电事故除了地震海啸对主要输电线路的破坏以外,主要供电电源——福岛核电站的停运(日本 30%的电力来自核能),大量核辐射泄漏,也是导致此次事故的直接原因。

② 保护系统因素的影响

日本属于地震活跃地带,作为一个大型的区域电网系统,作为防震等级较高的国家,东京电网应该对其所属重要输电线路进行足够的抗震设防,并制定有较高等级的海啸预防系统,此次大地震,刚好暴露了东京电网在这方面的缺陷。

③ 风险管理系统

应该说日本电力公司在应对地震风险方面是相对先进的,但在电源建设和安全管理方面,特别是地震和海啸同时来袭时,核电机组内部的安全设防,还是较薄弱的,此次地震和海啸的冲击,暴露出核电风险管理方面存在严重漏洞。

④ 环境影响因素

很显然,日本本身是一个地震多发地带,而且属一个大群岛组成的国家,在这样的环境中如何设计安全的供电电源是一个具有挑战性的研究,此次事故造成的大面积停电和核泄漏,本身也是一个值得关注的环境问题。

2.3 国内外大停电事故对电网建设安全风险防范的启示

美加大停电事故、莫斯科大停电事故、欧洲大停电事故、2008年我国南方冰冻灾害停电事故以及2011年东京大停电事故既给我们敲响了警钟,也给了我们在电网建设安全风险防范方面很多的启示。

(1)统筹协调,消除输电网自身原因造成停电事故的影响因子

一是我国电力发展长期"重电厂轻电网",电网发展相对滞后,网架薄弱,抵御自然灾害能力不强,需要全社会高度重视,加快电网建设。

二是强化跨省跨地区电网紧急电力调度功能,支援抢险救灾和灾后重建。

三是要深入研究各电压等级和电网建设标准,保证严重自然灾害条件下主网安全稳定运行和对重要用户的持续供电,保障社会稳定和人民基本生活需要。

四是输电线路走廊,特别是主电网线路走廊要尽量避开崇山峻岭、线路高差较大、建设维护困难的自然恶劣环境。

五是随着区域内500 kV网架的加强和发展,合理规划区域内主网架和负荷中心,合理分布电源点,避免故障时大范围潮流转移。电网规划应贯彻受端电源分层分区接入的原则,加强电源支撑,保留一定数量的主干

电源装机接入 220 kV 电网,提高区域电网的自我平衡能力。

六是尽可能分散电源接入或电网受电方向,特别是远距离输电,分散注入受端枢纽,避免重要断面、重要通道占受端负荷比重过大,以降低风险。

七是提高风电场、太阳能等机组接入技术,确保机网协调。随着我国新能源机组的不断增多,欧洲"11·4"停电事故的教训应引起重视。

(2) 规划完善电网保护系统,保障大电网供电安全

① 推动电网跨区多通道多点互联,提高相互支援能力

从全局和大电网整体观念出发,加强不同区域、不同地区电网的联网规划,提高电网在严重故障下的区外来电和区内互供能力,避免大面积停电。加强受端电网建设,使其具备接受大规模电力支援的能力。

② 优化电力结构布局,确保受端电网供电安全

为确保受端电网安全可靠供电,应优化电力结构布局,远距离输电与受端电源供电相结合,电网与铁路运输合理分工,形成输煤输电并举的能源输送方式,降低缺煤停电的风险。

③ 提高电网设计标准,增强输电网的抗灾能力

加强防风、防洪、防雷、防污闪、防覆冰的研究。对易发生倒塔、断线的输电线路,根据电网事故多发的原因,以及相关规则,结合相应的研究成果,制定区域内新的设计实施标准,提高设防等级。根据输电线路电压等级和重要性的不同,研究电网输变电工程建设和改造的技术标准,提高工程差异化设计水平,增强电网抵御自然灾害的能力。

④ 建立全网统一时钟的故障录波信息系统,以利于及时提出针对性的应对措施

加快区域内调主站和地调辅站调度端高级应用软件的开发,建立全网统一时钟的故障录波信息系统,以利于尽快分析和查明事故原因,隔离事故源,提出针对性的应对措施。

⑤ 加强电网"三道防线",防止发生全网性事故

加强电网"三道防线"建设,提高电网的安全稳定水平和供电能力。建设一个网架结构坚强,电源布局合理的电网,在自然灾害导致电网发生极端严重故障时,通过预设措施,有序减载和解列,控制故障范围,保证重要地区和用户的供电,防止全网事故。

⑥ 加大设备检测改造力度,提高电网整体防减灾水平

对主设备在线运行跟踪监测,建立相应的电网设备在线检测的管理机制,确保及时发现和消除重大设备隐患。加强对不良绝缘子的检测及

排除。加大接地装置检测工作力度,及时消除隐患。

对输电线路走廊的维护和专项清理整治,排查安全距离。对可疑点进行风偏校核,防止线路对超高植物或构筑物放电或超高植物在风灾、冰灾时倒伏在输电线路上,通过排查外部隐患和危险点以及杆塔补强、防风偏改造等提高线路抗灾能力。

(3)加强电网建设安全风险管理,提高停电事故的应急处置能力

① 建立健全电网重大事故应急处理机制,开展应急演习

电网是涉及公共安全的基础设施,关系公众利益,区域内政府要统筹考虑组建电网重大事故的应急处置机构,建立健全应急处理机制,加强应急管理,保证公共安全。同时,要加强对公众的应急教育,增强自助自救意识。电网企业也要进一步完善突发事故处理预案及"黑启动"方案,开展反事故演习,缩短停电时间。重点部门和单位要配置可靠的备用电源,保证在紧急情况下能够正常运转,最大限度地减少损失。

② 开展电网系统的实时安全风险评估研究,实现最优调度技术支持

现代电网的安全运行状态已经很难想象仅凭经验判断。可以在设计、生产与技术部门之间组成统一领导、统一协调的研究组,充分利用生产和调度丰富的实时运行状态信息资源,紧密结合生产,研制一套完善的、优化的多目标电力系统安全风险评估系统,对电网系统的安全稳定性进行实时量化评估,实现最优调度技术支持。

③ 加强对并网发电企业的技术监督管理

建立严格的技术监督管理制度,加强对大型电厂、大容量机组监督力度。在设备选型、电力建设、生产运行、检修、技术改造等实施全过程监督,特别要加强并网发电机组的技术监督管理。并入电网的发电设备必须定期接受电网的安全风险评估,必须达到所在电网规定的并网必备条件和评分,并且不得带有影响机组和电网运行安全稳定的缺陷和隐患。加强网机协调管理。

④ 加强电网统一调度,优化"黑启动"方案

各有关电力生产运行单位必须服从电网统一调度,下级调度必须服从上级调度指挥,对违反调度纪律者要严肃处理。任何单位和个人不得非法干预电网调度。定期安排技术演练,不断优化全电网"黑启动"方案。

(4)加强用户侧的供电设备建设和安全管理

针对重要负荷供电的安全性问题,供电部门要配合政府主管部门对重点用户、重要设施进行供电安全检查,确保不发生因停电事故造成重大的政治、社会问题。针对电力用户供用电设施安全管理薄弱问题,电力行

政管理部门要依法实施供用电监督,加强用电安全管理。

对重要用户供电方式的安全隐患要及时进行排查。要加强特殊运行方式下停电措施的准备和落实,在需要预试、检修而采用单电源供电的情况下,及时与用户沟通,共同做好应急措施。

对重要用户实施多电源供电方案,设置应急备用电源,适当增加供电回路、采用多端供电加备用电源的自动投入方式,保障重要用户供电安全。

2.4　分析与讨论

本章作为电网建设安全风险分析的基础,主要从国内外大大小小的电力工程事故中去认识电网建设安全管理的不确定性,从典型停电事故的应对中汲取经验教训,探寻重大事故风险的影响因素和应对策略措施。

(1)美加"8·14"大停电事故发生的过程表明,主要输电网因子本身的影响是造成事故的重要原因。首先,在俄亥俄内的其他输电线路停电和电压状况变坏之后,俄亥俄境内的 Sammis-Star 345 kV 线路停电引发了其他许多线路跳闸。其次,3 区阻抗继电器因过载动作而使许多关键线路跳闸。再次,美国东北部输电线路、发电机组和欠频负荷削减的继电器整定可能不完全合适。另外大批发电机组停运。许多线路因重负荷和低电压,由距离 3 段跳闸,长线甚至出现距离 1 段跳闸,加剧了事故后果。

保护系统因子的影响也是造成该事故的重要原因。低压减载未曾设置。发电机组的保护措施与系统没有进行很好协调。电网保护系统设计不完善,在线静态安全分析和状态估计工具不力。FE 由于计算机故障没有进行 N-1 事故分析,报警装置失效,调度员对电网系统的实时状态失去监视。

风险管理系统因子的影响是造成此次事故的又一重要因素。FE 和 MISO 调度员缺少良好培训,特别是应对恶性紧急事故的培训。系统缺乏应对防御线路连锁跳闸、系统稳定破坏和大面积停电的措施。

输电走廊维护不够,沿线树木超过规定的高度,没有及时修剪。故障伊始,多条线路对树放电跳闸。故障使得故障线路产生了低电压和大电流,并迅速触发了断路器,使该线路与电力系统的其余部分切除。

(2)莫斯科"5·25"大停电和 2008 年我国南方冰冻灾害气候引起的停电事故反映出,输电网设备老化严重、设计标准偏低,调度系统不完善,电网缺乏系统的风险管理。

（3）欧洲"11·4"停电事故除了与线路直接在船舶航行路线的威胁之下有关外，还与风险管理意识薄弱，电源结构与输电网、系统调度组织协调不好有关。

（4）2011年日本地震海啸引发大停电事故，也与对灾害估计不足、设计标准偏低、保护系统不完善等影响因素有关。

（5）国内外典型大停电事故造成了巨大的经济损失和社会影响，教训是深刻的。很明显，确保电网安全是一项复杂的系统工程，必须从提高输电线路本身的抗灾能力入手，对相关发电机组及其并网系统进行监督管理，补充完善电网本身的保护系统和预警系统，加强输变电工程安全风险的管理和人员安全培训，健全安全生产应急管理机制，同时也要对重点用户的用电安全实施监督，确保电网的安全稳定运行。

第3章 区域电网安全风险评价体系的构建

3.1 前言

  安全问题始终是电力系统研究的热点,自20世纪60年代以来,世界范围内的各种大停电事故频繁发生[130],特别是近年来,我国南方出现的低温雨雪冰冻灾害和四川大地震灾害给电网系统造成了严重影响[131],因此,越来越多的专家、学者致力于电力系统安全评估的研究,并取得了大量研究成果[132—136]。继《中华人民共和国电力法》实施以来,国家电网公司相继颁布了供电企业、输电网、电力系统安全评价标准,2008年以后,最新发布了供电企业安全风险辨识防范手册和电网建设风险管理实施指南[24—25],这些成果的应用大大地提高了电力系统的安全可靠性和电网运行的稳定性。随着高压电网的发展,超高压设备、大机群、大受端电网以及新技术新产品引入电力系统,与此同时电力市场改革的步伐加快、电网联系日趋紧密,受电网建设相对滞后、网架结构薄弱、发电燃料供应紧张、恶劣气候和外力破坏问题日益突出等因素影响,电网发生稳定破坏和大面积停电事故的风险始终存在,这就需要从宏观上系统地对电网的安全运行状态进行整体评估。

  安全风险评估体系是对安全性评价工作的进一步拓展、延伸和规范,主要从强化企业安全管理、规范人员行为、完善外部环境等全方位入手,分析电网安全风险,提高企业安全风险防范水平,促进安全管理从事后管理向以预防为主转变。传统的电力系统安全评估方法多用于一般电力系统安全稳定评价,这些方法没有考虑电力系统的复杂性、电网的特殊性、负荷变化的随机性和重要用户分布的不确定性,不能对复杂电网的运行和管理提供系统完备的安全风险控制和决策依据。结合大机群、大受端电网安全管理的实践,将传统的电力系统安全性评价概念和技术加以拓展归纳,建立系统的电网安全风险评价体系,是复杂电网安全风险评估的新思路。

  本章将深入分析影响电网系统安全风险的主要因素:输电网安全性、

外部环境、用户性质、保护系统、安全管理系统等,提出不确定性影响因素的定量分析方法,建立电网安全风险评估的指标体系,在此基础上提出基于层次分析法的区域电网系统整体评估模型和指标取值方法,以及评估体系标准的制定。

3.2 区域电网安全风险评价体系的总体设计

由于电网的运行安全受到电源方、用户侧、电网内部及电网之间的联系等各种因素的综合影响,因此,通过详细分析各部分的影响因素,建立电网安全评估的指标体系,结合指标体系与评估原则,运用现代数学综合评判法,参照现有安全性评价标准及各项规程,进行风险建模和隶属度分析。在电网安全多指标评估问题中,各指标权重的确定是关键,权重的确定是否合理将直接影响评估结果的可靠性与有效性。运用基础理论知识和研究方法,建立针对不同等级电网的安全风险评价系统,为电网安全保障和损失控制提供依据,并据此编制操作性强的应用软件,在不同等级的电网系统和用电企业推广。主要工作包括以下三个方面:

(1)通过电网安全风险评价指标体系的研究,可以将防灾学、管理学、经济学、安全工程学的基本原理引入电网系统的管理之中,对不同类别的电网系统建立安全风险专家评价系统,为预防电网事故,减少损失的风险决策提供科学依据,为完善我国电网系统的安全性评价管理体系提供理论与方法上的指导。

(2)应用层次分析法,结合计算机编程技术,建立针对不同类别电网的安全风险评价体系,定量与定性相结合,为电网的安全性进行系统管理提供科学手段。

(3)编制操作性较好的应用软件,为发电企业、电网公司、电力用户提供服务,并为制定国家标准提供技术支持。

电网安全风险评价指标体系的总体设计思路如图3.1所示。

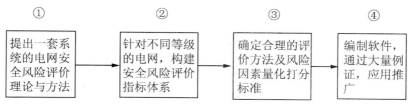

图 3.1 区域电网安全风险评价指标体系的总体设计图

3.3　安全风险评价体系的基本结构

　　建立评价指标体系是进行安全风险性评价的基础,建立的指标体系是否科学、合理,直接影响到安全风险评价的可靠性及其应用。由于影响整体电网安全风险的因素是一个涉及多方面的因素集,且诸多指标之间各有隶属关系,形成一个有机的多层系统,因此,建立一套科学、合理的指标体系是电网安全风险评价的关键性一环。

　　按照风险理论,应先根据电网的结构性质对主要的电网类别进行划分,然后构建相应的评价指标体系,再采用专家意见和合理的评价方法,确定各指标的风险值与权重,进而计算出电网系统的综合风险等级[24]。电网安全风险评价的基本步骤如图 3.2 所示。

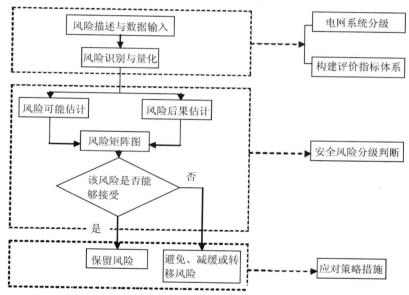

图 3.2　区域电网安全风险评价的基本步骤

3.4　区域电网安全风险评估的基本要素

3.4.1　安全风险评价系统的划分

　　根据现有的分区电网管理体制,可以将区域电网安全风险评价系统分为省网系统、城网系统以及下属供电企业三个层次，每个层次又包括若干类别，每个类别分别建立指标体系，如图3.3所示。

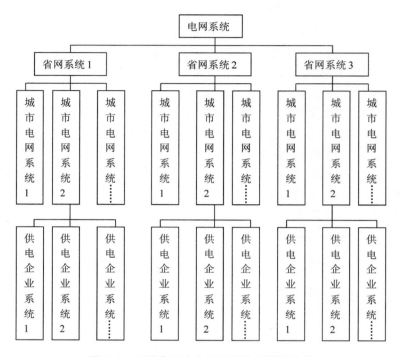

图 3.3　区域电网安全风险评价系统的划分

3.4.2　电网安全风险评估的基本要素

借鉴系统安全工程分析中的"5M"模型，即电网的性质、人群因素、硬件与软件设施、周围环境、管理等因子[12]，可建立区域电网安全风险综合评价系统的层次结构如图3.4所示。

对于供电企业，除图3.4中的基本要素之外，供电企业还要对劳动安全、作业环境、供电的性质以及安全风险发生的后果进行评估[24—25]。

对有些复杂因子，还要进行三级指标的划分。表3-1为输电网安全风险评价因子的三级指标的划分情况。

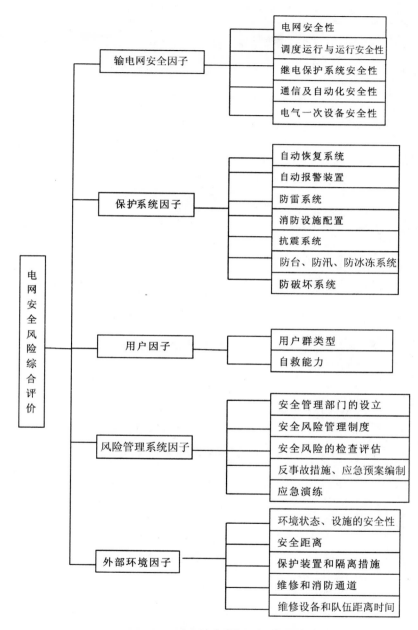

图 3.4 区域电网安全风险评价系统层次结构

表 3-1　输电网安全风险评价因子的三级指标

一级指标	二级指标	三级指标
输电网因子	电网安全性	电源
		电网结构
		稳定水平
		无功补偿
		短路电流
		过电压
		受电安全性
	调度运行与运行安全性	调度运行
		运行方式及电网安全稳定管理
		电网安全自动装置
		发电机组和机网协调管理
	继电保护系统安全性	继电保护装置及选型
		继电保护的运行管理
		继电保护动作统计分析
		继电保护专业技术培训管理
		继电保护运行指标
		直流系统
	通信及自动化安全性	电力通信
		调度自动化
	电气一次设备安全性	枢纽变电站的状况
		500(330)kV 线路及 220 kV 联络线
		电缆及电缆用构筑物(≥220 kV)

3.5 安全风险值的量化及分级

3.5.1 量化分析法

目前用的较多的是层次分析法(Analysis Hierarchy Process,AHP)。层次分析法是由美国学者 A. L. 萨坦于 20 世纪 70 年代提出的一种多目标评价决策方法[11],是一种定性和定量相结合的、系统的、层次化的分析方法。它将决策者对复杂系统的评价决策思维过程数学化,对于基本符合现行电力安全规范的电网系统,该方法具有简便、可操作的特点,具体应用将在第 7 章讨论。

(1)基本模型

设目标电网的安全风险值如下:

$$R = \sum_{i=1}^{n} W_i S_i \qquad (3-1)$$

式中,n 表示风险因素(指标)的个数;S_i 表示第 i 个指标的风险值,该评价体系中取值分布为区间[0,5]的整数,分值越大,表示电网的风险越大、安全度越低,即 0 表示最安全的情况, 5 表示最危险的情况;W_i 表示第 i 个评价指标的权重,即该评价指标对整体电网安全风险的影响大小,取值区间为[0,1]。通过式(3-1)算得的电网总风险值 R 的取值区间为[0,5],风险值与风险等级的对应关系如下表所示。

表 3-2 电网安全风险等级的划分

R 的取值区间	风险等级
[0,1)	1(最安全)
[1,2)	2
[2,3)	3
[3,4)	4
[4,5]	5(最危险)

因此,一个完整的安全评价体系应包括下列三个组分:指标、各指标的风险值及其权重。

（2）各指标风险值的确定

对于区域电网系统，主要从以下三方面考虑影响安全的因素[24]：

① 发生事故或危险事件的可能性（用 L 表示）；

② 暴露于潜在危险环境的频次（用 E 表示）；

③ 可能产生风险损失后果的分数值（用 C 表示）。

用上述三个值的积来表示电网安全风险值 S_i 的大小，即

$$S_i = L \times E \times C \qquad\qquad (3\text{-}2)$$

发生事故或危险事件的可能性 L 的取值见表 3-3。

表 3-3 L 的取值

事故或危险情况发生的可能性	分数值
完全可以预料	10
相当可能	6
可能，但不经常发生	3
可能性小，完全意外	1
很不可能，可以设想	0.5
极不可能	0.2
实际上不可能	0.1

暴露于潜在危险环境的频次 E 的取值见表 3-4。

表 3-4 E 的取值

出现危险环境的情况	分数值
连续暴露于潜在危险环境	10
每天在工作时间内暴露	6
每周一次或偶然的暴露	3
每月暴露一次	2
每年几次出现在潜在危险环境	1
非常罕见的暴露	0.5

可能出现损失后果的分数值 C 的取值见表 3-5。

表 3-5 *C* 的取值

可能出现的后果		分数值
经济损失（万元）	伤亡人数	
1 000	大灾难，死亡 10 人以上	100
500～1 000	灾难，死亡 3～9 人	40
100～500	非常严重，死亡 1～2 人	15
50～100	严重事故，多人中毒或重伤	7
10～50	至少 1 人致残	3
10	轻伤	1

每一指标的风险值 S_i 的取值见表 3-6。

表 3-6 S_i 的取值

危险程度	风险值 S_i	
	分数值	风险等级
极其危险需要立即整改	＞320	5
高度危险，需要立即整改	160～320	4
显著危险，需要整改	70～160	3
一般危险，需要注意	20～70	2
稍有危险，但能接受	＜20	1

采用专家打分法，按照分数值的划分，从最底层各项指标进行打分。分值对应的风险值取值区间为 [0,5] 整数，分值越大，表示电网事故风险越大、安全度越低。对于具体评价系统，要对每项指标取不同分值的情况作具体说明。

（3）各指标权重的确定

指标权重体现了指标层各因子影响风险水平的重要程度。基于以往电网事故案例、电力系统专家和研究者的知识积累和工作经验，针对指标因子体系中每层因子对上一层因子影响的重要程度进行打分，构造出判断矩阵，然后运用层次分析法计算出各层因子间的相对权重，最后计算出最低层评价指标对于总目标的累积权重[137]，层次分析法的主要步骤如图3.5 所示。

由专家打分的结果，根据层次分析法的计算步骤，通过计算各层权重

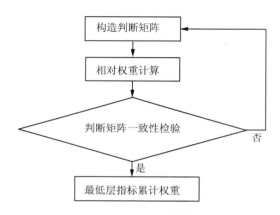

图 3.5 层次分析法主要流程图

向量、判断矩阵最大特征向量值以及一致性比率。一般地,咨询的专家应不少于 5 人,建议电网评价体系咨询专家为 20 名。通过上面的步骤,采用算术平均法,对底层每个指标进行打分,根据分值权重 W_k(k 表示第 k 个专家)按式(3-3)进行计算,从而得出底层每个指标的最终权重值为 $\overline{W}$:

$$\overline{W} = (\sum_{k=1}^{20} W_k)/20 \qquad (3-3)$$

3.5.2 电网"性能化"的评价方法

电网"性能化"的评价方法是安全工程学在电网事故风险综合评价中的应用。在国外,主要应用于建筑火灾风险评估系统,如:美国的建筑防火评估方法(BF-SEM, Building Fire Safety Evaluation Method);澳大利亚的风险评估模型(RAM, Risk Assessment Modeling);加拿大的 FIRE CAM 方法;英国的 Crisp 模型等[138]。在电网系统的安全评估中,有一部分是超出电网规划设计安全规范和要求的,尤其是针对一些电网结构和功能复杂,或存在特殊情况,难以在一般情况下进行事故风险评价的电网,可以运用这一方法进行补充评价。电网"性能化"评价方法主要是根据设定的事故场景,利用安全工程学的理论,对电网系统的整体安全性进行评估,包括:接入电源的安全性、电网结构的安全性、过电压、继电保护装置、自动恢复和保护系统、防灾系统、应急装置、环境的适应性等。图 3.6 为基于电网系统安全性的风险"性能化"评估方法。

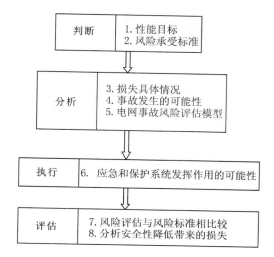

图3.6　基于电网系统安全风险的"性能化"评估方法

3.5.3　安全风险评价应用软件的编制及推广

在建立安全风险评价模型的基础上,编制应用软件,是实现其应用和推广的重要途径,主要包括:

(1)结合应用层次分析法与 C 语言等计算机技术,建立针对不同类别电网系统的安全风险评价专家系统,为电网事故保险费率的合理厘定提供依据[139]。

(2)在已有的安全评价软件基础上,完善和编制电网系统操作手册,提高应用软件的可靠性,为制定电网安全风险评价体系国家标准提供技术支持。

3.6　电网系统安全风险评价标准的制定

区域电网安全风险评价体系的应用和推广,还需要制定一套切实可行的统一标准。制定电网安全风险评价体系标准主要涉及以下内容:

(1)术语,主要包括:安全风险、可能性、后果、风险评价、定量方法、定性方法、半定量方法、层次分析法、权重等。

(2)安全风险评价基本程序,主要包括:安全风险的识别、安全风险的评估、安全风险评价方法等。

（3）电网安全风险评估的基本要素，主要包括：输电网因子、保护系统因子、管理系统因子、用户群因子、外部环境因子等。

（4）安全风险评估的基本方法，主要包括：定性分析方法、半定性分析方法、定量分析法等。

（5）安全风险分级的基本方法，主要包括：电网事故发生的可能性、电网事故损失后果的评估，层次分析法和安全风险矩阵等基本方法。

3.7　分析与讨论

区域电网风险评价体系的建立和有效运作，将大大提升电网系统各个层面应对电力事故风险的能力，特别是在安全管理各项活动中，通过"作业流程再造，危险因素辨识，评价及控制"将大大降低人的不安全行为和物的不安全状态及管理缺陷，有效保证电网系统安全稳定运行。通过研究可以得出如下结论：

（1）区域电网安全风险评价指标体系的建立是进行安全风险评价的前提和基础，主要包括：电网评价系统类别的划分、风险评估的基本要素的确定等。

（2）层次分析法可以为各评价因子权重的确定提供帮助，最后计算出最低层评价指标对于总目标的累积权重，得出某个电网系统安全风险评价综合分值，进而划分其风险等级。

（3）对于超出电网系统设计安全规范要求，或者结构和功能复杂的电力系统，可以采用"性能化"评价方法进行评价。

（4）区域电网安全风险专家评价系统以及计算机应用软件的开发和应用，为我国电网系统安全风险评价国家标准的制定奠定基础，为我国建立电网事故保险与安全保障工作协调的互动机制提供理论与方法上的指导。

第 4 章　电网建设安全风险识别

4.1　前言

电网建设安全风险识别是对其进行风险管理的第一步,也是十分重要的一步。电网建设安全风险识别就是确定电网安全风险事件及其影响因素,并形成安全风险识别清单,以判断安全风险的来源、安全风险发生的条件、描述风险的特征以及风险影响的过程。安全风险识别主要就是确定三个相互关联的因素:一是风险来源——时间、费用、技术、法律等;二是风险事件——给电网建设带来积极或消极影响的事件;三是风险征兆:又称为危险源,是安全风险来源的触发器。大多数情况下电网系统的安全风险并不显而易见,往往隐藏在电网建设的各个环节,或被种种假象所掩盖。因此,识别安全风险必须采用一定的科学方法和技术手段,特别要根据电网建设项目安全风险的特点,采用具有针对性的识别方法和手段[129]。

4.2　电网建设安全风险识别应遵循的原则

在电网建设过程中危险因素的辨识是安全风险识别的基础,按照电网建设危险因素的辨识的"3346"法则[23—25],可以将电网建设安全风险识别的原则归纳为如下几个方面:

(1) 三个所有

① 输变配电施工过程中所有作业活动,包括常规作业活动和非常规作业活动;

② 所有参与电网建设的单位和参与人员,包括合同方人员和进入该项目的非合同人员的活动;

③ 电网建设所涉及的所有设施,包括备用发电系统、输变电系统和配电系统,电网施工所有的机械设备,无论是本企业还是外界所提供的设施。

(2) 三种时态

① 电网建设的过去时态,即设施、设备和作业活动曾经发生或遗留的安全危险状态;

② 电网建设的现在时态,即现在的设施、设备和作业活动可能带来的安全危险状态;

③ 电网建设的将来时态,即企业将来在规划设计、实施、维护等活动过程中可能产生的安全状态。

(3)三种状态

① 正常状态,如正常运行、维护、施工作业可能出现的安全危险状态;

② 异常状态,如处于故障和质量异常,需要应急抢修作业等带来的安全危险状态;

③ 紧急状态,即出现不可预见何时发生、如何发生的电网安全状态,如紧急处理作业可能出现的重大安全危险状态。

(4)电网建设的四个方面

① 人的不安全行为,参与电网建设的人员操作和实施过程处于不安全状态;

② 物的不安全状态,电网系统设施、设备和操作工具处于不安全状态;

③ 有害的环境因素,电网建设处于有害或不安全的环境之中,随时有安全的危险;

④ 管理上的缺陷,即电网建设的管理系统不完善,或比较混乱,或缺乏安全风险意识。

(5)影响电网建设安全风险的六种因素

① 物理性安全危险因素;

② 化学性安全危险因素;

③ 生物性安全危险因素;

④ 理性和生理性安全危险因素;

⑤ 行为性安全危险因素;

⑥ 其他方面。

4.3 安全风险识别过程

电网建设安全风险识别过程就是发现风险、确认风险、描述风险的一种活动和方法。电网安全风险识别过程可以看成是一个系统,我们可以从两个视角来描述电网建设安全风险的识别过程：外部视角详细说明过程控制、输入、输出和机制；内部视角详细说明用机制将输入转变为输出的活动。

电网工程自身及其外部环境的复杂性，给人们全面地、系统地识别工程风险带来了许多具体的困难，同时也要求人们明确电网建设安全风险识别的过程[20,129]。

由于电网建设安全风险识别的方法与风险管理理论中提出的一般的风险识别方法有所不同，因而其风险识别的过程也有所不同。电网建设安全风险识别往往是通过对经验的分析、风险调查、专家咨询以及实验论证等方式，在对电网工程安全风险进行多维分解的过程中，认识工程风险，建立电网工程风险清单。

电网建设中安全风险识别的过程可用图 4.1 表示。

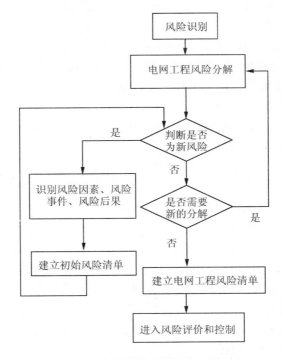

图 4.1　电网建设安全风险识别的过程

由图 4.1 可知，风险识别的结果是建立电网工程安全风险清单。在电网建设安全风险识别过程中，核心是"电网工程安全风险分解"和"识别电网建设安全风险因素、风险事件及后果"。

安全风险识别是工程项目风险管理中的一项经常性工作。安全风险识别主要包括数据或信息的收集、不确定性因素分析、确定风险事件、形成风险识别清单等。

（1）数据或信息收集

一般认为安全风险是数据或信息的不完备引起的。虽然，收集和风险事件直接相关的信息可能是困难的，但是风险事件总不是孤立的，可能会存在一些与其相关的信息，或与其有间接联系的信息，或是与本工程项目可以类比的信息。可以从如下几个方面入手收集相关的数据或信息。

① 工程项目环境方面的数据资料

电网建设项目的实施和建成后的运营与其所处的自然和社会环境密切相关。特别是自然环境方面的气象、水文、地质地貌环境等，对电网工程的实施有较大影响；社会环境方面的政治、经济、法律、文化等对工程建设也有重要影响，如：经常下雨会影响工程项目施工的进度，甚至会影响工程的成本和质量安全；地质地貌条件的复杂变化常常会引起工程量和工程造价的上升，也可能会威胁到施工的安全和进度。因此，在安全风险识别时，有必要收集和分析电网工程建设环境方面的资料。

② 同类工程项目的有关数据资料收集

以前建成的一些工程项目的数据资料，以及类似工程项目的数据资料都是风险识别时必须收集的。特别是一些亲身经历过的项目，一定有很多经验教训，这些经验和体会对识别本项目的安全风险是有帮助的。因此，在安全风险识别时，要注重类似工程项目数据资料的收集，包括过去建设过程中的档案记录、工程总结、工程验收资料、工程质量与安全事故处理文件，以及工程变更施工索赔资料等。

③ 工程设计和施工文件的收集

工程设计文件和施工文件是重要技术资料，它规定工程项目的结构形式、尺寸大小，以及材质方面的要求、规范和质量标准等，对这些内容的改变将直接引起安全风险。因此，必须收集相关信息和资料，一旦出现相关的差异和变化，必须进行技术分析，明确这些差异和变化对于项目的进度、成本、质量和安全目标所带来的风险。

（2）不确定性因素分析

在基本数据或信息资料收集的基础上，从如下几方面对项目的不确定性因素进行分析：

① 建设项目各阶段的不确定性因素分析。电网建设项目具有明显的阶段性，而在各个不同阶段，不论是不确定性事件的种类，还是不确定

性事件的影响因素和影响的程度,都具有明显的差别,应该分别进行不确定性分析。

②　不同目标的不确定性分析。电网建设项目有进度、质量安全和费用三个目标,影响因素既有相同之处,也有不同之处,要具体问题具体分析,针对不同的目标客观分析。

③　项目结构的不确定性分析。影响项目结构的因素很多,结构不同,其影响因素也不一样,即使是相同的结构,也可能有不同的影响因素。

④　项目环境的不确定性分析。工程建设环境是引起安全风险的重要因素。应对建设环境进行较为详尽的不确定性分析,进而分析引发的工程项目风险。

（3）确定风险事件,并建立安全风险识别清单

在工程项目不确定性分析基础上,进一步分析这些不确定因素引发的工程项目风险的大小,然后对这些安全风险进行归纳、分类,最后形成安全风险识别清单。

4.4　安全风险识别方法与技术

除了采用风险管理理论中所提出的德尔菲法、头脑风暴法、情景分析法、SWOT 分析法、敏感分析法等风险识别的基本方法之外,对电网工程安全风险的识别,还可以根据其自身特点,采用相应的方法。综合起来,电网建设中安全风险识别的方法有专家调查法、财务报表法、流程图法、初始清单法、经验数据法和风险调查法[18,20,129]。以下对电网建设安全风险识别的一般方法仅作简单介绍,而对电网建设工程中安全风险识别的具体方法作较详细的说明。

（1）专家调查法

这种方法又有两种方式:一种是召集有关专家开会,让专家各抒己见,充分发表意见,起到集思广益的作用;另一种是采用问卷调查,各专家不知道其他专家的意见。采用专家调查法时,所提出的问题应具有指导性和代表性,并具有一定深度,还应尽可能具体些。专家所涉及的面应尽可能广泛些,并有一定的代表性。对专家发表的意见要由风险管理人员加以归纳分类、整理分析,有时可能要排除个别专家的个别意见。

（2）财务报表法

财务报表有助于确定一个特定企业或特定的建设工程可能遭受哪些损失以及在何种情况下遭受这些损失。通过分析资产负债表、现金流量

表、营业报表及有关补充资料,可以识别企业当前所有资产、责任及人身损失风险。将这些报表与财务预测、预算结合起来,可以发现企业或建设工程未来的风险。

采用财务报表法进行风险识别,要对财务报表中所列的各项会计科目作深入的分析研究,并提出分析研究报告,以确定可能产生的损失,还应通过一些实地调查以及其他信息资料来补充财务记录。由于电网工程财务报表与企业财务报表不尽相同,因而需要结合电网工程财务报表的特点来识别电网建设安全风险。

(3)流程图法

将一项特定的生产或经营活动按步骤或阶段顺序以若干个模块形式组成一个流程图系列,在每个模块中都标出各种潜在的风险因素或风险事件,从而给决策者一个清晰的总体印象。一般来说,对流程图中各步骤或阶段的划分比较容易,关键在于找出各步骤或各阶段不同的风险因素或风险事件。

这种方法实际上是将图 4.2 中的时间维与因素维相结合。由于建设工程实施的各个阶段是确定的,因而关键在于对各阶段电网建设风险因素或风险事件的识别。

由于流程图的篇幅限制,采用这种方法所得到的风险识别结果较模糊。

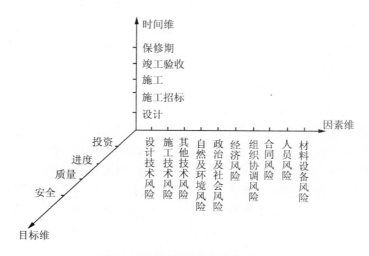

图 4.2　电网建设项目三维分解图

(4)初始清单法

如果对每一个电网工程中安全风险的识别都从头做起,至少有以下三方面缺陷:一是耗费时间和精力多,风险识别工作的效率低;二是带有随意性,其结果缺乏规范性;三是风险识别成果资料不便积累,对今后的风险识别工作缺乏指导作用。因此,为了避免以上缺陷,有必要建立初始风险清单。

建立电网工程的初始风险清单有两种途径:

一是常规途径,指采用保险公司或风险管理学会(或协会)公布的潜在损失一览表,即任何企业或工程都可能发生的所有损失一览表。以此为基础,风险管理人员再结合本企业或某项工程所面临的潜在损失对一览表中的损失予以具体化,从而建立特定工程的安全风险一览表。我国至今尚没有这类一览表,即使在发达国家,一般也都是对企业风险公布潜在损失一览表,对建设工程风险则没有这类一览表。因此,这种潜在损失一览表对电网工程中安全风险的识别作用不大。

二是通过适当的风险分解方式来识别风险。对于大型、复杂的电网工程,首先将其按单项工程、单位工程分解,再对各单项工程、单位工程分别从时间维、目标维和因素维进行分解,可以较容易地识别出电网工程主要的、常见的风险。从初始风险清单的作用来看,因素维仅分解到各种不同的电网建设风险因素是不够的,还应进一步将各风险因素分解到风险事件。这里用电网工程初始风险清单(表 4-1)作为示例。

表 4-1　电网工程初始风险清单

风险因素		典型风险事件
技术风险	设计	设计内容不全,设计缺陷、错误和遗漏,应用规范不恰当,未考虑地质条件,电源结构设计不合理,未考虑施工可能性等
	施工	施工工艺落后,施工技术和方案不合理,施工安全措施不当,应用新技术新方案失败,未考虑场地情况等
	运营	有负荷或无负荷试验失败,运行维护不好,电力市场改革不成熟,电力需求变化超预期,连锁故障、调度失误、设备老化、保护装置失灵、线路负荷过重,短路故障、变压器故障、线路故障、发电系统故障、配电线路故障、外力破坏、信息系统故障等
	其他	工艺设计未达到先进性指标,工艺流程不合理,未考虑操作安全性等

风险因素		典型风险事件
非技术风险	自然与环境	洪水、地震、火灾、台风、雷电、冰冻灾害等不可抗拒自然力,不明的水文气象条件,复杂的工程地质条件,恶劣的气候,施工对环境的影响等
	政治法律	法律及规章的变化,战争和骚乱、罢工、经济制裁或禁运等
	经济	通货膨胀或紧缩,汇率变动,市场动荡,社会各种摊派和征费的变化,资金不到位,资金短缺等
	组织协调	业主和上级主管部门的协调,业主和设计方、施工方、监理方的协调,业主内部的组织协调等
	合同	合同条款遗漏、表达有误,合同类型选择不当,承发包模式选择不当,索赔管理不力,合同纠纷等
	人员	业主人员、设计人员、监理人员、一般工人、技术员、管理人员的素质(能力、效率、责任心、品德)不高
	材料设备	原材料、成品、半成品或设备供货不足或者拖延,数量差错或质量规格问题,特殊材料或新材料使用问题,过度损耗和浪费,施工设备供应不足、类型不配套、故障、安装失误、选型不当等

初始风险清单只是为了便于人们较全面地认识电网工程安全风险的存在,而不至于遗漏重要的工程风险,但并不是电网建设风险识别的最终结论。在初始风险清单建立后,还需要结合特定电网工程风险清单作一些必要的补充和修正。为此,需要参照同类电网工程风险的经验数据(若无现成的资料,则要多方收集)或针对具体建设工程的特点进行风险调查。

（5）经验数据法

经验数据法也称为统计资料法,即根据与风险有关的统计资料来识别拟建电网工程的安全风险。不同的风险管理主体应有自己关于电网工程风险的经验数据或统计资料。在电力工程建设领域,可能有电网建设风险经验数据或统计资料的风险管理主体包括咨询公司(含设计单位)、承包商以及长期有工程项目的业主(如电力投资人)。由于这些不同的风险管理主体的角度不同、数据或资料来源不同,其各自的初始风险清单多少有些差异。但是,电网工程安全风险本身是客观事实,有客观的规律性,当经验数据或统计资料足够多时,这种差异性就会大大减小。何况,风险识别只是对电网工程风险的初步认识,还是一种定性分析,因此,这种基于经验数据或统计资料的初始风险清单可以满足对电网建设安全风险识别的需要。

例如,根据电网建设的经验数据或统计资料可以得知,减少投资风险的关键在设计阶段,尤其是在初步设计以前的阶段,因此,方案设计和初步设计阶段的投资风险应当作为重点进行详细的风险分析;设计阶段和施工阶段的质量风险最大,需要对这两个阶段的质量风险作进一步的分析;施工阶段存在较大的进度风险,需要作重点分析。由于施工活动是由一个个分部分项工程按一定的逻辑关系组织实施的,因此,进一步分析各分部分项工程对施工进度或工期的影响,更有利于风险管理人员识别建设工程进度风险。图 4.3 是某风险管理主体根据电厂房屋建筑工程各主要分部分项工程对工期影响的统计资料绘制的。

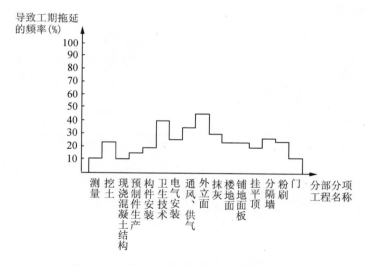

图 4.3　各主要分部分项工程对工期的影响

（6）因果分析法

风险识别可以从原因查找结果,也可以从结果查找原因。因果分析法就是根据核查表等方式分析风险的存在,或者,假定风险存在,追溯风险起因的方法,一般通过因果图表现出来,因果图又称特性要因图、鱼刺图或石川图。图 4.4 是混凝土强度达不到设计标号时用的因果分析图。

（7）风险调查法

由电网工程安全风险识别的个别性可知,两个不同的电网工程不可能有完全一致的安全风险。因此,在建设工程风险识别的过程中,花费人力、物力、财力进行风险调查是必不可少的,这既是一项非常重要的工作,也是电网建设安全风险识别的重要方法。

风险调查应当从分析具体电网工程的特点入手,一方面对通过其他方法已识别出的风险(如初始风险清单所列出的风险)进行鉴别和确认,另一方面,通过风险调查有可能发现尚未识别出的重要的电网工程风险。

通常,风险调查可以从组织、技术、自然及环境、经济、合同等方面分析拟建电网工程的特点以及相应的潜在安全风险。

风险调查并不是一次性的。由于风险管理是一个系统的、完整的循环过程,因而安全风险调查也应该在电网工程实施全过程中不断地进行,这样才能了解不断变化的条件对安全风险状态的影响。当然,随着电网建设的进展,不确定性因素越来越少,风险调查的内容亦将相应减少,风险调查的重点有可能不同。

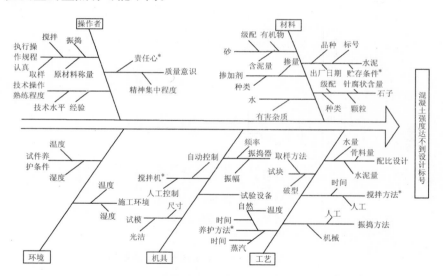

图 4.4　建设工程中混凝土强度不足的因果分析图[5]

对于电网建设中安全风险识别来说,仅仅采用一种风险识别方法是远远不够的,一般运用识别方法组合。无论哪一种组合,都必须包含风险调查法。从某种意义上讲,前五种风险识别方法的主要作用在于建立初始风险清单,而风险调查法的作用则在于建立最终的风险清单。

4.5　安全风险识别成果

项目风险识别之后要把结果整理出来,写成书面文件,为风险分析的其余步骤和管理作准备。风险识别的成果应包括下列内容:

(1)风险来源表。表中应罗列所有风险,罗列应尽可能全面,不管风险事件发生的频率和可能性、收益或损失、损害或伤害有多大,都要一一列出。对于每一种风险来源,都要有文字说明。说明中一般要包括:风险事件的可能后果,对预期发生时间的估计,该来源产生的风险事件预期发生次数的估计。

(2)风险的分类或分组。风险识别之后,对该风险进行分组或分类,分类结果应便于进行风险分析的其余步骤和风险管理。

(3)风险征兆。风险征兆就是风险事件的外在表现,如苗头和前兆等。施工现场混乱,材料、工具随便乱丢,无人及时回收整理就是安全事故和项目质量、成本超支风险的症状。

(4)对项目管理其他方面的要求。在风险识别过程中可能会发现项目管理其他方面的问题,需要进一步改进或完善,这些要求可作为其他管理变更或完善的依据。

4.6　电网建设项目目标风险识别

建设项目一般具有进度、质量安全和费用三个目标。三个目标并不是完全独立的,在实施过程中,由于多种因素的影响,使得实现项目目标存在较大的风险。因此,识别这三个目标的风险是工程管理的重要任务。

(1)建设项目进度风险的识别

影响电网建设项目进度的因素很多,涉及的面很广,包括:建设环境、项目业主、建设项目设计和工程项目施工等。一般情况下,项目施工阶段进度风险因素可以参照表 4-2 的核查表。

表 4-2　建设项目进度风险核查表

风险因素	风险事件
工程建设环境原因	1. 自然环境 不利的气候条件； 不利的水文条件； 不利的地质条件； 地震； 建筑材料堆场不满足设计要求； 其他 2. 社会环境 宏观经济不景气,资金筹措困难； 物价超常规上涨； 资源供应不顺畅； 对外交通困难； 政策、法规改变 其他
项目法人/业主原因	项目管理组织不当； 施工场地没有及时提供； 施工场地内外交通达不到设计要求； 内外组织协调不力； 工程款不及时支付； 其他
设计方面的原因	工程设计变更频繁； 工程设计错误或缺陷； 图纸供应不及时； 其他
施工承包方的原因	施工组织计划不当； 施工方案不当； 经常出现质量或安全事故； 施工人员生产效率低； 施工机械生产效率低； 施工管理水平差； 项目分包不适当或分包商有问题； 其他

对于工期风险的识别则要进一步深入分析和识别相关的进度风险因素。研究表明,并不是每一个进度影响因素都会对工程工期产生影响,要具体识别工程项目中哪些活动或子项目受到进度风险的影响,影响的程度有多大等。然后,根据项目进度计划、质量要求、投资目标,借助于网络技术和优化技术,综合分析建设项目的工期风险。

（2）电网建设技术和质量安全风险识别

不同的项目具有不同的技术性能和质量安全问题,其工程质量安全风险可以有多种原因,一般包括:项目环境原因、业主原因、设计原因和安全施工原因等。对工程施工阶段的质量安全风险,其引发的风险因素又可具体分为施工环境、操作及管理人员、施工机械、建筑材料、施工工艺或方案等。对比较粗略的质量安全风险识别可用检查表法;对某一具体施工过程或子项工程的质量安全风险可用流程图,或流程图加检查表进行识别。

表 4-3　工程施工质量安全风险核查表

风险因素	风险事件
违反基本建设程序	1. 可行性研究不充分,如资料不足、不可靠,或可行性研究不可靠; 2. 违章承接工程项目,如越级设计或施工; 3. 违反设计规则,如不做详细调查研究就设计; 4. 违反施工顺序,如设计不完整就施工,或施工顺序不符合工艺要求; 5. 其他
地质勘查或地基处理失误	1. 地质勘查失误或精度不足; 2. 勘测报告不详、不准,甚至错误; 3. 地基处理设计方案不当; 4. 地基处理没有达到设计要求; 5. 地基处理材料或工艺不当; 6. 其他
设计方案或设计计算有误	1. 设计中忽略了重要影响因素; 2. 设计计算模型简化不合理; 3. 设计错误或缺陷; 4. 设计安全系数选用太小; 5. 其他

风险因素	风险事件
建筑材料不合格	1. 水泥:安定性不合格、强度不足、受潮或过期、标号用错或混用; 2. 钢材:强度不合格、化学成分不合格、可焊性不合格; 3. 砂石料:岩性不良、粒径及级配不合格、杂质含量多; 4. 外加剂:外加剂本身不合格、混凝土或砂浆中掺用外加剂不当; 5. 其他
施工及其管理失控	1. 不按图施工; 2. 不遵守施工规范 3. 施工方案不当; 4. 施工质量保证措施不当或不落实; 5. 施工管理制度不完善; 6. 施工操作人员的技术水平没有达到要求; 7. 不熟悉设计图纸,不了解设计意图; 8. 施工管理人员、监理人员责任心差; 9. 其他

引起建设项目质量安全风险的原因很多,从整体上考虑,可以归纳为若干方面。对于具体施工过程或子项工程施工质量安全风险识别,除核查表外,还可用流程图这一工具进行识别。表 4-3 为项目质量风险核查表。

（3）项目投资风险

工程项目投资风险贯穿于工程建设的全过程,涉及多个方面。可用核查表对其进行分析,如表 4-4。

表 4-4　建设项目投资风险核查表

风险原因	风险事件
工程项目外部原因	建筑材料和施工机械费用涨价; 工资标准提高; 政策法规调整; 社会的不稳定; 运输环节改变或费用提高; 不利的气象条件; 超标准洪水、暴雨; 地震或其他地质灾害; 其他

风险因素	风险事件
业主/项目法人原因	工程投资计划不当； 项目管理组织不当； 建筑资金筹措困难； 施工场地和"三通一平"不落实； 施工招标失误； 投资控制措施不力； 施工协调不得力； 施工合同管理混乱,工程变更和索赔处理不当； 其他
设计原因	设计方案不合理； 设计标准引用不当； 设计错误或缺陷； 设计变更频繁； 图纸供应不及时； 其他
施工原因	施工方案不当； 施工组织设计不合理； 经常出现施工质量事故； 赶工程进度； 施工管理混乱； 其他

4.7　电网建设项目施工安全风险辨识清单

　　电网建设中,危险因素辨识是安全风险管理的基础[2-4]。风险管理机制的建立和有效运作,主要考虑现场作业的方案实施和标准化管理。电网建设安全风险的识别清单如表 4-5,根据每个工程重大危险因素辨识清单绘制成雷达图(图 4.5)。

表 4-5 电网建设项目安全风险识别清单

序号	安全风险因素	安全风险事件	可能的安全事故
1	施工组织设计	未按规定成立工程安全委员会、未配备专职安全员 未按规定制定工程安全文明施工措施 未按规定制定工程各项施工方案、作业指导书 未建立相应的安全生产规章制度 未实施安全教育、培训 违反工程分包的相关规定、分包单位的安全资质未经审查或审查不合格 无安全技术措施或未交底施工 安全技术措施不完善或有漏洞 违章指挥 违章作业 工作不负责任,玩忽职守 违反规定,派不符合要求的人员上岗 危险作业不办理安全施工作业票,职责不清,针对性不强,审核不规范	管理违章或作业违章
	安全防护用品、设施	安全用品、用具不符合要求 安全设施不完善、作业环境不安全、没有采取有效措施 不正确使用劳防用品 危险场所无安全围栏、警示标志 擅自拆除或挪用安全装置和设施 工器具没有进行试验	管理违章或习惯性违章
2	施工电源及用电设备	施工电源管理不规范 电工无证上岗 施工用电未按要求编制专项施工方案 保护零线与工作零线混接 开关箱漏电动作保护失灵 漏电保护装置参数不匹配 违反"一机、一闸、一保护"的要求 停送电无专人负责 维修时未悬挂停电警示牌	

续表

序号	安全风险因素	安全风险事件	可能的安全事故
2	施工电源及用电设备	闸具熔断器参数与设备容量不符,未使用安全电压 混凝土搅拌机等电动机械设备未采用防溅、防水和加强绝缘型设备 现场电动机械设备的金属外壳未可靠接地 在带电架空线路附近开挖沟槽 在宿舍内使用碘钨灯或大功率灯具	火灾触电
3	消防安全	消防管理不到位 防火设施不完善	火灾
4	焊接及气瓶管理	气瓶直接受热 气瓶受剧烈振动或撞击 放气过快产生静电火花 气瓶超期未做检验 气瓶中混入可燃气体 氧气瓶粘附油脂 乙炔气瓶的多孔性填料下沉形成净空间 乙炔瓶卧放或大量使用乙炔时丙酮随同流出 氧气、乙炔胶管制造质量不符合要求 产生回火 气焊、气割作业烧伤或灼伤	容器爆炸火灾
	750 kV GIS ABC三相、主变压器ABC三相及备用相、电抗器ABC三相套管引流线制作	线盘放止不稳 吊车未进行检验 信号不明确 制作套管引流线防护措施不到位	人员伤亡,财产损失

序号	安全风险因素	安全风险事件	可能的安全事故
5	导线压接	模具不配套 压接时超压 液压机接地不良 油箱油位过低 钢模板有裂纹 引流线与设备连接时线下方有人	人员伤亡，财产损失
6	750 kV 变压器、电抗器附件安装及内检	吊车未进行检验 信号不明确 套管吊点绑扎位置不正确，且防护措施不到位 起重物下站立或穿行 高处作业安全防护不到位 附件组装空间狭小 指挥失误或信号不明确 吊起的重物在空间停留，操作人员擅离岗位 安全防护不全 吊物时偏拉斜吊	人员伤亡，财产损失
7	750 kV GIS 设备安装	工作人员无安全防护 气瓶安全帽、防振圈不全或安全阀未拧紧 人员分工不明确、指挥混乱 套管吊点绑扎位置不正确、无防护 操作人员未避开开关可动的动作空间 多人站在同一梯子上 人字梯开度过大、不稳 充 SF6 气体用火烤气瓶 搬运 SF6 气瓶时乱抛 气瓶靠近热源或有油污处	人员伤亡，财产损失
8	全站电缆敷设	通信信号不明 缺少安全监护 电缆盘固定不牢固 临时搭设的孔洞、沟盖板不稳 电缆穿入盘、柜时上方无人接引 电缆穿管或通过楼板时，信号不统一	人员伤亡，财产损失

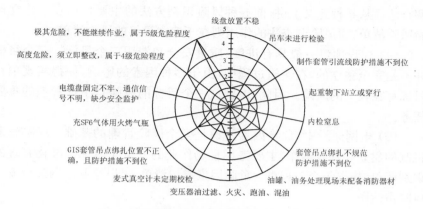

图 4.5 电网建设安全风险事件识别雷达图

4.8 分析与讨论

本章通过对电网建设过程中安全风险的识别原则、安全识别流程、安全风险识别方法与技术、项目目标的安全风险识别等方面进行研究,得出如下认识:

(1)在电网建设过程中危险因素的辨识是安全风险识别的基础,按照电网建设危险因素的辨识的"3346"法则,即"三个所有"(所有设施、所有人员、所有过程)、"三个时态"(过去时、现在时、将来时)、"三种状态"(正常状态、异常状态、紧急状态)、"四个方面"(人的不安全行为、物的不安全状态、环境有害因素、管理缺陷)、"六个影响因素"(物理性安全危险因素、化学性安全危险因素、生物性安全危险因素、心理和生理性安全危险因素、行为性安全危险因素)来识别。

(2)安全风险识别主要包括数据或信息的收集、不确定性因素分析、确定风险事件、形成风险识别清单等。电网建设安全风险识别的成果是建立安全风险识别清单。

(3)电网建设中安全风险识别的方法除了采用风险管理理论中所提出的德尔菲法、头脑风暴法、情景分析法、SWOT 分析法、敏感分析法等风险识别的基本方法之外,对电网工程安全风险的识别,还可以根据其自身特点,采用专家调查法、财务报表法、流程图法、初始清单法、经验数据法和风险调查法等。对于电网建设来说,仅仅采用一种风险识别方法是远远不够的,一般运用识别方法组合,无论哪一种组合,都必须包含风险调查法。从某种意义上讲，前五种风险识别方法的主要作用在于建立初始风险清单，而风险调查法的作用则在于建立最终的风险清单。

（4）建设项目一般具有进度、质量安全和费用三个目标。三个目标并不是完全独立的，在实施过程中，由于多种因素的影响，使得实现项目目标存在较大的风险。因此，识别这三个目标的风险是工程管理的重要任务。

（5）电网建设中，危险因素辨识是安全风险管理的基础。风险管理机制的建立和有效运作，主要考虑现场作业的方案实施和标准化管理的识别清单，根据每个工程重大危险因素辨识清单，可以绘制电网建设安全风险雷达图。

第5章 电网建设安全风险测度原理与方法

5.1 前言

电网建设安全风险的识别仅解决了项目安全风险的影响因素和相关事件,但风险事件是否发生,以及风险事件发生后可能出现的后果及影响范围等,还需要通过安全风险的估计来定量描述。

电网建设项目安全风险测度(Risk Measurement)是对项目各个阶段的风险事件发生可能性的大小、可能出现的后果、可能发生的时间和影响范围的大小等进行估算[20]。

电网建设项目安全风险测度的作用是为分析整个项目安全风险或某一类风险提供基础,并进一步为制定安全风险管理计划、安全风险评价、确定安全风险应对措施和进行安全风险监控提供依据。

5.2 建设项目安全风险度量过程

电网建设项目安全风险度量过程如图 5.1 所示。

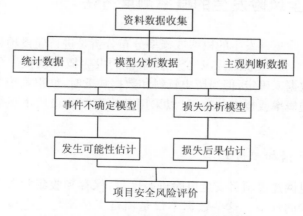

图 5.1 电网建设项目安全风险度量过程

（1）资料和数据的收集

电网建设项目安全风险测度的第一步是要收集与安全风险相关的数据和资料。这些资料和数据可以从类似已建项目的经验总结或记录中取得，可以从气象、水文、建设市场、社会经济发展的历史资料中取得，也可以从一些勘测和试验研究中取得，还可以在建设项目实施过程中取得。所收集的资料和数据要求客观、真实，最好具有可统计性。由于建设项目具有单件性和固定性的特点，在某些情况下，有价值的、可供使用的历史数据资料不一定十分完备。此时可采用专家调查等方法获得具有经验性的客观评价资料。

（2）建立安全风险模型

以取得的相关风险事件的数据资料为基础，对风险事件发生的可能性和可能的结果给出明确的量化描述，即建立安全风险模型。安全风险模型又分为不确定性模型和损失模型。

（3）安全风险发生的概率和后果的度量

电网建设项目安全风险模型建立以后，就可以用适当的方法去度量每一风险事件发生的概率和可能造成的后果。通常用概率来表示风险事件发生的可能性；可能的后果则用费用损失或建设项目工期拖后来表示。

（4）安全风险评价

电网建设安全风险测度的目的就是要对项目的整体风险，或某一部分风险，或某一阶段风险进行评价，通常情况下，是将风险事件发生的概率和可能的损失后果结合起来进行评价。

5.3 安全风险发生的概率测度方法

安全风险事件发生的概率或概率分布分析是进行建设项目风险度量的基础[140—141]。一般而言，安全风险事件的发生概率或概率分布应由历史资料和数据来确定，但当历史资料和数据缺乏时，就很难确定安全风险事件发生的概率或概率分布，可以采用理论概率分布或主观概率进行风险度量。

5.3.1 数据加工处理

要对电网建设项目安全风险进行度量，保存和收集相关资料和数据是必不可少的环节。这些数据不仅是项目安全风险发生概率分析的基础，也是安全风险损失概率发生的基础，而且是风险决策的直接依据。人们在掌握这些数据后一般首先对其进行加工、整理、分析,以了解数据的基本特点,从中找出某些规律。通常加工的内容有:制作频率直方图与累积频率分布图,以及计算数据特征值。

（1）制作频率直方图与累积频率分布图

频率直方图与累积频率分布图的制作步骤如下:

① 将数据排序,并计算极差。

收集到的一批数据可能是杂乱无章的,因此首先要将这些数据 x_i 按从小到大进行排序。通过排序找到其中的最大值 x_{max} 和最小值 x_{min},并得到这批数据的极差(即该批数据的极大值 x_{max} 与极小值 x_{min} 之差 $x_{max}-x_{min}$)。

② 将数据分组。

某批数据分组的组数 k、组间距 h 和极差有如下关系:

$$h=\frac{x_{max}-x_{min}}{k} \tag{5-1}$$

一批数据的分组数 k 和样本个数 n 相关。可参考经验数据:当数据 n 为 50~100 个时,分为 5~10 组;当数据 n 为 100~200 个时,分为 7~12 组。也可参考下列 2 个公式:

对二项式分布总体,史特吉斯(Sturges)提出的计算 k 的公式:

$$k=1+3.32\lg n \tag{5-2}$$

对正态总体,分组数 k 用下式计算

$$k=1.87(n-1)^{0.4} \tag{5-3}$$

一般 h 值的精度可以比数据低一个数量级。以尽可能减少数据刚好落在分组界线上的概率。

③ 统计落在每组范围内的数据个数 m_i,并计算每组的频数 f_i。

可采用"唱票法"统计落在每组范围内的数据个数 m_i,即频数 f_i,并由下式计算频率:

$$f_i=\frac{m_i}{n} \quad (i=1,2,\cdots,k) \tag{5-4}$$

④ 画直方图。

在频率 f_i 和数据值大小 x 的直角坐标系下画直方图。首先要确定第一组下界值。应注意使最小值 x_{min} 被包含在第一组中,且要防止数据正好落在分组界线上,故取第一组下界值为 $x_{min}-h/2$,然后依次加组间

距 h，即可得到各组上下界限值，同样，最后一组应包含最大值 x_{max}。

⑤ 累积频率分布图

有了每组的频率 f_i，在累积频率 F_i 和数据大小 x 的直角坐标系下，类似于直方图的画法，可得到累积频率 $F(x)$ 分布图。图 5.2 和图 5.3 分别是某风险因素的频率直方图和累积频率分布图。

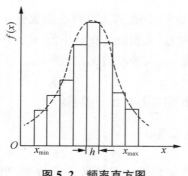

图 5.2　频率直方图　　　　图 5.3　累积频率分布图

（2）计算数据特征值

频率直方图和累计频率分布图是样本数据分布规律的反映。在数据处理过程中，还经常用到某些特征数字来反映样本数据的各种性质。

① 位置特征数

位置特征数反映了样本数据的集中位置，用均值、中位数等来表示。

Ⅰ. 均值，即数据的简单算术平均值，计算式为：

$$\bar{x} = \frac{1}{n} \sum_{i=1}^{n} x_i \tag{5-5}$$

Ⅱ. 中位数，即当数据从大到小，或从小到大排序后，位于中间的数，表示为：

$$\tilde{x} = \begin{cases} x_{\frac{n+1}{2}}, & n \text{ 为奇数} \\ \frac{1}{2}(x_{\frac{n}{2}} + x_{\frac{n}{2}+1}), & n \text{ 为偶数} \end{cases} \tag{5-6}$$

② 离散程度特征数

离散程度的特征数反映样本中数据波动幅度的大小，它们有极差、方差或标准差等。

Ⅰ. 极差，为样本数据中最大者与最小者之差，即 $x_{max} - x_{min}$。

Ⅱ．方差或标准差，是总体方差或标准差的有偏估计，分别用 σ^2 和 σ 表示，见式(5-7)。总体方差或标准差的无偏估计分别用 S^2 和 S 表示，见式(5-8)。

σ 计算公式为

$$\sigma = \sqrt{\frac{1}{n}\sum_{i=1}^{n}(x_i - \bar{x})^2} \tag{5-7}$$

S 计算公式为

$$S = \sqrt{\frac{1}{n-1}\sum_{i=1}^{n}(x_i - \bar{x})^2} \tag{5-8}$$

Ⅲ．离差系数 C_v，亦称为变异系数。样本的方差或标准差描述了样本数据的绝对波动性。在风险管理中，常常用到样本数据标准差的相对值，这就是样本离差系数 C_v。定义为

$$C_v = \frac{S}{\bar{x}} \tag{5-9}$$

③ 两个随机变量相关特征数

在建设项目风险管理中经常会遇到 2 个或 2 个以上的随机变量问题。对于 2 个随机变量 (X,Y)，除了仿照一个随机变量分别研究其均值、方差和离差系数等特征数外，一般还需讨论其相关的数字特征值，这就是协方差 $S(XY)$ 和相关系数 ρ_{xy}。协方差 $S(XY)$ 的计算式为

$$S(XY) = \frac{1}{n}\sum_{i=1}^{n}\{(x_i - \bar{x})(y_i - \bar{y})\} = \frac{1}{n}\sum_{i=1}^{n}x_i y_i - \bar{x}\,\bar{y} \tag{5-10}$$

相关系数 ρ_{xy} 的计算式为

$$\rho_{xy} = \frac{S(XY)}{\sqrt{S(XX)S(YY)}} \tag{5-11}$$

式中相关系数具有下列性质：

a. $|\rho_{xy}| \leqslant 1$。

b. 若随机变量 X 与 Y 不相关，$\rho_{xy} = 0$。

c. 其充要条件是随机变量 X 与 Y 依概率 1 线性相关。

相关系数实质上表示 2 个随机变量之间线性相关的程度，当一个变量的取值增大时，另一个变量的取值按线性关系增大($\rho_{xy} > 0$)或减小

（ρ_{xy}＜0）的趋势。当接近于 1 或 −1 时，这种趋势尤为明显。当 $\rho_{xy}=0$ 时，称随机变量 X 与 Y 不相关。当随机变量 X 与 Y 独立时，它们一定是不相关的，但其逆不正。

5.3.2 建设项目风险管理常用的概率分布

建设项目风险管理中常用到如下概率分布及特征值的计算。

（1）连续型概率分布

① 均匀分布 $U(a,b)$

Ⅰ. 密度函数：

$$f(x)=\begin{cases} \dfrac{1}{b-a}, & a\leqslant x\leqslant b \\ 0, & 其他 \end{cases} \tag{5-12}$$

均匀分布的密度函数曲线如图 5.4。

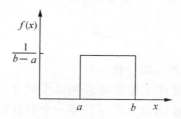

图 5.4 均匀分布密度函数

Ⅱ. 分布函数：

$$f(x)=\begin{cases} 0, & x<a \\ \dfrac{x-a}{b-a}, & a\leqslant x<b \\ 1, & x\geqslant b \end{cases} \tag{5-13}$$

式（5-12）和（5-13）中：a 和 b 为实数，且 $a<b$；a 是位置参数；$b-a$ 是比例参数。

Ⅲ. 均值

$$\mu=\frac{a+b}{2} \tag{5-14}$$

Ⅳ. 方差

$$\sigma = \frac{(b-a)^2}{12} \tag{5-15}$$

② 正态分布 $N(\mu, \sigma^2)$

Ⅰ．密度函数

$$f(x) = \frac{1}{\sqrt{2\pi}\sigma} e^{-(x-\mu)^2/(2\sigma^2)}, \quad -\infty < x < \infty \tag{5-16}$$

式中：参数 μ 和 σ^2 分别称为均值和方差。

正态分布的密度函数曲线如图5.5。

Ⅱ．分布函数

$$F(x) = \frac{1}{\sqrt{2\pi}\sigma} \int_{-\infty}^{x} e^{-(y-\mu)^2/(2\sigma^2)} \mathrm{d}y \tag{5-17}$$

特别的，当 $\mu=0$，$\sigma^2=1$ 时，$N(\mu, \sigma^2)$ 称为标准正态分布，记为 $N(0, 1)$。标准正态分布的密度函数为

$$f(x) = \frac{1}{\sqrt{2\pi}} e^{-x^2/2} \tag{5-18}$$

标准正态分布函数为

$$F(x) = \frac{1}{\sqrt{2\pi}} \int_{-\infty}^{x} e^{-y^2/2} \mathrm{d}y = \Phi(x) \tag{5-19}$$

式中：$\Phi(x)$ 称为拉普拉斯函数，可由正态分布查得。

一般正态分布和标准正态分布有着密切关系。引进变量代换：$t = \frac{y-\mu}{\sigma}$，则

$$F(x) = \frac{1}{\sqrt{2\pi}\sigma} \int_{-\infty}^{x} e^{-(y-\mu)^2/(2\sigma^2)} \mathrm{d}y$$

$$= \frac{1}{\sqrt{2\pi}} \int_{-\infty}^{x} e^{-(\frac{y-\mu}{\sigma})^2/2} \mathrm{d}\left(\frac{y-\mu}{\sigma}\right)$$

$$= \frac{1}{\sqrt{2\pi}} \int_{-\infty}^{x} e^{-t^2/2} \mathrm{d}t = \Phi\left(\frac{x-\mu}{\sigma}\right)$$

上式是一重要的关系式。要计算 $F(x)$，只要将其转化为 $\Phi\left(\frac{x-\mu}{\sigma}\right)$，便可查标准正态分布表了。

正态分布的标准差 σ 和概率值 P 的一些特殊值在工程项目风险管理中有时会直接应用，它们是：

$$P(\mu-\sigma < x \leqslant \mu+\sigma) = \Phi(1) - \Phi(-1) = 0.683$$

$$P(\mu-2\sigma < x \leqslant \mu+2\sigma) = \Phi(2) - \Phi(-2) = 0.954$$

$$P(\mu-3\sigma < x \leqslant \mu+3\sigma) = \Phi(3) - \Phi(-3) = 0.997$$

这些值如图 5.5 所示。

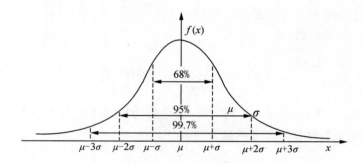

图 5.5　正态分布密度曲线

无论在理论上，还是在实际中，正态分布在工程项目风险管理中起着非常重要的作用，其在各种分布的应用中居于首位。例如，许多质量管理专家的研究表明，在正常生产条件下，工程项目施工工序质量的计量值数据服从正态分布；土工试验得到的一些参数，如抗剪强度、凝聚力等被认为近似服从正态分布；工程项目施工工期一般也认为是近似服从正态分布的。

③ 指数分布 $E(\beta)$

Ⅰ. 密度函数

$$f(x) = \begin{cases} \dfrac{1}{\beta} e^{-x/\beta}, & x \geqslant 0 \\ 0, & \text{其他} \end{cases} \tag{5-20}$$

式中：比例参数 $\beta > 0$

Ⅱ. 分布函数

$$f(x) = \begin{cases} 1 - e^{-x/\beta}, & x \geqslant 0 \\ 0, & \text{其他} \end{cases} \tag{5-21}$$

Ⅲ. 均值

$$\mu = \beta \tag{5-22}$$

Ⅳ. 方差

$$\sigma^2 = \beta^2 \tag{5-23}$$

④ 三角分布 Triangular(a, b, c)

Ⅰ. 密度函数

$$f(x) = \begin{cases} \dfrac{2(x-a)}{(b-a)(b-c)}, & a \leqslant x < c \\ \dfrac{2(b-x)}{(b-a)(b-c)}, & c \leqslant x < b \\ 0, & \text{其他} \end{cases} \tag{5-24}$$

三角分布密度函数曲线如图 5.6。

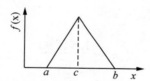

图5.6　三角分布密度函数

Ⅱ. 分布函数

$$f(x) = \begin{cases} 0, & x < a \\ \dfrac{(x-a)^2}{(b-a)(c-a)}, & a \leqslant x < c \\ 1 - \dfrac{(b-x)^2}{(b-a)(b-c)} & c \leqslant x < b \\ 1, & x \geqslant b \end{cases} \tag{5-25}$$

式(5-24)和式(5-25)中：a、b 和 c 均为实数，且 $a < c < b$；a 为位置参数；$b-a$ 为比例参数；c 为形状参数。

当 $c = b$ 时，为右三角分布；当 $c = a$ 时，为左三角分布。

Ⅲ. 均值

$$\mu = \frac{a+b+c}{3} \tag{5-26}$$

Ⅳ. 方差

$$\sigma^2 = \frac{(a^2 + b^2 + c^2 - ab - ac - bc)}{18} \tag{5-27}$$

三角分布在工程项目风险管理中也经常使用。

⑤ 极值分布（Ⅰ型）$G(\upsilon, \alpha)$

Ⅰ. 密度函数

$$f(x) = \alpha \exp\{-\alpha(x - \upsilon) - \exp[-\alpha(x - \upsilon)]\} \tag{5-28}$$

Ⅱ. 分布函数

$$F(x) = \exp\{-\exp[-\alpha(x - \upsilon)]\} \tag{5-29}$$

Ⅲ. 均值

$$\mu = \upsilon + \frac{0.5772}{\alpha} \tag{5-30}$$

Ⅳ. 方差

$$\sigma^2 = \frac{1.64493}{\alpha^2} \tag{5-31}$$

极值分布指的是 n 次观测中的极大值或极小值的概率分布。理论上,极值分布有 3 种可能的渐近极值分布,其中此处介绍的极值分布（Ⅰ型)为指数原型极值分布,其在气象、水文和地震的风险分析中应用较为广泛。

⑥ 标准 β 分布 $\beta(r, s)$

Ⅰ. 密度函数

$$f(x) = \frac{\Gamma(r + s)}{\Gamma(r)\Gamma(s)} x^{r-1}(1 - x)^{s-1}, r > 0, s > 0 \tag{5-32}$$

Ⅱ. 均值

$$\mu = \frac{r}{r + s} \tag{5-33}$$

Ⅲ. 方差

$$\sigma^2 = \frac{rs}{(r + s)^2(r + s + 1)} \tag{5-34}$$

⑦ β 分布 $\beta(a, b, r, s)$

Ⅰ. 密度函数

$$f(x) = \frac{\Gamma(r+s)}{(b-a)^{r+s-1}\Gamma(r)\Gamma(s)}(x-a)^{r-1}(b-x)^{s-1}$$

$$a \leqslant x \leqslant b, r > 0, s > 0 \qquad (5\text{-}35)$$

式中：参数 a 和 b 决定分布区间；参数 r 和 s 决定分布的形状。令：$x = a + (b-a)y$，并考虑到 $\partial x = (b-a)\partial y$，然后代入式(5-35)，则得标准 β 分布。

分布的形状决定于 r 和 s，由此可以得出不同的 β 分布曲线。反映出 β 分布具有较好的适应性，只要选择适当的 r 和 s，就可以描述不同的分布。因此，目前在工程项目风险分析中经常用到 β 分布。

由标准 β 分布的均值和方差，并利用 $x = a + (b-a)y$ 关系，可求 β 分布的均值 μ 和方差 σ^2。

Ⅱ. 均值：由关系式 $x = a + (b-a)y$ 得

$$\mu = a + (b-a)\frac{r}{r+s} \qquad (5\text{-}36)$$

Ⅲ. 方差：由关系式 $x = a + (b-a)y$ 得

$$\sigma^2 = (b-a)^2 \frac{rs}{(r+s)^2(r+s+1)} \qquad (5\text{-}37)$$

Ⅳ. 众数 m，经常将众数 m 定义为：在样本中有最大频数的那个数据。根据这一定义，众数 m 可由 $\dfrac{\mathrm{d}f(x)}{\mathrm{d}x} = 0$ 来决定，即

$$\frac{\mathrm{d}f(x)}{\mathrm{d}x} = \frac{\Gamma(r+s)}{(b-a)^{r+s-1}\Gamma(r)\Gamma(s)}(x-a)^{r-2}(b-x)^{s-2} \times$$
$$[(r-1)(b-s)-(s-1)(x-a)] = 0$$

即得

$$(x-a)^{r-2} = 0, 即 \ x = a$$
$$(b-x)^{s-2} = 0, 即 \ x = b$$
$$(r-1)(b-x)-(s-1)(x-a) = 0$$

即

因 $x = a$ 和 $x = b$ 时，$f(x) = 0$，所以

$$m = x = \frac{b(r-1)+a(s-1)}{r+s-2} \qquad (5\text{-}38)$$

79

Ⅴ 偏倚系数 K：β 分布的偏倚系数定义为

$$K=\frac{E\left[x-E(x)\right]^3}{\sigma^3}=\frac{2(s-r)}{r+s+2}\left(\frac{r+s+1}{rs}\right)^{\frac{1}{2}} \tag{5-39}$$

从上式可见，当 $r=s$ 时，$K=0$，即 β 分布不偏，为对称分布。

（2）离散型概率分布

① 伯努利分布 Ber(p)

Ⅰ．分布律：

$$p(x)=\begin{cases}1-p, & x=0\\p, & x=1\\0, & 其他\end{cases} \tag{5-40}$$

伯努利分布律如图 5.7。

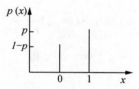

图 5.7 伯努利分布律

Ⅱ．分布函数：

$$F(x)=\begin{cases}0, & x<0\\1-p, & 0\leqslant x<1\\1, & 其他\end{cases} \tag{5-41}$$

Ⅲ．均值

$$\mu=p \tag{5-42}$$

Ⅳ．方差

$$\sigma^2=p(1-p) \tag{5-43}$$

伯努利随机变量是伯努利试验的结果，其只有 2 个取值，用 1 代表成功，用 0 代表失败。

② 二项分布 Bin(n,p)

Ⅰ．分布律：

$$p(k)=P(X=k)=C_n^k p^k q^{n-k}, k=0,1,2,\cdots,n \tag{5-44}$$

式中：p 为每次试验成功概率，$0 \leqslant p \leqslant 1$，$p+q=1$。

二项分布的分布律如图 5.8。

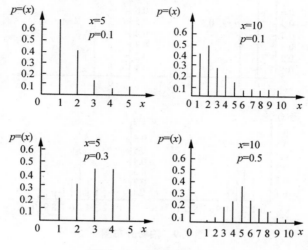

图 5.8　二项分布分布律

Ⅱ. 分布函数：

$$F(x) = \begin{cases} 0, & x < 0 \\ \sum\limits_{i=0}^{x} C_n^i p^i q^{n-1}, & 0 \leqslant x < n \\ 1, & n \leqslant x \end{cases} \quad (5-45)$$

式（5-44）和式（5-45）中：参数 n 是正整数。

Ⅲ. 均值：

$$\mu = np \quad (5-46)$$

Ⅳ. 方差：

$$\sigma^2 = npq = np(1-p) \quad (5-47)$$

二项分布是 n 次独立伯努利试验中成功次数的概率分布。

③ 泊松分布 Poinson(λ)

Ⅰ. 分布律：

$$p(k) = P(X=k)\frac{\lambda^k e^{-\lambda}}{k!}, k=0,1,2,\cdots,n \quad (5-48)$$

泊松分布的分布律如图 5.9。

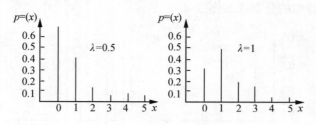

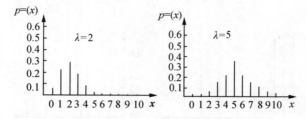

图 5.9　泊松分布图

Ⅱ. 分布函数：

$$F(x)=\begin{cases}0, & x<0 \\ \mathrm{e}^{-\lambda}\sum\limits_{i=0}^{x}\dfrac{\lambda^{i}}{i!}, & x\geqslant0,\lambda>0\end{cases} \tag{5-49}$$

Ⅲ. 均值：

$$\mu=\lambda \tag{5-50}$$

Ⅳ. 方差：

$$\sigma^{2}=\lambda \tag{5-51}$$

可以证明，当 n 很大时，二项分布可以近似地看做是以 $\lambda=np$ 为参数的泊松分布。因此，当 n 很大且 p 较小时，可用泊松分布来近似替代二项分布进行计算。因泊松分布函数较简单，故这一结论在工程项目质量风险分析中经常使用。

（3）经验概率分布

当不能得到足以拟合理论分布的实测数据时，可用所得实测数据直接确定其概率分布，即所谓经验概率分布。在模拟仿真时，可由经验概率分布进行随机抽样。建立经验分布函数的方法很多，这里仅介绍常用的两种。

① 阶梯形经验分布

对给定原始数据 $x_1, x_2, \cdots, x_n$ 的实际值,按递增方式排列、编号,即 $x_1 \leqslant x_2 \leqslant \cdots \leqslant x_n$,阶梯形经验分布函数为

$$F(x) = \begin{cases} 0, & x \leqslant x_1 \\ \dfrac{i}{n}, & x_i < x \leqslant x_{i+1} \\ 1, & x > x_n \end{cases} \quad (5\text{-}52)$$

式中:n 为样本量,$i = 1, 2, \cdots, n-1$,式(5-52)的分布曲线为阶梯形,因此而得名。阶梯形经验分布曲线如图 5.10。

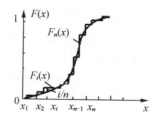

图5.10　阶梯形经验分布曲线图

② 逐段线性连续经验分布

将阶梯形经验分布进行逐段线性内插,可得到逐段线性连续分布函数。当设 $x_0 = 0$,由式(5-52)可得下列逐段线性连续经验分布函数为

$$F(x) = \begin{cases} \dfrac{1}{n} + \dfrac{x - x_i}{n(x_{i+1} - x_i)}, & x_i < x \leqslant x_{i+1}, i = 1, 2, \cdots, n-1 \\ 1, & x_n < x \end{cases}$$

$$(5\text{-}53)$$

当 $x < x_1$ 时,$F(x) = 0$,内插从 x_1 开始,其逐段线性连续经验分布函数为

$$F(x) = \begin{cases} 0, & x \leqslant x_i \\ \dfrac{i-1}{n-1} + \dfrac{x - x_i}{(n-1)(x_{i+1} - x_i)}, & x_i < x \leqslant x_{i+1}, i = 0, 1, 2, \cdots, n-1 \\ 1, & x_n < x \end{cases}$$

$$(5\text{-}54)$$

5.3.3 分布类型的选择

在工程项目风险发生概率的模拟仿真分析中,首先要由给定的随机变量的概率分布去生成随机量,然后进行计算。此处,选择什么样的随机变量概率分布至关重要,直接关系到分析计算的精确程度。可以毫不夸张地说,任何概率模型的误差通过提高计算方法的精度都是无法弥补的。

风险发生概率的分析计算中,选择概率分布的主要依据是对风险因素特征和属性的认识,以及实际占有的数据。一般而言,首先应根据对风险因素产生过程的认识,选择总体上比较适宜的概率分布;其次根据所掌握的实际数据,进一步确定该分布的参数。

数据在选择概率分布的过程中起决定性的作用。有了足够的数据,才可较好地去选择概率分布,起码可以作出经验分布。即使根据常规或经验可以方便地确定概率分布,但一般还需用数据去检验所选择的概率分布的正确性或根据数据去确定其参数。

事实上,较精确地选择概率分布并不是一件简单事情,需要借助一些方法去推定。此处介绍两种简单的方法。

(1)直方图法

直方图的制作方法和一些特点在前文作了介绍。直方图实质上是相应于所获数据 $x_1, x_2, \cdots, x_n$ 密度函数的图形估计方法。在数据量较大的情况下,它能以很大的概率接近随机变量的密度函数。根据直方图的形状,可找到与其相近的连续分布的密度函数曲线。该方法较简单,不受分布形式的限制,而且很直观,因此应用较多。

(2)概率图法

直方图法是根据估计的密度曲线的形状来估计理论分布,概率图法则是根据经验分布函数来估计理论分布函数。

一般由经验分布曲线估计理论分布曲线要比用直方图方法由经验密度曲线估计理论密度曲线困难。因为连续分布函数的分布曲线几乎均是"S"形的,不同分布没有明显的差别。但概率纸就不同了。概率纸的横坐标是实际数据,纵坐标是累积概率,其横坐标和纵坐标的刻度不一定是均匀的,而是根据分布函数构造的。对不同类型概率分布横坐标和纵坐标的刻度可能是不一样的,其目的是要使不同类型的概率分布曲线在概率纸上总是一直线,以便于观察分析。

概率图法的具体步骤如下:

① 估计累积概率分布。由原始数据估计累积概率分布的方法为：

将原始数据 x_i 从小到大进行排序、编号，得到：

$$x_1 \leqslant x_2 \leqslant \cdots \leqslant x_n$$

计算对应 x_i 的累积概率 $F(x_i)$。当实际数据量 n 较大时，用下式计算：

$$F(x_i) = \frac{i}{n} \tag{5-55}$$

当实际数据量 n 较小，如 $10 \leqslant n < 20$ 时，可考虑用下式计算较适当：

$$F(x_i) = \frac{i-0.3}{n+0.4} \tag{5-56}$$

当实际数据量 n 很小，如 $n < 10$，更多的人喜欢用下式计算更加简单：

$$F(x_i) = \frac{i-0.5}{n} \tag{5-57}$$

当实际数据量 n 较小时，更多的人喜欢用下式计算使其简单

$$F(x_i) = \frac{i}{n+1} \tag{5-58}$$

② 选择适当概率纸。根据项目风险因素数据，估计其总体分布，选择适当的概率纸。若估计分布分别是正态分布、对数正态分布、指数分布或极值分布时，则分别应选择对应的正态概率纸、对数正态概率纸、指数概率纸或极值概率纸。

③ 将实际数据点绘在概率纸内，观察其是否按直线排列。若实际数据点在概率纸内基本按直线排列，则选定概率纸所对应的分布和实际分布基本符合；若实际数据点在概率纸内不是按直线排列，则选定概率纸所对应的分布和实际分布不相符。

④ 求概率分布的特征值。当实际数据点在概率纸内按直线排列时，通过观察可得拟合直线的参数，进而得到概率分布的特征值。不同概率分布的拟合曲线方程及其参数见表 5-1。

表 5-1   常见几种概率分布的拟合曲线方程及其参数

概率分布	横坐标	纵坐标	拟合直线方程	斜率	截距
正态分布： $F(x)=\Phi\left(\dfrac{x-\mu}{\sigma}\right)$	x	$\Phi^{-1}[F(x)]$	$x=\mu+\sigma\times$ $\Phi^{-1}[F(x)]$	$\dfrac{1}{\sigma}$	$-\dfrac{\mu}{\sigma}$
对数正态分布 $F(x)=\Phi\left(\dfrac{\ln x-\mu}{\sigma}\right)$	$\ln x$	$\Phi^{-1}[F(x)]$	$\ln x=\mu+\sigma\times$ $\Phi^{-1}[F(x)]$	$\dfrac{1}{\sigma}$	$-\dfrac{\mu}{\sigma}$
指数分布 $F(x)=1-\mathrm{e}^{-\lambda x}$	x	$\ln\dfrac{1}{1-F(x)}$	$\lambda x=\ln\dfrac{1}{1-F(x)}$	λ	0
极值分布 $F(x)=$ $\exp\{-\exp\times[-\alpha(x-\upsilon)]\}$	x	$-\ln\ln\dfrac{1}{F(x)}$	$y=\alpha(x-\upsilon)$ $=-\ln\ln\dfrac{1}{F(x)}$	α	$-\alpha\upsilon$

5.3.4   参数估计

随机变量通常是用其分布及其参数去描述的,在风险管理中风险因素或事件的分布及其参数是未知的,需要去估计。参数估计的任务是在概率分布类型基本确定后,根据样本数据对分布的参数作出估计。上节中的概率图法分布估计及其参数估计可一起解决,但直方图等分布估计的方法就不能估计分布的参数了。

参数估计分点估计和区间估计。点估计是直接根据实际数据去确定估计值的方法,而点估计中又分矩法和极大似然法。本节主要介绍这两种参数的估计方法。

（1）矩法

矩法估计是直接用样本的 K 阶矩去估计总体的 K 阶矩的方法。在统计学中,将样本集合的均值称为一阶矩,方差则为二阶矩。概率分布参数通常和均值及方差有关,因此一般只要估计出均值和方差,就可得到概率分布的相关参数。

用样本的均值和方差去估计总体的均值和方差,其精度显然和样本个数 n 的多少有关,当 n 充分大时,样本的均值和方差十分接近总体的均值和方差。因此,使用矩法一般要求样本个数 n 足够大。

（2）极大似然法

极大似然法是参数估计的另一种常用方法,其可直接计算概率分布参数的估计值。用矩法估计参数时,并不需要知道概率分布,而是用样本的矩去估计总体的矩。极大似然法则要求已知概率分布,然后用总体的概率密度函数及样本提供的数据来估计参数。从理论上讲,极大似然法的估计精度要比矩法高。

设总体随机变量 X 的密度函数 $f(x;\theta_j)$ 为已知,只含参数 θ_j 为未知,其中 $j=1,2,\cdots,m$。由于实测数据样本 $x_1,x_2,\cdots,x_n$ 的独立性,可得到样本 $x_1,x_2,\cdots,x_n$ 的联合概率密度函数为 $\prod\limits_{i=1}^{n} f(x_i;\theta_j)$,称其为似然函数,并记为

$$L(x,x,\cdots,x;\theta_1,\theta_2,\cdots,\theta_m) = \prod_{i=1}^{n} f(x_i;\theta_j) \qquad (5-59)$$

极大似然法的基本原理就是选取样本数据 $x_1,x_2,\cdots,x_n$ 出现概率最大时的 $\hat{\theta}_j(x_1,x_2,\cdots,x_n)$ 作为总体未知数的估计值,即,总体参数应是什么值时,实测数据是来自总体的可能性最大。显然,该问题实质是对似然函数即式(5-59)求极值。若 $\theta_1,\theta_2,\cdots,\theta_m$ 的值使式(5-59)取得极值,必须满足下列方程组:

$$\frac{\partial(x_1,x_2,\cdots,x_n;\theta_1,\theta_2,\cdots,\theta_m)}{\partial\theta_j}=0 \ ,j=1,2,\cdots,m \qquad (5-60)$$

由于 $\ln x$ 是 x 的增函数,在同一 θ 处取得极值,因此 $\hat{\theta}$ 也可由下式求得,这常常较直接用式(5-59)来得方便。

$$\frac{\partial\ln(x_1,x_2,\cdots,x_n;\theta_1,\theta_2,\cdots,\theta_m)}{\partial\theta_j}=0,j=1,2,\cdots,m \qquad (5-61)$$

用极大似然法得到的参数 θ 的估计值与 $\hat{\theta}$ 实测资料样本 $x_1,x_2,\cdots,x_n$ 的取值有关,记作 $\theta=\hat{\theta}(x_1,x_2,\cdots,x_n)$,称其为 θ 的极大似然法估计量。

5.3.5 分布函数的检验

在电网建设项目风险分析中,经常是用样本的分布来代替总体的分布,其方法有点估计法、直方图法和概率图法,这在本章的第二节作了介绍。这些方法直观、简单,但其精度较低。因此,对于一些精度要求较高的风险发生概率的分析,如,风险事件发生概率并不大,但若发生其损失

很大的情况,就需要数值的统计分析方法对这种假设(粗略估计的)分布的合理性进行检验。假设检验总的思路为:

(1) 给定分布。

(2) 选取适当检验水平。

(3) 确定检验用的统计量。

(4) 按实测数据计算统计量。

(5) 作出判断,即作出拒绝或接受假设分布的判断。

分布函数假设检验方法有多种,此处仅介绍 χ^2 检验。

χ^2 检验是分布函数假设检验常用的方法,其是用来检验总体是否服从某一预先假设或估计的分布函数 $F_0(x)$ 的。χ^2 检验的具体步骤如下:

(1) 根据样本值,在 $(-\infty, \infty)$ 分成 k 个子区间。

(2) 统计样本 $x_1, x_2, \cdots, x_n$ 落在各子区间实际频数 m_i, $i=1, 2, \cdots, k$。

(3) 当假设 $F(x)=F_0(x)$ 为真,计算总体 X 落在各子区间 (a_{i-1}, a_i) 中的理论概率 $p=P(x \leqslant a_1)=F_0(a_1)$, $\cdots$, $p_i=P(a_{i-1} \leqslant x < a_i)=F_0(a_i)-F(a_{i-1})$, $i=1, 2, \cdots, k$。从而得到样本 $x_1, x_2, \cdots, x_n$ 落在各子区间 (a_{i-1}, a_i) 中的理论频数为 np_i, $i=1, 2, \cdots, k$。

(4) 作统计量 χ^2,即

$$\chi^2 = \sum_{i=1}^{k} \frac{(m_i - np_i)}{np_i} \tag{5-62}$$

可以证明,当 $n \rightarrow \infty$,统计量 χ^2 服从自由度 $f=k-1$ 的 χ^2 分布时,假设成立。自由度的确定:如果分布的参数均不是用数据估计的,则自由度为 $f=k-1$;每由数据估计一个参数,则减少一个自由度。

(5) 给出检验水平 α,查自由度为 $k-1$,显著性水平为 α 的 χ^2 的临界值。

(6) 将由样本 $x_1, x_2, \cdots, x_n$ 所得的 m_i 及 $np_i(i=1, 2, \cdots, n)$ 代入式 (5-55),计算统计量 χ^2。

(7) 作出判断。若 $\chi^2 > \chi_\alpha^2$,则拒绝假设,即认为总体分布 $F(x)$ 与估计分布 $F_0(x)$ 不符;若 $\chi^2 \leqslant \chi_\alpha^2$,则接受假设,即认为总体分布 $F(x)$ 与估计分布 $F_0(x)$ 相符。

χ^2 检验对样本容量 n 要求较高,一般要求 $n > 50$,且 $np_i > 5$。

5.4 安全风险损失度量方法

电网建设项目风险损失度量是风险测度的一个重要方面,其度量的精度直接影响到项目决策或项目风险应对措施的选择。

5.4.1　电网建设项目风险损失的标的

电网建设项目风险损失就是项目风险一旦发生后,将会对工程项目目标的实现形成不利的影响。这种影响对象,即损失的标的,一般包括下列 4 个方面:

(1) 进度(工期)拖延。反映在各建设阶段工作的延误或建设工期的滞后。如因恶劣的气候条件导致施工中断,处理质量事故要求暂停施工等。

(2) 费用超计划。反映在项目费用的各组成部分的超支,如价格上涨,引起材料费超出计划值,处理质量事故使费用增加等。

(3) 质量事故或技术性能指标严重达不到要求。它是指质量严重不符合有关标准的要求,而且一般要求返工(Rework),造成经济损失或工期的延误。

(4) 安全事故。它是指在工程建设活动中,由于操作者的失误、操作对象的缺陷以及环境因素等,或它们相互作用所导致的人身伤亡、财产损失和第三者责任等。

上述 4 类损失分属不同的性质。如:项目超支用货币来衡量,而进度则属时间的范畴,质量事故和安全事故既涉及经济又可导致工期的延误,显得更加复杂。但在电网建设项目风险管理中,质量和安全的影响问题常常归结为费用和进度问题。在某些场合还可进一步将建设项目的进度问题归结为费用问题去分析处理。

5.4.2　进度(工期)损失的度量

对于一般建设活动持续时间不确定性的进度风险计算问题,将在第六章介绍。此处主要考虑风险事件对工程项目引起进度(工期)方面损失的测度问题,一般应分下列两步展开。

(1) 风险事件对工程局部进度影响的度量

风险事件对工程局部进度影响的度量是分析风险事件引起工期项目进度(工期)损失的基础。这项分析既要确定影响局部进度风险事件的发生时间,又要确定局部施工活动延误的时间。对于影响局部进度风险事件发生的时间,可根据工程整体的进度计划和工程建设环境的发展变化作出分析判断。对于风险事件发生后对局部施工活动延误时间的计算,要根据工程实际情况进行。如发生了一个较大的质量事故,这个质量事故对局部施工活动延误时间的计算应包括:质量事故调查分析所要的时间、质量事故处理所要的时间和质量事故处理后验收所需要的时间等。在合同管理和实行监理的建设环境下,质量事故对局部施工活动延误的时间一般应为发出暂停施工令到发出复工令这段时间。又如,突发洪灾对工程局部施工活动延误时间的计算应包括计算恢复生产(施工)所需要的时间和恢复工程所需要的时间。

(2)风险事件对整个工程工期影响的度量

当风险事件对局部施工活动延误的时间确定后,就可借助于关键线路法进行分析,以确定风险事件发生后对工程项目工期的影响程度。一般而言,对关键路线上的施工活动,其时间上的滞后即为工程项目工期滞后的时间;对非关键线路上的施工活动,其时间上的滞后,对工期是否有影响要作具体分析。对非关键线路上的某一些施工活动,其完成时间虽有滞后,但对工程项目的正常完成可能没有影响。

5.4.3 费用损失的度量

费用损失的度量和风险发生概率的度量相比,在风险管理中占有同等重要的地位,特别在风险决策分析中,费用损失测度不准,可能会导致相反的结果,选择完全不同的方案。对风险管理者而言,费用损失度量需要测度风险事件带来的一次性最大损失和对工程项目产生的总损失。

(1)一次性最大损失的估算

风险事件的一次性最大损失(Maximum Possible Loss)是指一次性指标的在最坏情况下可能发生的最大可能损失额。这一指标常常很重要,因为数额很大的损失若一次落在某一个工程项目头上,项目很可能因流动资金不足而终止,永远失去该项目可能带来的机会;而同样数额的损失,若是在较长的时间里,分几次发生,则项目班子可能会设法弥补,使工程项目能进行下去。一次最大损失应包括在同一时段发生的各类风险引起的损失之和,包括经济、工期、质量、安全和第三者责任等引起的损失。

(2)对项目整体造成损失的度量

工程项目风险发生后,经常会马上出现损失,这就是一次性的损失。对有一些风险除这一次性损失外,对后阶段项目的实施还会有影响,即还会有损失。当然这种损失可能包括经济、工期、质量和安全等几方面。在进行风险决策、风险控制方案选择方面常常不仅需要度量项目风险事件发生后一次性的损失费用,还要度量这种对后阶段项目实施带来的损失。

(3)各种不同类型风险损失的具体估算

① 因经济因素而增加费用的估算。因经济因素而引起费用的增加，可直接用货币的形式来表现。这些因素包括价格、汇率、利率等的波动或工程建设资金筹措不当等。

② 赶工程进度而增加费用的测度。工程进度和经济问题密切相关，由赶工程进度而引起的费用增加包括两个方面：

A 资金的时间价值。进度风险的形成可能会对现金流造成影响，从而在利率作用下引起经济损失。

B 赶工的额外支出。为赶进度而增加的成本，包括建筑材料供应强度增加而增加的费用，工人加班而增加的人工费、机械使用费和管理费等的增加等。

③ 处理质量事故而增加费用的估算。质量事故导致的经济损失包括直接经济损失，以及返工、修复、补救等过程发生的费用和第三者的责任损失。具体可分为下列全部或若干项：

A 建筑物、构筑物或其他结构倒塌或报废所造成的直接经济损失。

B 修补措施的费用。

C 返工费用。

D 工期拖延引起的损失。

E 工程永久性缺陷对使用功能引起的损失。

F 第三者责任引起的损失。

④ 处理安全事故而增加费用的估算。处理安全事故而引起的损失包括：

A 伤亡人员的医疗或丧葬费用以及补偿费用。

B 财产损失费用，包括材料、设备等的损失费用。

C 引起工期延误带来的损失。

D 为恢复正常实施而发生的费用。

E 第三者责任引起的损失。

（4）工程项目风险损失的度量应注意的问题

电网建设项目风险损失是否科学合理直接关系到风险评价或风险决策的结果。在工程项目风险损失度量时一般应注意下列问题：

① 有关工程损失费用的计算和原工程估价的计算口径最好要一致，包括基础单价标准、费率标准、工程的计量方法等。

② 当计算工程进度损失、质量和安全事故的费用损失时，一方面要考虑到直接损失和间接损失，另一方面要紧密结合工程的实际情况。因为不同工程的差异性很大，同样或类似的风险事件，对不同的施工条件或

不同的工程结构,其经济损失相差甚远。

③ 在工程项目风险决策或风险控制措施选择等问题上,在计算不同方案的风险损失时,其方法要一致,计算参数选择、工程计量方法、基础单价标准等方面要统一,这样才有可比性,所得方案才是满足优化目标的方案。

5.5 应用实例分析

某电力工程项目收集到所在地近 10 年($n=10$)地震实测资料,每年大地震的震级 x_i 为:4.0、2.3、5.0、3.3、3.5、4.2、2.7、6.0、3.2 和 4.7。按(5-54)计算得到逐段线性连续经验分布(图 5.11)。

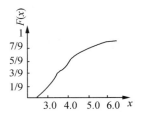

图5.11 逐段线性连续经验分布图

根据监测数据,其分布函数及其参数的分析步骤:

第一步:将实测数据从小到大排序,如表 5-2 所示。

表 5-2 实测资料 x_i 对应的累积概率的测度值 $\hat{F}(x_i)$

i	1	2	3	4	5	6	7	8	9	10	11
x_i	2.3	2.7	3.2	3.3	3.5	4.0	4.2	4.7	5.0	6.0	2.3
$\hat{F}(x_i)(\%)$	6.7	16.2	25.9	35.5	45.2	54.8	64.5	74.1	83.8	93.3	6.7

第二步:用式(5-54)计算对应于实测资料 x_i 的累计概率 $F(x_i)$ 的测度值 $\hat{F}(x_i)$,如表 5-2。

第三步:选择概率纸。度量总体为极值分布,因而选择极值概率纸。

第四步:把表 5-2 中的数据 $[x_i,\hat{F}(x_i)]$ 点绘在极值概率纸上,如图 5.12,可见各点大致在一条直线上,因此可以认为此数据服从极值分布。

第五步:求极值分布参数 υ 和 α 的测度值 $\hat{\upsilon}$ 和 $\hat{\alpha}$。沿纵轴 $y=0$ 或 $F(x)=0.368$ 的水平虚线找到其与拟合线的交点,在横轴上读取该交点

的坐标值 $\hat{v}$，$\hat{v}=3.4$。在图 5.12 上，取 $x=6$，查得 $y=2.57$，由表 5-1 中 $y=\hat{\alpha}(x-\hat{v})$ 得到。

$$\alpha=y/(x-\hat{v})=2.57/(6-3.4)=0.988$$

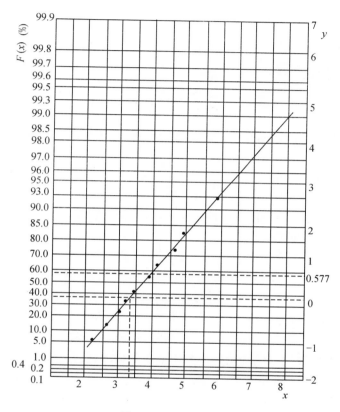

图 5.12　极值概率

第六步：求极值分布均值 μ 和 σ 的测度值 $\hat{\mu}$ 和 $\hat{\sigma}$。由式(5-30)和式(5-31)得

$$\hat{\mu}=\hat{v}+\frac{0.577\,2}{\hat{\alpha}}=3.4+\frac{0.577\,2}{0.988}=3.984$$

$$\hat{\sigma}=\frac{1.282\,55}{\hat{\alpha}}=1.298$$

由式(5-5)和(5-8)得

$$\hat{\mu} = \bar{x} = \frac{1}{n} \sum_{i=1}^{n} x_i = \frac{1}{10}(4.0 + 2.3 + \cdots + 4.7) = 3.89$$

$$\sigma = \sqrt{\frac{1}{n-1} \sum_{i=1}^{n} (x_i - \bar{x})^2} = \sqrt{\frac{1}{9} \sum_{i=1}^{10} (x_i - 3.89)^2} = 1.124$$

考虑到数据按极值分布（Ⅰ型），可用式（5-30）和（5-31）计算其参数 α、υ 相对应的测度值 $\hat{\alpha}$、$\hat{\upsilon}$，即

$$\hat{\alpha} = \frac{1.282\,55}{\hat{\sigma}} = \frac{1.282\,55}{1.124} = 1.141$$

本例样本 n 较小，显然，上述结果与概率图法相比有一点误差。

5.6　本章小节

本章主要从电网建设项目安全风险的测度过程入手，在如下几个方面进行了分析和应用：

（1）根据电网建设各个阶段安全风险发生的可能性大小、可能的后果、可能发生的时间和影响范围，从数据的收集、安全风险发生的概率和后果的度量方面分析了电网建设项目安全风险的测度方法、测度过程。

（2）一般而言，电网建设项目安全风险事件比较突然，事件比较分散，历史资料和数据往往比较少，很难确定安全风险事件发生的概率或概率分布，本章提出采用理论概率分布或主观概率进行风险测度，并提出了相应的分析原理和方法。

（3）在电网建设安全风险测度中，通常是用一定的概率模型来描述风险因素或其作用是为分析整个项目安全风险或风险事件所具有的不确定性。这种不确定性，一方面，包含着风险因素和风险事件的不确定性，反映了随机变量的实际变化；另一方面，也包含着随机变量统计过程中的不确定性。本章运用实例分析了几种常用的连续型概率分布、常用的离散型概率分布和经验概率分布，以及参数估计的方法。

（4）本章还从电网建设项目安全风险损失的标的、进度（工期）损失和费用损失几个方面分析了安全风险损失的测度方法。

第 6 章　电网建设安全风险识别的分层全息建模

6.1　引言

分层全息建模(hierarchical holographic modeling)是美国学者海门斯(Haimes,1981)提出来的[142]。分层全息建模是一种全面的方法论。全息是一种无透镜摄影技术。传统的摄影只能拍摄到二维图像,而全息同传统摄影的差异类似于传统数学建模技术(产生可被称为"平面"模型)同 HHM 方法的差异。简单地说,数学模型只能刻画真实系统的一个"面"。例如使用单模型分析是不可能确定和证明风险来源的,此处风险不仅与基础设施(交通运输、水利电气的能源结构、食品加工厂)的众多组成有关,而且同社会各个方面(功能性的、时间性的、地理性的、经济的、政治的、法律的、部门性的、机构性的等)的变化有关。不同的决策者常常会在同一系统中采用不同的模型。理论上讲,一个数学模型只能刻画真实系统的一个方面,因此,所有的模型都可能会被认为是系统可接受的表达。由于大型系统的特征是:分层目标不可度量,具有众多的决策者,具有分层重叠结构以及风险和不确定性因素较多。对于系统建模和风险的确定,HHM 为我们构建了一个涵盖系统所有方面的综合模型的理论框架。

1989 年,亚瑟·霍尔(Arthur D. Hall)在他的具有重大影响的著作《超常系统方法论》中肯定了 HHM 的贡献[143],他认为"在 HHM(Haimes,1981)的思想下,历史变成了一个模型,它需要我们给出一个主题全面的观点。不同层级的模型可以从不同方面对主题进行解析,由此便可以理解其整体"。因此,霍尔发展了一个理论框架,他将其称为超常系统方法论,通过它可以观察到一个系统的众多维度和视角。关于该领域的早期其他有影响力的著作还包括沃菲尔德(Warfield ,1976)关于社会系统和复杂性的书[144] 以及《系统工程》(Sage, 1992)。例如,塞奇(Sage,1992)确定了系统工程生命周期的几个阶段,这些分析中包含了多个视角——结构定义、功能定义以及目的性定义[149]。最后,辛格(Singh)

的《系统和控制百科全书：理论、技术、应用》（Singh，1987）提供了许多大规模复杂系统建模的理论和方法[148]，这里将分层全息建模和多方位建模、超常系统、其他大型系统研究成果并列为系统工程和风险分析的基本理论和方法。

电网建设项目的运作以及运作计划的不同功能特征符合 HHM 的系统分析思想。它的决策包括时间、质量安全、投资成本框架，具有很广的范围，包括了项目的决策规划、设计施工、验收和运营管理全过程、多阶段，在这一系统框架内，必须进行一系列决策，因此，这些决策在制定和实施时都必须是一致的。然而，在一个程序内解决这个问题太复杂、太困难了。风险和不确定性的来源范围既可以是时间方面的，也可以是质量安全方面的或投资方面的。这种不同目标范围的全息建模能够对这样的问题多元方法提供一个整合框架。可以用不同的分层全息子模型来建模。显然，每一子模型的目标、约束、决策变量和功能性输入输出变量在不同的程度上相互重叠。只有考虑各个全息子模型的所有方面才能够对电网建设系统进行正确的建模。

6.2 分层全息建模理论和方法

6.2.1 风险的定义

卡普兰（Kaplan）和加里克（Garrick）（1981）给出了下面所示的风险定义"三组集"：

$$R = \{\langle S_i, L_i, X_i \rangle\} \tag{6-1}$$

其中，S_i 表示第 i 个"风险情景"，L_i 表示这种情景发生的可能性，X_i 表示"损失向量"或引起的后果。自那时起，该定义被广泛应用于风险分析领域[147-151]。关于如何量化 L_i 和 X_i 以及"概率"、"频率"和"频率的概率"的含义，早期的争论已经解决了这些问题（Kaplan，1993，1996）。

在 Kaplan 和 Garrick（1981）的研究中，为了回答"为什么会失误？"这个问题[147-151]，非正式地定义了 S_i。后来，在 Kaplan（1991，1993）的三组集的定义式上加上了下标"c"：

$$R = \{\langle S_i, L_i, X_i \rangle\}_c \tag{6-2}$$

该式表示情景集 $\{S_i\}$ 是完备的，它包括"所有可能的情景，或至少是所有重要的情景"。Kaplan(1991,1993)介绍了"成功"或"按计划进行"的思想情景[147-151]，由 S_o 表示。风险情景 S_i 是通过 S_o 变化而来的。不同行业使用的不同风险分析方法[比如故障模式和影响分析(FMEA)、故障树和事件树]开始融合，这种思想可以作为融合 S_i 的确定性和分类的不同系统方法。当这些方法在应用中一般化后，其思想逐渐成熟，变成我们现在所称的情景构建理论(Theory of Scenario Structuring，TSS)(Kaplan，et al,1999,2001)。

6.2.2　HHM 和情景构建理论

风险定义(Kaplan and Garrick,1981)的提出与 HHM(Haimes，1981)方法的提出几乎是在同一个时期[147-151]。HHM 方法的核心是一个特殊的图表形式，这里所出现的图指的是分层图。对于具有多个子系统并相互作用(或重叠)的系统(比如区域运输系统和供水系统)，运用这种图表形式特别有用。图表中不同列表示整个系统的不同"视角"。HHM 方法认为大多数组织结构系统和以技术为基础的结构系统在形式上都具有分层的性质，因此，必须针对这样的分层结构进行相应的系统风险管理，这种风险管理采用的就是 HHM 思想。

分层全息建模可以作为 TSS 的一部分，而 TSS 也可以作为分层全息建模的一部分。根据一般化的 HHM 方法，针对同一个基本问题，采用不同的情景构建方法，可以产生不同的情景集合。从风险定义的"三组集"(Kaplan and Garrick,1981)的观点来看，这种情况不好理解，为此，我们提出了精炼风险定义，使其含义变得清晰。用于量化风险分析的风险情景集应该是：(1) 完备的；(2) 有限的；(3) 可分离的。首先注意到在现实问题中要具备这三个性质，总存在一系列实际的可能的情景，然后将该系统分割为一个有限的非重叠子集。因此，当认识到每一个这样的子集本身就是一个情景构造时，我们就有了完备的、有限的和可分离的集合。这种分解过程，数学上也叫分割。HHM 方法强调对此系列进行划分，但不必进行分割，换句话说，就是这些子集的集合可以重叠，也就是非分离的。这说明分离性质仅仅在我们对情景的可能性进行量化时才需要，甚至是仅当我们对这些可能性进行加总时才需要。因此，如果风险分析主要是为了确定情景而不是对出现的可能性进行量化，分离的要求在一定程度上可以放宽一些，以至于这种要求只是一个偏好。基于这样的理解，HHM 的风险识别和情景构建维度可以作为确定特定的一般化情景过程和一些更具体的识别过程[FMEA、风险和可操作性分析（HAZOP）、故障和事件树，以及 AFD]，其在 TSS 中占有重要的地位。

若想了解 HHM 和 TSS 是否相容，一个关键的思想就是将 HHM 图表看成是成功情景 S_o 的一个形象表达。图表中的每一个方框都可被看成是系统所要求的一系列行为或其后果的定义，可作为"成功"定义的一部分。相反，每一个方框同样定义了一系列的风险情景，这一系列情景中有一个故障情景，可构成一个或多个由那个方框定义的行为及其后果。所有这些风险情景集的结合都是完备的，因为它包括了所有可能的风险情景。当然，这种完备性是一个期望的特征。另一方面，对应于两个不同 HHM 方框的两个风险情景集的交集可能不是空集。换句话就是我们的情景集可能不是分离的。HHM 的这个特征对风险评级的目标最有价值。

6.2.3　风险定义的精炼

在方程（6-1）中，根据 S_i 所带的下标 i，可以假定情景集是可数的（可计数的），此外，因为方程（6-1）是用来描述一个实际风险分析结果的，所以进一步假定，在集合（S_i）中的情景数是有限的。对方程（6-1）进行扩展，可以得到方程（6-3）：

$$R = \{\langle S_a, L_a, X_a \rangle\}, a \in A \qquad (6\text{-}3)$$

其中，指标 a 范围涉及整个集合 A，一般是不可数的。因此，集合 A 是不可数的，并且也是无限的。它同实数系列一样具有同样的无限次序。从这一框架的角度，我们可以将情景构建理论作为完成分割的不同技术的一种研究。定义成功情景 S_o 后，寻找风险情景 S_i 的过程包括将 S_o 分解为"部分"或"组成"。然后，依次将每一个部分放大，寻找"在这一部分中，什么会出错？"我们以这种方式得到 S_i。

现在通过回顾每个情景 S_i 的原则将方程（6-2）和方程（6-3）连接，我们可以用有限的语句来描述它，并且它本身就是一个情景集（Kaplan，1991，1993）。因此，方程（6-2）中的每一个 S_i 可被形象化为 S_A 的一个子集。在特定目标下，风险分析中情景集 $\{S_i\}$ 是

（1）完备的，就是 $\bigcup (S_i) = S_A$，其中 $\bigcup$ 是"并"集合运算；

（2）有限的；

（3）分离的，意思就是对所有的 $i \neq j, S_i \bigcap S_j = \varphi$，其中 $\bigcap$ 是"交"集运算。

这样的一组 S_A 的子集称为 S_A 的一个"割集" P，由此我们得到了这样的观点，即我们在风险分析中要做的事就是确定基本风险空间 S_A 的一个割集。割集中的单个集合就是情景 S_i，它是有限的、分离的，并且可以共同覆盖基本空间 S_A。于是我们得到：

$$R_P = \{\langle S_i, L_i, X_i \rangle\}_P \tag{6-4}$$

R_P 基于割集 P 的一个近似值是 R：

$$R_P \approx R \tag{6-5}$$

6.2.4　精炼风险定义的拓展

我们注意到如果 S_o 本身可分解为一个完备的、有限的和分离的部分集合，那么就可以将 S_i 简单地定义为"部分 i 中所出错的情景"，这种定义产生了一个完备的、有限的和分离的 S_i 集。严格地讲，当所考虑的情景中只有一个故障情景时，这个论点才成立。为了完备性的成立，我们还需考虑"在部分 i 和部分 j 中所出错的"等情景形式。进一步拓展这一思想，如果我们确定了一个完备的、有限的和分离的风险情景子集（这些风险情景起源于 S_o 的每个部分），将这些子集合并成一个总的集合，该集合就是针对整个问题 S_i 的一个完备的、有限的和分离的集合。

6.2.5　分解 S_o 的 HHM 方法

HHM 图表可以看成是成功情景 S_o 的一个形象图，也可以将其看成是该情景变成很多不同部分和片断的一个分解结构。这种分解结构一定是完整的，但并不一定是分离的。HHM 将不分离性质，或者分解后的部分或片断的"重叠"看成是一种有意义的特征，因为它反映了系统的不同"视角"。因此，按照 HHM 的观点，大多数组织系统和以技术为基础的系统不仅仅具有分层结构，而且还是"多层级的"，不同"视角"的分层结构是否有重叠，可在系统内部判定。对这种结构的系统进行风险管理，必须考虑其结构特性，并制定相应的应对措施。对风险估计和管理来说，运用 HHM 框架，就是要确定其风险情景的能力，这些风险情景源自真实系统的多层重叠结构，并在这些层级中延伸。在电网建设计划、设计或运作模式中，对每一个子系统所含风险运用 HHM 和量化分析，有助于理解和评估整个系统的安全风险。特别的，对不同子系统间的复杂关系建模，并说明与风险和不确定性的关系,有助于处理建模过程中各种风险因素的复杂性,项目的风险评估过程也会更具有代表性。

6.3 电网建设项目安全风险识别

6.3.1 基于可持续发展的电网建设安全风险识别

由于人类过度开采自然资源,大气、水和土壤受到不同程度的污染,生态环境遭到破坏。在电力建设过程中,除了需要大量的资源外,电厂的燃煤污染排放,电网输电走廊植被的破坏,大量土地的占用,等等,这些都给人类生态环境造成威胁。人类一旦对经济的发展失去控制,就会产生严重后果。如果我们对这种可怕的后果缺乏认识,在做决策时目光短浅,在管理时政策失误,就不得不迫使我们面对这样一种情况,那就是我们的政策和决策将会忽略对后代的影响[152—157]。世界环境与发展委员会(WCED,1987)的一篇报告中说,大多数人都认识到"我们共同未来的可持续发展"。WCED 将可持续发展定义为这样一种发展,即"在满足目前人类需求的同时不损害未来后代满足自身需求的能力"。

过去,我们在解决电网建设环境问题时不是采用整体的系统方法,其最主要的原因很可能是缺乏一种合适的基础设施的有效管理系统,该基础设施管理系统的决策权在科学群体中没有引起足够的重视,那些在电力设施管理政策中具有足够的实际经验的决策领导者,不能得到足够的信任。尽管消除这种偏见是基于可持续发展的电网建设应用 HHM 方法进行安全风险识别的必要条件,但还需要同其他操作原则相结合。对于电网建设可持续发展的一个分析系统的应用,它结合了如下五个基本操作原则,这些原则是针对经济、环境规划、电网建设和安全风险管理的整体方法:

- 电网建设多目标分析;
- 安全风险分析,包括极端事件的安全风险分析;
- 影响因素分析;
- 多决策者和利益相关者的考虑;
- 说明系统组成之间以及系统和环境之间的相互影响。

这五个操作原则具有广泛的适应性。因为在实现电网建设和相关行业资源可持续发展规划时,都会遇到很多引起计划失败的原因,因此,就需要一个整体而全面的分析框架来确定各种各样的安全风险源。可持续发展所需的整体方法可在国家环境政策法（NEPA）中找到。实际上，NEPA 确定了一些安全风险的主要来源，正是这些安全风险阻碍着目前为了可持续未来所做的研究工作。

为了获得安全风险的各种来源，这里开发了一个 HHM 框架。图 6.1 介绍了七种分解方法、思路、考虑或视角，并且它们之间还存在明显的和不可避免的重叠。这些因素是：

（1）科学和工程考虑因素（水文地质的、生态的和建设技术的角度）；

（2）全球和地理考虑因素（国际的、区域的、国家的和当地的社会政治角度）；

（3）机构和组织考虑因素（政府的和非政府的机构）；

（4）文化和社会经济考虑因素（伦理、传统、教育、生活水平、公正和平等）；

（5）自然需求考虑因素（水、土地、空气、森林、食物和生态环境）；

（6）时间考虑因素（短期、中期和长期）；

（7）自由化考虑因素（信息、宗教等）。

HHM 框架的核心是其扩展的能力，即七个分解或考虑因素中的每一个的扩展，并且在所有其他七种观点之内开发出了连通性和衍生性。图 6.2 和图 6.3 展示的是用分层表示的安全风险来源的变动例子。下面就要讨论科学和工程思想，将其作为说明七种思想每种是如何分解的一个例子。

科学和工程并不总是用于保护环境和生态系统。过去，在可持续未来的发展因素中，技术被认为是有害的。频繁无控制的大规模土地的耕种和灌溉导致了土壤侵蚀和盐碱化的增加。同时，当正确使用渠道引流并加以控制，技术将会成为推动可持续发展的源源不断的强大力量。显然，过去所用的开发地球自然资源的技术是不顾未来后代持续发展的，但就是这同样的技术现在却成了保护未来可用的自然资源、生态系统和经济增长的有效手段（Haimes，1992）。特别的，科学和工程应该作为避免和防止环境恶化安全风险的一种主动手段，而不是一种被动手段，即当环境和生态系统已经遭到破坏，已经形成风险形势时再采用科学和工程技术。现在的大多数技术都处于一种被动的操作模式。然而，为了促进可持续发展的技术潜力，在进行风险评估和管理时，文化和态度范畴必须从被动转为主动。

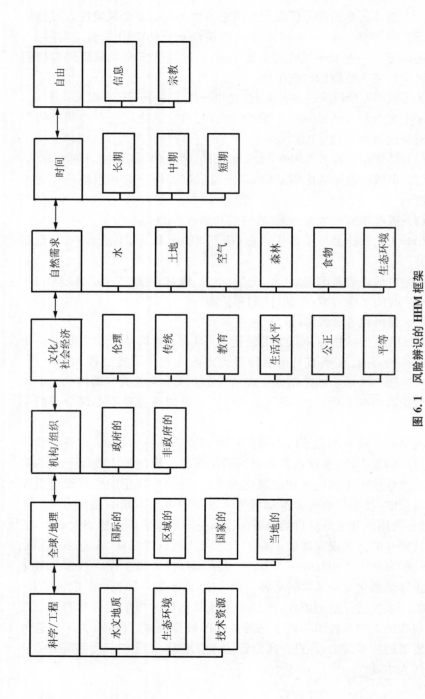

图 6.1 风险辨识的 HHM 框架

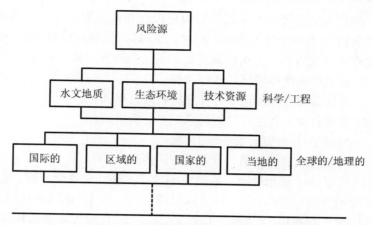

图 6.2　用分层结构表示的风险源(基于地质、环境和技术)

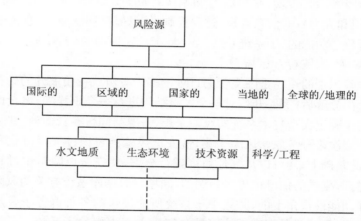

图 6.3　用分层结构表示的风险源(基于区域划分)

6.3.2　电网建设安全风险分层全息建模

　　电网建设项目规模大,组成复杂,包括先进的硬件设施和软件设施、大量文档数据的转换以及利益相关方的组织单位和人员。电网建设项目的实施需要一段时间,并且需要一定的投资资金。如下是对该项目的简单描述,并做了适当修改。在项目早期阶段,系统管理者和分析者需要制定共同的项目风险计划,项目经理根据计划、成本和性能目标来确定各环节的优先级,以减少项目失败的可能性。为了降低风险,建议使用评级方法改善有限资源的分配。最后,针对风险管理我们提出多个对策,并互相比较。分析人员必须在工作场所与项目经理和技术专家进行多次面谈，许多口头讨论和对内部文件的审阅在识别风险、区分风险优先级和减轻风险过程中至关重要。分析团队所收集的信息有五个来源：

（1）在工作场所同项目经理们面谈；

（2）对所需文件和其他项目计划材料进行审阅；

（3）对项目成本和进度计划的第三方分析审阅；

（4）判断项目经理所列出来的风险；

（5）向熟悉该项目的第三方管理顾问咨询。

图 6.4 从多个视角反映了系统的 HHM 方法安全风险分析。它包括八个主要的方面（主题）：①项目目标视角（技术、成本、计划和使用者/团体）；②组织管理视角（个人的可信性、人际信任、管理授权和机构联盟）；③项目委托（承包人、合同管理、协议和合同的需求和系统整合）；④时间的（设计和计划、转换、平稳状态和系统扩展）；⑤形式的（外部、硬件、软件、组织和人力）；⑥信息管理（过程控制、信息储存和恢复、信息传输和数据分析）；⑦功能的（子系统 U、V、W、X、Y）；⑧地理的（初始地点、次级地点、区域 P、区域 Q 和区域 D）。

风险识别的途径是围绕着 HHM 的多个分解或视角展开的。在每一个主层次分解后，都要开始对整个风险结构进行一个更详细、更全面的分析。为了确定大型技术系统的风险来源，需要与同行专家面谈，并从两个或多个层次来分解原始风险子集，使安全风险的辨识过程规范化和结构化，在此基础上，还可以从其他角度进行分解，使安全风险辨识过程划分更为详细，提供的信息也更多。例如，同项目数据库系统有关的风险分解是站在功能性视角上的，并集中于系统所能提供的各种服务上。从功能性角度来说，项目数据库系统可被分解为六个主要的子系统。通过参考其他分解，考虑不同的风险来源对这些功能性区域进行评估。HHM 方法的另一个分解视角是与委托过程有关。尽管不是很容易地区分出每一个项目委托的重叠阶段，但在时间视角上可以分解成一个子系统。例如，电网设计和计划可以看成是在委托过程中一个固定时间内的一个结构框架。在这个固定的时间框架内，与结构和功能分解相关的安全风险可以识别出来并加以描述。时间领域的重要性已明显超越了项目的进度计划，随着时间的推移，安全风险在不断变化和发展。通过识别可以拟定出 250 多种风险源清单，其范围涵盖了从技术问题，具体的文档和不连续性的计划，到人员和组织管理。尽管主要清单上有很多冗余的内容，但它还是表明了系统在不同层级和不同划分方面存在着相关性。

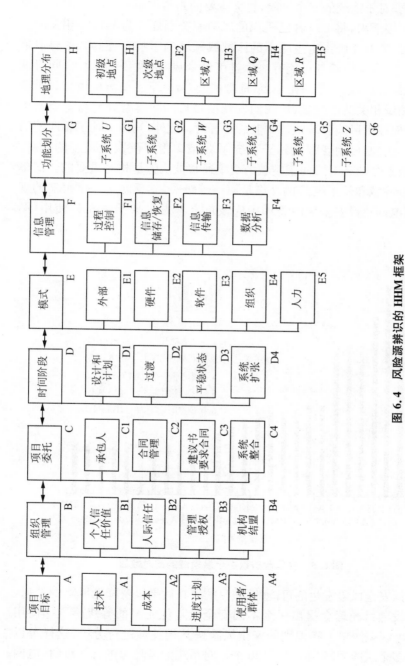

图 6.4　风险源辨识的 HHM 框架

因此,对于系统的安全风险,更为重要的是给出了一个未经过滤的原始清单。接下来,将250种已辨识的风险源分别划分为HHM相关的三个子项目(图6.4中指定主题下的区域或领域的影响)。例如,主要清单上的每一项安全风险都可能有一个进度计划风险(项目目标)、合同管理风险(项目委托)或一个原始地点(地理的)。数一下主要清单里与每个全息建模领域相关的匹配项目,我们发现项目目标和模型分解与主要清单最符合,而技术风险领域是整体上最显著的。此外,我们统计了相匹配的领域项。例如,使用者领域和子系统 Y 是清单上匹配次数最多的一对。匹配次数最多的一对或两个领域的交集通常被认为是相对重要的。清单中使用者领域和子系统 Y 的交集是第一等级对,其反映了一个普遍的观点,即在电网建设安全风险管理中应该重点考虑未来子系统 Y 使用(图6.5)。

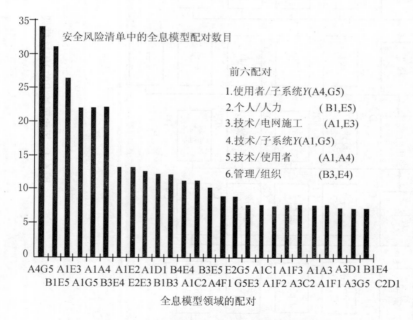

图6.5 在风险辨识中全息领域的配对数目

根据安全风险发生的可能性、项目的潜在后果以及降低风险的效果,电网建设项目经理会提出一个不同安全风险优先级的等级标准。使用HHM可以在清单上将识别的安全风险按其相关性进行分类,这样可以把250多个风险项减少为大约20个。对系统的风险源进行评级时,电网建设项目经理所用的六个特征分别为:预期影响和灾难影响(针对项目安全风险)、服务延迟、错误/故障、质量下降(针对使用者风险)、作用范围和功效(针对降低风险)。综合起来,这些风险的特征和衡量标准可以定义为高、中、低三级。

选择风险管理方法并对其进行评估需要考虑下列因素:(1) 对功能性子项目系统的实施与项目系统实施的进度计划关系进行量化处理;(2) 为了加快子项目实施进度,给管理人员提供选择的路径;(3) 对实施风险管理的成本与项目实施进度拖延后果之间的相关性进行评估。权衡曲线可反映出建设项目开发的四种情况。进度计划参数(以月来度量的项目实施的持续时间,从合同生效时开始计算)、最低可能性、最高估计值以及实施成本的估计值都用三角概率分布来估计。

图 6.6 反映出不同实施成本与完成日期之间权衡的风险管理。同时考虑项目实施的期望日期和 1/10 最坏情况的日期(条件期望值)。根据短期实施成本与项目长期拖延问题的权衡,选择方案 1 劣于选择方案 2。考虑整个的期望延迟和 1/10 最坏情况的期望延迟,若项目的实施被延误,最好选择两个方案的成本上限一样。

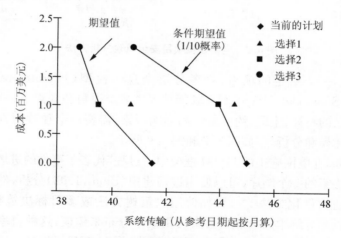

图 6.6　进度风险中各选择策略之间的权衡

6.3.3　基于电网施工的安全风险识别

这一节通过 HHM 方法建立电网施工的整体表述。其由一个 HHM 模型来表示电网建设项目施工,并且对于项目施工的不同分解方式和子模型(图 6.7)的建模,增强和扩展相应的调查能力。图 6.8 反映了六种分解方式或视角,表明电网施工过程具有多维度的性质。施工过程要求大量具有具体能力和责任的组织和个人的参与,同时还要求各方的行为相互协调。这些组织都有自己的目标,这些目标通常和其他组织的目标相互对立。电网施工过程中存在的安全风险和不确定性使几个关键的决策变得更为复杂,从而影响最终的电网项目系统。只有探索整个系统施工时的不同维度与视角,以及适当地协调每个模型的目标和需求,才能够在电网施工过程中达到有效的管理。

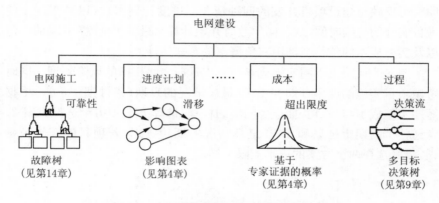

图 6.7　电网建设项目安全风险分析方法

对于一个给定的项目,参考分层全息子模型(Hierarchical Holographic Submodel,HHS),HHM能够提供多个视角和观点,每一个视角都有自己的特征、主题、约束条件和影响因素,需要一个独特的方法来对其进行建模和分析,正如图6.7和图6.9所示。

例如,在电网施工的HHM框架中,"过程"代表了事件的进展或施工过程中决策的一个顺序,可以使用过程建模(Blum,1992)分析,然后采用一些合适的量化方法[154],比如使用决策树方法或多目标决策树方法。"项目目标"分解中的"成本"要素可用概率分布来建模,这种概率分布由分析软件成本估计模型(Boehm,1981)支持[155]。项目目标的施工"技术"要素可根据衡量目标(可靠性、有效性、可维护性)来量化,求解过程中可以使用故障树分析或马尔可夫过程模型(Johnson,1989)[156]。同样,"进度计划"可通过计划评审技术(PERT)或其他相关技术来分析(Boehm,1981)。对每一个HHM独立求解时,在HHM框架的最高层级就要对整体问题采用协调性的解决方案[159]。

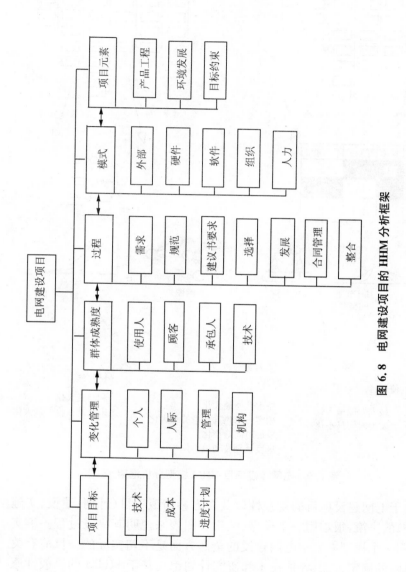

图 6.8　电网建设项目的 HHM 分析框架

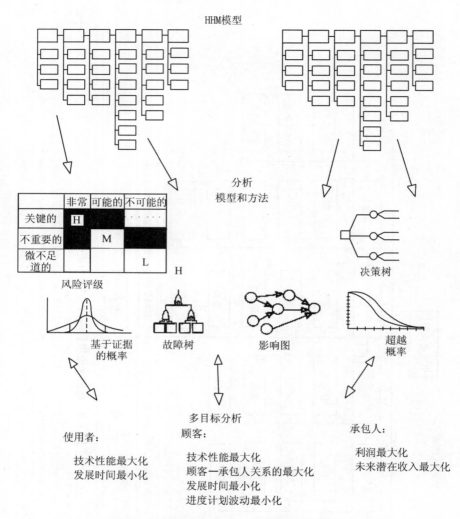

图 6.9　电网建设项目 HHM 模型分析框架

　　由于电网建设项目的复杂性以及多方参与该项目(计划、建设、实施和维护)的决策,很难用一个模型、结构和图表来说明其决策过程。事实上,仅用一个模型来表示电网建设的全部方面是不切实际的。目前有关安全风险的确定方法、评估技术和研究计划都是基于 HHM 的一般性原则的。例如,从电网建设安全风险分类来看,在分类的目的和方法上表现出与 HHM 的一致性:它的分类具有分层结构,并且由层层发展的细节和主体构成,对于某些问题它给出了多维度的表述方法,并且在电网建设项目中突出了某些关键领域。这些方法与 HHM 的密切关系是对复杂系统整体思想的进一步的认识和支持,也说明了作为电网建设项目和其他大型复杂问题安全风险 HHM 框架的有效性、适合性和需求性。

模型的作用就是为了反映系统的本质特征,也就是说好的模型必须抓住系统的本质属性。显然,电网建设项目的多维度涉及许多学科、大量群体、组织和个人,用单个模型是无法描述的。为了克服单个模型的缺陷,确定电网建设项目的所有安全风险源,运用 HHM 框架就是更好的选择。HHM 采用一种反复迭代的方式来确定项目所有的风险源结构。如果一个项目使用 HHM 的多维观察视角不能确定其安全风险源,它就可以用一种新的分解结构来拓展该模型的应用范围,最终捕获项目所有的安全风险源。例如:根据"项目目标"的视角(图 6.10),电网施工过程可被分解为三个目标域——技术、成本和进度计划。

(1)技术:在电网建设背景下,长时间内,技术成果和电网建设的质量、精确性、精密度以及性能有关。

(2)成本:既指建构电网系统时的建设费用,也指未预料到的花费,还包括劳动力成本、资本成本和其他非货币成本。

(3)进度计划:涉及时间安排、持续和变化,它们是建设项目整合进度计划和运作配置进度计划的基础。

为了方便起见,将电网建设项目的细分模型称为分层全息子模型(HHS),图 6.10 是从"项目目标"HHS 角度表示的分层全息子模型,突出的重点是电网建设项目的成本风险,特别是这些成本风险与每个群体(使用者、顾客、承包人和技术)的关系。

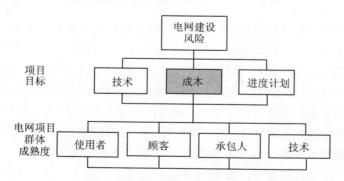

图 6.10　电网建设项目目标子模型:以成本为焦点

HHM 的进一步研究重点是进度计划风险,特别是每个群体的进度计划风险(图6.11)。HHM的第三个重点就是检验同每个群体相关的技术风险(图6.12)。

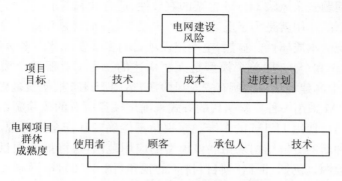

图6.11 项目目标子模型:以进度计划为焦点

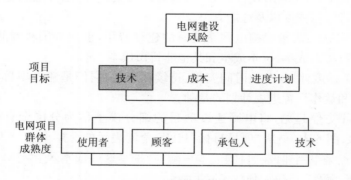

图6.12 项目目标子模型:以技术为焦点

从上述图形可以看出,将项目目标作为项目考虑的原始视角,就可以分析所有参与者的风险后果。HHM的另外一个视角是下一层次的四个"群体",即使用者、顾客、承包人和技术(图6.13)。尽管这是一个简单的分解逆过程,但其出发点是基于项目的特定层面的。对于只关注一个层面或性能方面的管理人员来说,这样的视角是非常合适的。电网建设项目实施群体成熟度,HHM首先强调某一特定的群体,然后度量该群体与项目性能的相关性。当考虑参与群体的能力和相互影响时,这一视角是合适的。实施过程每一阶段的分解结构及其组合将为电网建设安全风险分析提供一个稳定性的方案。

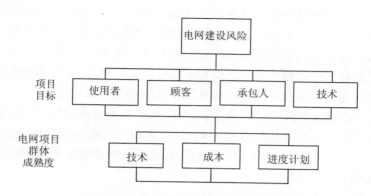

图 6.13　电网建设安全风险群体成熟度子模型

6.4　分析与讨论

综合上述研究,本章在电网建设安全风险分析中引进了分层全息建模技术,并在如下几个方面取得进展:

(1)分层全息建模是一种新的思想和方法论。由于大型系统的特征是:分层目标的不可度量,具有众多的决策者,具有分层重叠结构,以及风险和不确定性因素较多。对于系统建模和风险的确定,HHM 为我们构建了一个涵盖系统所有方面的综合模型的理论框架。

(2)从风险的定义出发,研究了分层全息建模与 TSS(风险情景构建)的关系。研究表明:分层建模可以作为 TSS 的一部分,而某些情况下,TSS 也可以作为分层全息建模的一部分,两者相互交融。通用的 HHM 方法,与情景构建所采用的方法不同,对相同问题可以产生不同的情景集合。一个关键的思想就是将 HHM 图表看成是情景构建风险集合的形象图。图表中的每一个方框都可被看成是系统所要求的一系列行为或后果的定义。相反,每一个方框同样定义了一系列的风险情景,这一系列情景中存在着一个故障情景,其一个或多个方框定义的行为或结果。对应于两个不同 HHM 方框的两个风险情景集的交集可能不是空集,换句话说就是我们的风险情景集可能不是分离的。

(3)针对经济、环境规划、电网建设和安全风险管理的整体方法,本章提出了基于可持续发展的电网建设应用 HHM 方法进行安全风险识别的必要条件,以及五个基本的操作原则,最后建立了基于可持续发展的电网建设安全风险辨识框架。

（4）风险识别的途径是围绕着 HHM 的多个分解结构或视角展开的。在每一个主层次分解后，都要开始对整个风险进行一个更详细、更全面的分析评估。识别拟定出电网建设项目 250 多种风险源清单，其范围涵盖了从技术问题到具体的文档和不连续性的计划，到人员和组织管理。它表明了系统的安全风险在层级和划分方面存在着相关性。

（5）由于电网施工过程的复杂性，以及多方参与该过程（计划、建设、实施和维护）的决策，任何单一的模型、结构和图表都不能够代表这个过程。本章提出了基于电网施工目标的 HHM 一般建模原则、安全风险识别方法和评估技术。

第7章 电网建设安全风险评价及 AHP 方法的应用

7.1 引言

电网建设项目安全风险测度仅对安全风险事件发生的概率(可能性)和引起的损失进行了讨论,而没有涉及各安全风险事件的共同作用,也没有去考虑安全风险事件的发生概率和引起损失的综合后果,更没有去研究这些风险对项目实施的影响和电网建设项目主体能否接受这些风险等问题。本章的重点则是讨论各风险事件作用下电网建设项目整体安全风险的分析评价。

一个建设工程在某一时间段内存在,同时也存在于一个法律体系、政治体系、技术结构、经济体系、社会和文化体系的环境。由于环境的不确定性,建设中各种安全问题大量存在,由此将产生各种风险。正确管理工程中的安全风险是对一个项目团队能力的体现,也是一个项目能否成功的关键因素之一[20,161—168]。电网建设项目安全风险管理是指项目管理机构对电网建设项目可能遇到的安全风险进行规划、识别、估计、评价、应对和监控的过程,是以科学的管理方法处理项目的安全风险,防止和减少损失,减轻或消除安全风险的不利影响,以最低成本和代价取得对电网项目安全保障的满意结果,保证建设项目的顺利进行。对电网建设项目安全风险进行综合评价分析,确定电网项目安全风险整体水平和风险等级[129]。其安全风险评价过程活动主要包括以下内容:

(1)系统研究电网建设项目风险背景信息;

(2)确定安全风险评价基准;

(3)运用风险评价方法确定电网项目整体安全风险水平;

(4)确定安全风险评价中的关键因素;

(5)作出电网建设项目安全风险的综合评价,确定项目安全风险状态及应对策略。

目前,常用的安全风险评价方法是主观评分法,这是一种最简单、易于应用的分析方法,但是这种方法主要依据专家经验和决策者的意向,得到的结论也只是大致的程度值,在此基础上得到进一步研究,并获得更为全面的可靠依据[161],本章将用层次分析法来评价电网建设管理中的安全风险程度。

7.2 电网建设安全风险评价

7.2.1 安全风险评价的作用和步骤

(1)电网建设安全风险评价的作用

在电网建设项目管理中,项目风险评价是必不可少的环节,其作用主要表现在:

① 通过安全风险评价,以确定安全风险大小的先后次序。对建设项目中各类风险进行评估,根据它们对项目目标的影响程度,包括安全风险出现的概率和后果,确定它们的排序,为考虑安全风险控制的先后顺序和安全风险控制措施提供依据。

② 通过安全风险评价,确定各风险事件间的内在联系。电网建设中各种各样的安全风险事件,初看是互不相干的,但当进行详细分析后,便会发现某一些安全事件的风险源是相同的或有着密切的关联的。例如,某发电厂房工程由于使用了不合格的材料,承重结构强度严重达不到规定值,引发了不可预见的重大质量事故,造成了工期拖延、费用失控,以及工程技术性能或质量达不到设计要求等多种后果。对这种情况,从表面上看,工程进度、费用和质量均有风险,但其根源只有一个,即材料质量控制不严格,在以后的管理中只要注重材料质量控制,就可避免此类风险。

③ 通过风险评价,把握风险之间的相互关系,将风险转化为机会。例如,承包商对电网工程施工总承包,和分项施工承包相比,存在较多的不确定性,即具有较大的安全风险,如对某些子项目没有施工经验。但如果承包商把握机会,将部分不熟悉的施工子项目分包给某一个有经验的专业施工队伍,对总包而言,可能会挣得更多的利润。当然还要注意到,原认为是机会的东西,在某些条件下也可能会转化为风险。

④ 通过安全风险评价,可进一步认识已估计的安全风险发生的概率和引起的损失,降低安全风险估计过程中的不确定性。当发现原估计和现状出入较大,必要时可根据电网项目进展现状,重新估计安全风险发生的概率和可能的后果。

(2)电网建设项目安全风险评价的步骤

电网建设项目安全风险评价,一般可按下列步骤进行:

① 确定项目风险评价标准。电网建设项目风险评价标准就是电网建设主体针对不同的项目风险,确定的可以接受的风险率。一般而言,对单个安全风险事件和电网建设项目整体安全风险均要确定评价标准,可分别称为单个评价标准和整体评价标准。

② 确定评价时的电网建设项目安全风险水平。其包括单个风险水平和整体风险水平。电网建设项目整体风险水平是综合了所有安全风险事件之后确定的。要注意的是,确定电网建设项目整体风险水平的方法很有讲究。确定电网建设项目整体风险水平后,总是要和电网建设项目的整体评价标准相比较,因此整体风险水平的确定方法要和整体评价标准确定的原则和方法相适应,否则两者就缺乏可比性。

③ 将电网建设项目单个风险水平和单个评价标准、整体评价标准和整体风险水平进行比较,进而确定它们是否在可接受的范围之内,或者考虑采取什么样的安全风险应对措施。

7.2.2　电网建设安全风险评价标准和整体风险水平

(1) 电网建设安全风险评价标准

电网建设安全风险评价标准一般具有下列特性:

① 不同项目主体有不同项目风险评价标准。就同一个工程,对不同的项目主体,其有不同的项目管理目标。如电网建设项目业主,其对工程项目的工期、投资和质量有一个整体的目标,在此基础上,进而对各子项目工程在工期、投资和质量方面有较为具体的目标。同样是这一工程项目,承担其施工的承包人对其就有不同管理目标。因此对同一工程项目,不同的项目主体有其不同的安全风险评价标准。

② 项目安全风险评价标准和项目目标的相关性。电网建设项目安全风险评价标准总是和项目的目标相关的,显然,不同的项目目标当然也应具有不同的安全风险评价标准,其中常用到的是单个安全风险评价标准和整体安全风险评价标准。

③ 工程项目风险评价标准的两个层次。项目风险的概念总是和概率的概念相关的,因此将百分之百实现项目目标作为风险评价的标准并不是科学的。工程项目风险评价标准应分为计划风险水平和可接受风险水平两个层次:

A. 计划安全风险水平,即在项目实施前分析估计得到的或根据以往的管理经验得到的,并认为是合理的安全风险水平。对这一安全风险水平,在不需采取特别控制措施的条件下,工程项目目标基本上能得以实现。

B. 可接受风险水平,即项目主体可以接受的,经过一定的努力,采取适当的控制措施,项目目标能够实现的安全风险水平。

④ 电网建设项目安全风险评价标准的形式、工程项目的具体目标多种多样,因此,项目安全风险评价标准的形式也有:风险率、风险损失、风险量等。如电网工程施工进度风险常用险率,即将不能按目标工期完工的概率,作为评价标准,质量安全风险可用质量事故发生后费用损失或工期损失作为评价标准;费用风险可用风险量作为评价标准。

（2）电网建设项目整体风险水平

电网建设项目整体风险水平对项目管理者而言是一相当重要的概念,但合理地加以衡量却不是件简单的事。工程项目安全风险可按工程结构分解,反之,整体风险一般由工程项目子项工程的安全风险构成,而子项目安全风险又可按电网建设项目目标进行分类。因此,工程项目整体风险水平的描述相当复杂。

对电网建设项目整体风险水平的描述可分两步进行:

① 按工程项目目标风险的分类方法,分析实现项目整体目标的风险。对同一类的风险,其属性相同。因此,通过一定的运算,得到各目标的整体风险水平。如工程项目工期风险,是由完成各子项目时间的不确定而造成的,因此可以在进度网络计划的基础上,采用 MC 方法或其他方法分析工程项目的工期风险。

② 综合不同目标风险,得到项目整体风险水平。不同目标的风险,一般而言,其属性是不一样的,因此做简单的算术运算是没有实际意义的。所以,需要采用其他一些数学处理,将各种目标的风险有机地综合起来,科学地描述项目整体风险水平。在分析工程项目整体风险水平时,特别要注意到不同风险间的依赖关系和因果关系,这是在风险决策的过程中十分有用的信息。

7.2.3　电网建设安全风险水平的比较

电网建设项目实际安全风险水平和风险标准的比较,分为单个风险水平和相应安全风险标准的比较、整体风险水平和相应安全风险标准的比较,以及综合性风险水平和相应安全风险标准的比较。

（1）单个风险水平和标准的比较

单个风险水平和标准的比较通常十分简单。例如,估计某工程子项目会滞后 5 天,此时仅需和网络分析计算的时间参数相比较,当该子项目的自由时差大于 5 天时,一般认为这个子项目的滞后是可以接受的。当该子项目的自由时差小于 5 天时,这滞后就会影响到后续子项目的正常开始,可能会出现窝工现象;若这滞后的 5 天大于其总时差时,则问题就更大了,该子项目的滞后会影响到项目工期。

（2）整体风险水平和标准的比较

在进行整体风险水平和标准的比较时,首先要注意到两者的可比性,即整体风险水平的评价原则、方法和口径要和整体标准所依据的原则、方法和口径基本一致,否则其比较就无实际意义。

比较之后的结果无非是两种情况,即安全风险是可以接受的,或安全风险是不能接受的。当项目整体风险小于整体评价标准,总体而言,安全风险是可以接受的,项目或项目方案是可行的;若整体风险大于整体评价标准,甚至大得较多时,则安全风险是不能接受的,就需要考虑是否放弃这个建设项目或建设方案。

（3）综合性比较

综合性比较即将单个风险水平与其相应的评价标准相比较的同时,也将整体风险水平与其对应的评价标准相比较。一般而言,若整体风险不能接受,而且主要的一些单个风险也不能接受时,则电网建设项目或电网建设方案是不可行的;若整体风险能被接受,而且主要的一些单个风险也能被接受,则电网建设项目或电网建设方案是可行的;若整体风险能被接受,而并不是主要的单个风险不能被接受,此时,对电网建设项目或电网建设方案可作适当调整就可实施;若整体风险能被接受,而主要的某些单个风险不能被接受,此时,就应从全局出发做进一步的分析,确认机会多于风险时,对电网建设项目或电网建设方案作适当调整再实施。

7.3　AHP 方法原理

层次分析法（Analytical Hierarchy Process,AHP）是 20 世纪 70 年代美国学者 A. L. Saaty 提出的[161]。它是一种定性分析和定量分析相结合的评价方法,是一种将与决策紧密相关的元素分解成目标、准则、方案等层次,然后进行层次权重决策的分析方法。AHP 在项目风险评价过程中运用灵活、易于理解,而且又具有一定的精度。其评价的基本思路是:评价者将复杂的安全风险问题分解为若干层次和若干要素,并在同一层次的各要素之间简单地进行比较、判断和计算,得到不同方案的安全风险水平,从而为方案的选择提供决策依据。利用 AHP 方法进行电网建设项目安全风险评价时,将决策问题按总目标、子目标、属性、子属性、方案、子方案以及具体措施的顺序分解为不同层次,从而构建一个层次分析的结构模型,然后利用它的判断矩阵来计算每一个层次的各种属性相对于上一个层次某属性的相对权数,最后使用加权和的方法递阶归并,以求出各方案安全风险程度对总目标的相对权数,从而确定方案的优劣次序。

该方法的特点是:可细化建设项目安全风险评价因素体系和权重体系,使其更为合理;对方案评价,采用两两比较法,可提高评价的准确程度;对结果的分析处理,可以对评判结果的逻辑性、合理性进行辨别和筛选。

7.3.1 层次分析法安全风险评价模型

用层次分析法评价电网建设项目安全风险,首先是确定评价的目标,再明确方案评价的准则和各指标,然后把目标、评价准则连同各方案构成一个层次结构模型,如图 7.1 所示。在这个模型中,评价目标、评价准则和评价方案处于不同的层次。

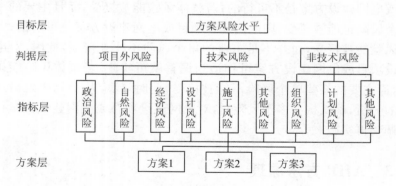

图 7.1 层次分析法安全风险评价模型

7.3.2 因素两两比较评分和判断矩阵

电网建设项目安全风险评价模型确定后,请具有项目安全风险管理经验的人员对各安全风险因素进行两两比较评分。两两比较评分,则以表 7-1 所示的分值表示。经评分可得若干两两判断矩阵,如表 7-2。

表 7-1　建设项目安全风险评价分值表

分值 a_{ij}	定　义
1	i 因素与 j 因素同样重要
3	i 因素比 j 因素略重要
5	i 因素与 j 因素稍重要
7	i 因素与 j 因素重要得多
9	i 因素与 j 因素重要得很多
2,4,6,8	i 与 j 两因素性比较结果处于以上结果的中间
倒数	j 与 i 两因素性比较结果是 i 与 j 两因素重要性比较结构的倒数

表 7-2　两两判断矩阵表

判断项 W_j ＼ 判断分 a_{ij} ＼ 判断项 W_i	A_1	A_2	$\cdots$	A_n
A_1	a_{11}	a_{12}	$\cdots$	a_{1n}
A_2	a_{21}	a_{22}	$\cdots$	a_{2n}
$\vdots$	$\vdots$	$\vdots$	$\vdots$	$\vdots$
A_n	a_{n1}	a_{n2}	$\cdots$	a_{nn}

7.3.3　计算各判断矩阵权重、排序,并作一致性检验

（1）求判断矩阵每行所有的几何平均值 $\bar{\omega}_i$：

$$\bar{\omega}_i = \sqrt[n]{\prod_{j=1}^{n} a_{ij}} \tag{7-1}$$

（2）将其归一化,计算 ω_i：

$$\omega_i = \frac{\bar{\omega}_i}{\sum_{i=1}^{n} \bar{\omega}_i} \tag{7-2}$$

（3）计算判断矩阵的最大特征值 $\lambda_{\max}$：

$$\lambda_{\max} = \sum_{i=1}^{n} \frac{(A\omega)_i}{n\omega_i} \tag{7-3}$$

上式中，$(A\omega)_i$ 为向量 $(A\omega)$ 的第 i 个元素。

（4）计算 CI，进行一致性检验。在算出 λ_{max} 后，可计算 CI，进行一致性检验，其公式如下：

$$CI = \frac{\lambda_{max} - n}{n - 1} \tag{7-4}$$

上式中 n 为判断矩阵阶数，由表 7-3 查随机一致性指标 RI，并计算比值 CI/RI，当 $CI/RI < 0.1$ 时，判断矩阵一致性达到了要求。否则重新进行判断，写出新的判断矩阵。

表 7-3　RI 取值表

n	1	2	3	4	5	6	7	8	9
RI	0	0	0.58	0.90	1.12	1.24	1.32	1.41	1.45

（5）为获得层次目标中每一指标或评价方案的相对权重，必须进行各层次的综合计算，然后对相对权重进行总排序。对某一评价方案的某一评价指标而言，设各层次评价的相对权重为 $W_i, W_{ij}, W_{ijk}, W_{ijkl}$，则该评价指标的相对权重为

$$W(i) = W_i W_{ij} W_{ijk} W_{ijkl}$$

更一般地可写为

$$W(i) = W_i W_{ij} W_{ijk} \cdots \tag{7-5}$$

7.3.4　计算综合总评分

获得各评价方案各指标的评分后，计算加权平均值，即得综合总评分。总评分最高者即为安全风险最大的方案。

下面结合具体例子说明层次分析法在评价项目风险水平中的应用。

7.4　应用实例

AHP 评价电网建设项目的基本思路：评价者将复杂的风险问题分解为若干层次和若干因素，并在同一层次的各因素之间进行比较、判断和计算，得到不同方案的风险水平，从而为方案的选择提供投资决策的依据。

电网建设项目安全风险的分解图如图 7.2 所示。

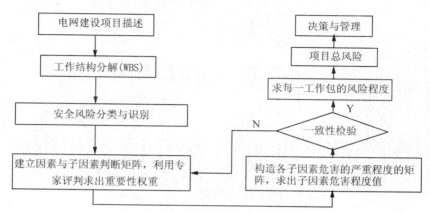

图 7.2　层次分析法的电网建设安全风险分解过程

下面通过一实例进行风险具体分析：

某电力公司拟在 D1、D2 两地中选一地址投资建设一大型电网建设项目。在投资建设前，该公司考虑 D1、D2 两地的具体情况，分别进行风险评价，以确定最终建设的地址。在调查了 D1、D2 两地各自的条件后，进行安全风险识别，认为具有以下的风险因素：

（1）自然环境方面：风暴、洪水、地震等；

（2）经济方面：资金、税收和通货膨胀率；

（3）政治方面：政策变化、社会稳定；

（4）管理方面：材料、人力、能源；

（5）技术方面：设计、施工、设备。

根据以上各个方面的风险调查，考虑到两地的政策没有什么大的影响，社会都很稳定，最后总结了主要存在的安全风险有自然风险、经济风险、技术风险和管理风险四个方面。经分析讨论后，给出了 D1、D2 两地风险比较的层次分析结构图，如图 7.3 所示。

对风险因素调查分析研究之后，采用不同因素两两比较的方法，构造不同层次的判断矩阵，并分别计算其最大特征根及对应的特征向量，进行判断矩阵的一致性检验。下面计算各判断矩阵。

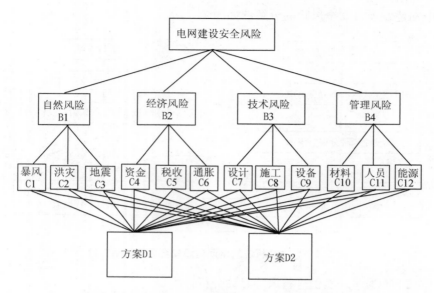

图 7.3　电网建设项目层次分析结构图

7.4.1　A—B 层次的判断矩阵计算

表 7-3　A—B 层次判断矩阵

A	B1	B2	B3	B4	W
B1	1	1/5	1/3	1/2	0.086
B2	5	1	2	4	0.507
B3	3	1/2	1	2	0.265
B4	2	1/4	1/2	1	0.142

计算判断矩阵的最大特征根，并进行一致性检验。

$$AW = \begin{bmatrix} 1 & 1/5 & 1/3 & 1/2 \\ 5 & 1 & 2 & 4 \\ 3 & 1/2 & 1 & 2 \\ 2 & 1/4 & 1/2 & 1 \end{bmatrix} \begin{bmatrix} 0.086 \\ 0.507 \\ 0.265 \\ 0.142 \end{bmatrix} = \begin{bmatrix} 0.347 \\ 2.035 \\ 1.061 \\ 0.573 \end{bmatrix}$$

$$\lambda_{max} = \frac{0.347}{0.086 \times 4} + \frac{2.035}{0.507 \times 4} + \frac{1.061}{0.265 \times 4} + \frac{0.573}{0.142 \times 4} = 4.021$$

$$CI = \frac{4.021 - 4}{4 - 1} = 0.007, C_t = \frac{0.007}{0.90} = 0.007\,8 < 0.1$$

7.4.2　B—C 层次的判断矩阵计算

（1）B1—C 层次的判断矩阵计算，求出最大特征根，并进行一致性检验。

表 7-4　**B1—C 层次判断矩阵**

B1	C1	C2	C3	W
C1	1	3	7	0.669
C2	1/3	1	3	0.243
C3	1/7	1/3	1	0.088

$$AW = \begin{bmatrix} 1 & 3 & 7 \\ 1/3 & 1 & 3 \\ 1/7 & 1/3 & 1 \end{bmatrix} \begin{bmatrix} 0.669 \\ 0.243 \\ 0.088 \end{bmatrix} = \begin{bmatrix} 2.014 \\ 0.730 \\ 0.265 \end{bmatrix}$$

$$\lambda_{\max} = \frac{2.014}{0.669 \times 3} + \frac{0.730}{0.243 \times 3} + \frac{0.265}{0.088 \times 3} = 3.008$$

$$CI = \frac{3.008 - 3}{3 - 1} = 0.004, C_t = \frac{0.004}{0.58} = 0.006\,9 < 0.1$$

（2）B2—C 层次的判断矩阵计算，求出最大特征根，并进行一致性检验。

表 7-5　**B2—C 层次判断矩阵**

B2	C4	C5	C6	W
C4	1	1/2	1/5	0.123
C5	2	1	1/3	0.230
C6	5	3	1	0.648

$$AW = \begin{bmatrix} 1 & 1/2 & 1/5 \\ 2 & 1 & 1/3 \\ 5 & 3 & 1 \end{bmatrix} \begin{bmatrix} 0.122 \\ 0.230 \\ 0.648 \end{bmatrix} = \begin{bmatrix} 0.367 \\ 0.690 \\ 1.948 \end{bmatrix}$$

$$\lambda_{\max} = \frac{0.367}{0.122 \times 3} + \frac{0.690}{0.230 \times 3} + \frac{1.948}{0.648 \times 3} = 3.005$$

$$CI = \frac{3.005 - 3}{3 - 1} = 0.0025, C_t = \frac{0.0025}{0.58} = 0.0043 < 0.1$$

（3）B3—C 层次判断矩阵的计算，求出最大特征根，并进行一致性检验。

表 7-6　B3—C 层次判断矩阵

B3	C7	C8	C9	W
C7	1	3	1/2	0.309
C8	1/3	1	1/5	0.109
C9	2	5	1	0.582

$$AW = \begin{bmatrix} 1 & 3 & 1/2 \\ 1/3 & 1 & 1/5 \\ 2 & 5 & 1 \end{bmatrix} \begin{bmatrix} 0.309 \\ 0.109 \\ 0.582 \end{bmatrix} = \begin{bmatrix} 0.927 \\ 0.109 \\ 0.582 \end{bmatrix}$$

$$\lambda_{max} = \frac{0.927}{0.309 \times 3} + \frac{0.109}{0.109 \times 3} + \frac{0.582}{0.582 \times 3} = 3.002$$

$$CI = \frac{3.002 - 3}{3 - 1} = 0.001, C_t = \frac{0.001}{0.58} = 0.0017 < 0.1$$

（4）B4—C 层次的判断矩阵计算，求出最大特征根，并进行一致性检验。

表 7-7　B4—C 层次判断矩阵

B4	C10	C11	C12	W
C10	1	2	1/3	0.230
C11	1/2	1	1/5	0.122
C12	3	5	1	0.648

$$AW = \begin{bmatrix} 1 & 2 & 1/3 \\ 1/2 & 1 & 1/5 \\ 3 & 5 & 1 \end{bmatrix} \begin{bmatrix} 0.230 \\ 0.122 \\ 0.648 \end{bmatrix} = \begin{bmatrix} 0.690 \\ 0.367 \\ 0.948 \end{bmatrix}$$

$$\lambda_{max} = \frac{0.690}{0.230 \times 3} + \frac{0.367}{0.122 \times 3} + \frac{0.948}{0.648 \times 3} = 3.005$$

$$CI = \frac{3.005 - 3}{3 - 1} = 0.0025, C_t = \frac{0.0025}{0.58} = 0.0043 < 0.1$$

（5）C 层次的排序，结果如下。

C 层次的安全风险排序一致性检验：

$$CI = 0.086 \times 0.004 + 0.507 \times 0.002\ 5 + 0.265 \times 0.001 + 0.142 \times 0.002\ 5$$
$$= 0.002\ 2$$

$$C_t = CI/CR = 0.002\ 2/0.58 = 0.003\ 9 < 0.1$$

显然，其满足一致性的检验要求。

表 7-8　层次结构排序结果

C ＼ B	B1　0.086	B2　0.507	B3　0.265	B4　0.142	W
C1	0.669	0	0	0	0.057
C2	0.243	0	0	0	0.021
C3	0.088	0	0	0	0.008
C4	0	0.122	0	0	0.062
C5	0	0.230	0	0	0.116
C6	0	0.648	0	0	0.328
C7	0	0	0.309	0	0.082
C8	0	0	0.109	0	0.029
C9	0	0	0.582	0	0.154
C10	0	0	0	0.230	0.033
C11	0	0	0	0.122	0.017
C12	0	0	0	0.648	0.092

7.4.3　C—D 层次的判断矩阵

由于判断矩阵均为二阶矩阵，易知它们均满足一致性检验，各判断矩阵的计算结果如下：

C1	D1	D2	W
D1	1	1/7	0.125
D2	7	1	0.875

C2	D1	D2	W
D1	1	1	0.50
D2	1	1	0.50

127

C3	D1	D2	W
D1	1	1/8	0.111
D2	8	1	0.889

C4	D1	D2	W
D1	1	1/5	0.167
D2	5	1	0.833

C5	D1	D2	W
D1	1	8	0.889
D2	1/8	1	0.111

C6	D1	D2	W
D1	1	2	0.667
D2	1/2	1	0.333

C7	D1	D2	W
D1	1	1/3	0.25
D2	3	1	0.78

C8	D1	D2	W
D1	1	5	0.833
D2	1/5	1	0.167

C9	D1	D2	W
D1	1	7	0.875
D2	1/7	1	0.125

C10	D1	D2	W
D1	1	1/5	0.167
D2	5	1	0.833

C11	D1	D2	W
D1	1	1	0.5
D2	1	1	0.5

C12	D1	D2	W
D1	1	4	0.8
D2	1/4	1	0.2

7.4.4 方案层的安全风险排序

表7-9 各方案层安全风险排序

C 地址	C1	C2	C3	C4	C5	C6	C7	C8	C9	C10	C11	C12	W
	0.057	0.021	0.008	0.062	0.116	0.328	0.082	0.029	0.154	0.033	0.017	0.092	
D1	0.057	0.011	0.001	0.010	0.104	0.219	0.021	0.024	0.026	0.029	0.009	0.073	0.532
D2	0.007	0.011	0.007	0.052	0.013	0.109	0.062	0.005	0.128	0.004	0.009	0.018	0.467

从层次结构的计算分析,各判断矩阵的 CI 均为0,易知它们的总体风险排序满足一致性检验要求。方案层的总风险排序表明,方案 D1 所对应的 W 大于方案 D2 对应 W,即方案 D1 比方案 D2 的安全风险大。

7.5　分析与讨论

在电网建设项目实施过程中,常常潜有多种安全风险因素,对潜在的各种安全风险进行客观的评价是电网建设项目管理过程中的重要工作。本章主要对电网建设安全风险评价做了如下工作:

(1) 论述了电网建设安全风险的评价作用、安全风险评价方法和步骤。通过安全风险评价可以确定安全风险大小的先后次序;通过安全风险评价,确定各风险事件间的内在联系;通过安全风险评价,把握风险之间的相互关系,将风险转化为机会;通过安全风险评价,可进一步认识已度量的安全风险发生的概率和引起的损失,降低安全风险估计过程中的不确定性。

(2) 探讨了电网建设安全风险评价标准和整体风险水平。电网建设安全风险分类、电网建设项目实际安全风险水平和风险标准的比较。这种比较包括单个风险水平和相应安全风险标准的比较,整体风险水平和相应安全风险标准的比较,以及综合性风险水平和相应安全风险标准的比较。

(3) 从结构层次方面探讨了电网建设安全风险的 AHP 方法原理,以及应用的特点。首先是确定评价的目标,再明确方案评价的准则和各指标,然后把目标、评价准则连同各方案构成一个层次结构模型;请具有项目安全风险管理经验的人员对各安全风险因素进行两两比较评分,经评分可得若干两两判断矩阵;计算各判断矩阵权重、排序,并作一致性检验;进行各层次的综合计算,然后对相对权重进行总排序。获得各评价方案各指标的评分后,计算加权平均值,即得综合总评分,总评分最高者即为安全风险最大的方案。

(4) 通过应用实例,建立了电网安全风险评价的 AHP 评价模型。考虑到历史资料和信息比较缺乏,利用专家调查法给出的定性比较结果进行定量分析,给出了各方案及方案中各安全风险因素重要性。应用该方法克服了专家评分法难以对涉及多指标、多方案的项目安全风险进行评价的缺点。研究表明:AHP 分析结果的质量依赖于专家的知识、经验和判断,在实际应用时,应尽可能多地找行业中的专家来共同确定判断矩阵中的标度。

第8章 模糊故障树方法及其在华东电网建设安全风险分析中的应用

8.1 引言

电力系统是国家的重要能源和经济命脉,安全优质地保障电力供应关系着国计民生。而停电事故时有发生,直接威胁着电网的正常运行和社会生活,因此,加强区域电网建设,特别是城市地下电网建设和电网倒塔事故安全风险的分析、预测,对防止大停电事故的发生具有重要意义。本章研究以华东电网工程事故为基础,选用上海越江电缆通道深基坑施工事故风险和江苏电网倒塔事故风险作为应用实例进行模糊故障树的应用探讨。

国内外对地下深基坑基础风险的研究已取得了很多成果[16,169—171]。由于深基坑开挖事故的影响因素很多,除了地质情况本身以外,很大一部分源于人为操作失误。无论是 2003 年的上海地铁四号线地下工程施工事故,还是 2008 年 11 月的杭州地铁深基坑施工事故,都说明在地下电缆通道深基坑开挖施工方案的制订和施工过程中,对事故安全风险的认识和防范都是极其重要的。

从深基坑开挖施工事故产生的原因来看,往往表现出复杂的逻辑关系[172]。采用故障树分析方法可以对深基坑开挖的风险因素进行辨识,并分析这种逻辑关系,从而计算基坑塌陷事故的概率。传统的故障树分析方法以概率论和布尔代数为基础,将故障树中基本事件的概率表示为确定值。事实上,由于基坑施工事故的单件性,以及不同区域基坑事故之间的差异,要获得深基坑开挖安全风险基本事件的准确概率是困难的。同时,基坑开挖工艺、地下连续墙的结构设计是否合理以及施工质量是否可靠,这些都与人为因素有关。基于模糊理论的故障树分析方法将基本事件和顶事件的发生概率作为模糊数进行处理,然后利用扩张原理求得故障树顶事件发生的概率。对于结构函数比较复杂的故障树来说,直接用扩张原理进行计算比较困难,在本章的研究中,采用模糊算子对基于模糊数的基本事件和中间事件故障树进行计算,并在此基础上对城市电缆通道深基坑施工事故的安全风险进行评价分析。

国内外对倒塔事故的研究已取得了很多成果[173—175]。电网倒塔事故的影响因素很多,除了运行设备故障本身,以及人为操作失误以外,很大一部分源于自然灾害。如 2008 年 1 月,我国南方大面积冰冻灾害,造成多个地区大面积停电。根据报道,每年由自然灾害造成的电网事故在世界各地经常发生[174—175]。其中强风暴是我国沿海地区对输电线路威胁最大的一种自然灾害。在华东地区,强风暴(龙卷风、台风、飑线风)是导致输电线路闪络、雷击跳闸等的重要因素,严重时还会造成输电线路杆塔的倒塔,从而造成连锁故障事故。20 世纪 90 年代以来,随着 500 kV 输电线路的相继建成并投入使用,由于自然灾害的影响,输电线路的累计倒塔次数和倒塔基数呈现越来越多的趋势[173]。在本章的研究中,首先对强风暴作用下电网倒塔事故安全风险因素进行辨识,并分析风险因素的逻辑关系[176],采用模糊算子对基于模糊数的基本事件和中间事件故障树进行计算,并在此基础上对输电线路倒塔事故的安全风险进行评价。

8.2　故障树分析的含义

故障树分析(Fault Tree Analysis,简称 FTA)是安全系统工程的重要分析方法,故障树分析也称为事故树分析。它是由一个可能的事故开始一层一层地逐步寻找引起事故的触发事件、直接原因和间接原因,并分析这些事故原因之间的相互逻辑关系,用逻辑树图把这些原因以及它们的逻辑关系表示出来。事故树分析是一种演绎分析方法,即从结果分析原因的分析方法。故障树是应用数理逻辑方法,可以对系统中各种安全风险进行定性定量分析以及预测和评价。它考虑了整个系统中各个组分的不可靠性[177,178]。

故障树分析最早在 1961 年由贝尔电话实验室的沃特森(H. A. Watson)提出[179—180]。该实验室与美国空军有一个合作项目,主要是研究导弹发射控制系统。1965 年在华盛顿大学与波音公司联合举行的一个安全讨论会上,有数篇文章都谈到了故障树分析方法的优越性。这些研究使得故障树分析方法在复杂动态系统,特别是核反应系统的安全性和可靠性方面受到广泛关注。目前,故障树分析方法在评估复杂工程系统的安全风险中得到了广泛应用。

8.3　风险与可靠性的比较

可靠性和风险是电力工程中的两个重要的概念,它们的区别不仅仅在词义上,更多是体现在整个建设项目的生命周期(包括设计、建造、运行、维护等)的资源分配中。劳伦斯(Lowrance,1976)对风险和安全的区别进行过研究[181],在对物理系统进行设计、建造和维护的工作中,对此区别保持清醒的认识也是非常重要的,因为系统由实体构成,难免会产生故障。这种故障的概率和它相应的结果构成了风险的度量。安全可由那些在系统中指明的可接受的风险水平来说明。例如,选用的材料强度以及它们是否满足力学性能的要求、是否可接受的安全水平。而系统各实体对荷载的承受能力和避免故障的性能是两个随机变量:(a)荷载(要求的)和(b)承受能力(施加量或容量)表征的随机过程。不可靠性作为对系统未能满足预设功能运行概率的测度,没有包含故障的后果。另一方面,风险是不利影响的概率(即不可靠性)和严重程度(后果)的测度,它包含了故障的后果,因此具有更好的代表性。很明显,并非所有的故障都可以通过增加成本来避免。因此,除非我们事先给定一个可靠性水平,否则系统的可靠性不会对资源分配形成一个可行的度量。这就给我们提出了两重问题,一方面是风险和可靠性,另一方面是多目标和单目标最优化。在多目标模型中,可接受的可靠性水平与相应的结果(也就组成了一个风险测度)相关,因此,该水平与降低风险(提高可靠性)所需要花费的成本之间需要权衡。另一方面,在单目标模型中,可接受的可靠性水平与相应后果的关系不是很明显,而是事先给定的(或被评估参数),因此,它在模型中被作为一项约束来考虑。当然,可靠性分析比风险分析以及实体功能的验证应用更为广泛,有历史和进化两方面的原因。从历史角度来说,工程师们更关心的是材料的强度,产品的耐久力、安全性、稳定性和各种系统的可操作性。风险这个概念作为故障发生概率和结果(或不利影响)的一个定量测度,最近又有了相对的发展。然而,从实体功能角度来说,许多工程师或决策者无法接受把概率和后果这两个截然不同计量单位的概念融合在一块。他们也无法接受风险的常用测量方法——用不利后果的期望值作为风险的测度,这种测度使得低概率高后果的事件与高概率低后果的事件具有相同的度量。从这个意义上说,工程师们避免使用风险测度的概念,代之以可靠性测量是有理论基础的。更为重要的是,研究可靠性不需要工程师在成本和产品故障导致的后果之间寻求精确的权衡。而这种后果往往带有社会性,是可靠性和成本之间寻求权衡的副产物。因此,设计工程师只考虑故障的可靠性,不考虑由此引起的社会后果。在水电站建设过程中,设计人员对预防固洪水泛滥而引起的社会后果所做的考虑就可以说明这一点。设定一个"一百年一遇"意味着工程师要设计一个洪水防护堤,需要预测每一百年的水位,并且在平均水平上保证水位不会超过防护堤的高度。这里,忽略了社会经济的影响,如水位偶然升高超过防护堤带来的人员的损伤和财产的损害最可能超过一百年一遇,这是设计工程师们在后果分析中一个更加关注的问题,也是一个社会利益的风险问题。

另一方面,要选择风险测度带来的多目标维度问题,需要设计工程师和决策者更为深入的交流和协作,需要建立一个交互平台,以达到可接受的风险水平、成本水平和效益水平。实际上,这是一个棘手和复杂的问题,特别是有些涉及公共政策(含有健康和社会经济学维度)的问题,其模型和工具不应过于简单。

在基础设施系统(以及其他的实体系统)中,多重或组合故障模式会增加一个维度,从而使单一可靠性测度的基础设施系统具有局限性。由于我们必须找出系统的多重可靠性,因此,找出风险和成本的精确权衡点就显得格外重要了。组合故障模式被定义为两个及两个以上导致故障的途径,其结果依赖于故障路径组合如何发生。考虑如下的例子:(1)一条输电线路,出现故障之后可能无法提供足够的电压、电能和其他需要;(2)公路桥梁因为覆盖层损坏、结构部件年久失修或者河水冲蚀,或外部负荷(如洪水)的影响而出现故障。这些故障模式都是在概率上或后果上相互影响的。例如,覆盖层破裂会导致结构被侵蚀,而这些结构侵蚀反过来又会降低桥梁抗击水流冲蚀的能力;然而,一般来说,人们对桥梁的单项故障模式都是独立地进行分析。承受容量、承受重力、抗水压能力(在系统中对流量和压力联合需求)或者质量的可靠性需要多重测度,可以极大地促进维持和复原多方面的决策,尤其是当这些多重可靠性被风险测度所扩充时,影响更为显著。

随着时间的流逝,人工建筑即使不是全部,也有相当多数会出现故障。可靠性通常被用来量化一个系统取决于时间的故障。确实,可靠性这个概念在工程规划、设计、建造、运行、维持中都发挥了很大作用。为了使我们对故障树分析有更深入的认识,我们定义了如下与可靠性和其建模有关的术语:

可靠性 $R(t)$:若系统在 $t=0$ 时刻正常运行,则系统在区间 $(0,t)$ 正常运行(或执行其预定功能)的概率。

不可靠性 $Q(t)$:若系统在 $t=0$ 时刻正常运行,则系统在区间 $(0,t)$ 出现故障的概率。

故障密度 $f(t)$:$f(t)\mathrm{d}t$ 是系统在 t 时刻之后的 $\mathrm{d}t$ 时刻内出现故障的概率。

故障率 $\lambda(t)$:$\lambda(t)\mathrm{d}t$ 是系统在 t 时刻之前未出现故障,而在 t 时刻之后的 $\mathrm{d}t$ 时间内出现故障的条件概率。

$$Q(t) = 1 - R(t) \tag{8-1}$$

$$f(t) = \frac{\mathrm{d}Q(t)}{\mathrm{d}t} = -\frac{\mathrm{d}R(t)}{\mathrm{d}t} \tag{8-2}$$

$$\lambda(t) = \frac{f(t)}{R(t)} = -\frac{1}{R(t)}\frac{\mathrm{d}R(t)}{\mathrm{d}t} \tag{8-3}$$

$$R(t) = \exp\left[-\int_0^t \lambda(\tau)\mathrm{d}\tau\right] \tag{8-4}$$

8.4 故障树的构成

8.4.1 事件符号

故障树由一系列的基本事件构成,其中最低水平的事件称为基本事件。所有的事件形成一个树形,由能够表示树形连续水平上的事件之间相互关系的"门"相连接。图 8.1 给出了部分故障树的搭建和分析中最常用的符号。在故障树的构成中,除了一般事件连接符号外,还有逻辑门符号。逻辑门符号的应用事故树是作图的关键,但逻辑门的种类很多,目前用得比较多的有或门、与门、非门,每一种符号代表了不同的逻辑含义。

故障树是一个图示模型,包含了引起各种不期望事件出现的故障的各种串联和并联的组合(图 8.2 和图 8.3)。这些故障与系统组成部分硬件故障、人为失误和其他导致不期望结果出现的有关事件相连。因此,故障树描述了导致不期望顶端事件的基本事件的基本逻辑关系。

8.4.2 串联系统

当子系统是串联相接(图 8.2)时,系统中只要有一个部分出现故障,

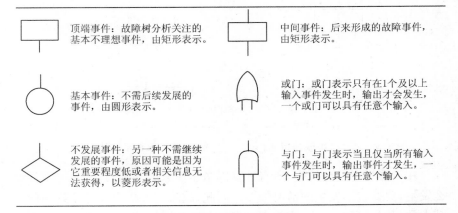

图 8.1　故障树的基本元素

整个系统就出现故障：

$$R(t) = R_A(t)R_B(t) \tag{8-5}$$

$$Q(t) = 1 - [1 - Q_A(t)][1 - Q_B(t)] = Q_A(t) + Q_B(t) - Q_A(t)Q_B(t) \tag{8-6}$$

为了方程(8-5)的一般化,令 $R_i(t)$ 代表第 i 个子系统的可靠性, $R_s(t)$ 代表整个系统的可靠性：

$$R_s(t) = \prod_{i=1}^{n} R_i(t) \tag{8-7}$$

$$Q_s(t) = 1 - R_s(t) = 1 - \prod_i R_i(t) = 1 - \prod_i [1 - Q(t)] \tag{8-8}$$

$$R_s(t) < \min_i \{R_i(t)\} \tag{8-9}$$

上式中,除了 $R_i(t) = 1$ 的情况以外,方程(8-9)对串联子系统都成立。$R_i(t) = 1$ 时,方程中的不等号要修改。

图 8.2　串联系统

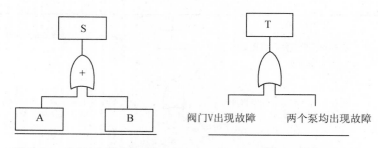

图 8.3a　或门(串联的组成)　　　图 8.3b　水泵系统的或门

在故障树定量分析中,所有计算以布尔代数为基础,其中某个事件要么发生,要么就不发生的情况最多。因此,故障树分析中经常使用到两个基本的门:与门和或门。或门表示事件在这个门处合并(任意一个或多个输入事件必定引起这个门之上的事件发生),或门相当于布尔运算中的符号"+"。例如:一个有两项输入事件的或门(图 8.3a)就相当于布尔运算中的如下表达式:

$$S = A + B = A \cup B \qquad (8\text{-}10)$$

用概率的形式表示为:

$$
\begin{aligned}
P(S) &= P(A) + P(B) - P(AB) \\
&= P(A) + P(B) - P(A)P(B \mid A) \\
&= P(A) + P(B) - P(A)P(A \mid B)
\end{aligned}
\qquad (8\text{-}11)
$$

如果 A 和 B 是独立事件,那么 $P(B \mid A) = P(B)$ 或 $P(A \mid B) = P(A)$; 因此

$$P(S) = P(A) + P(B) - P(A)P(B) \qquad (8\text{-}12)$$

美国核管理委员会在《故障树手册》[22—23]中,考虑一些罕见事件的近似值,取

$$P(S) \approx P(A) + P(B) \qquad (8\text{-}13)$$

考虑一个简单的抽水机系统,该系统由水源、两个并联的水泵、一个阀门和一个核反应堆组成(图 8.4)。水不流入核反应堆产生了不期望的事件——也就是系统故障。

如果把系统故障表示为顶端事件 T,我们就可以画出这个简单的抽水泵系统(图 8.3b)。如果阀门 V 或者两个泵同时出现故障,顶端事件就

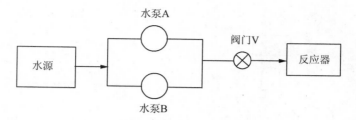

图 8.4　水泵系统[17]

会出现系统故障。下面我们将讨论的系统是两个水泵并联设计的。

8.4.3　并联系统

当子系统之间为并行连接（图 8.5），系统只会在所有组成都出现故障时才表现为整体故障。

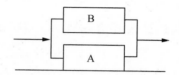

图 8.5　两泵并联示意图

对图 8.5 中的系统，并联水泵的不可靠性为：

$$Q(t) = Q_A(t)Q_B(t)$$

$$\begin{aligned}R(t) = 1 - Q(t) &= 1 - [1 - R_A(t)][1 - R_B(t)]\\ &= R_A(t) + R_B(t) - R_A(t)R_B(t)\end{aligned} \quad (8\text{-}14)$$

综上，

$$Q(t) \approx \prod_i Q_i(t) \quad (8\text{-}15)$$

$$R_i(t) = 1 - \prod_i Q_i(t) = 1 - \prod_i [1 - R_i(t)] \quad (8\text{-}16)$$

$$R_i(t) > \max_i \{R_i(t)\} \quad (8\text{-}17)$$

方程（8-17）只对并联子系统成立。

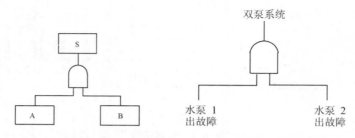

图 8.6a　并联结构的与门关系　　图 8.6b　水泵系统的与门

与门表示与该门相关事件的交集，其组成为并联。要使得与门之上的事件发生，必须相关输入事件都发生。

与门相当于布尔代数运算中的符号"·"，例如，某个与门有两个输入事件（如图 8.6a），它相当于如下布尔表达式：

$$S = A \cdot B \tag{8-18}$$

如果 A 和 B 是独立事件，那么 $P(B \mid A) = P(B)$ 或 $P(A \mid B) = P(A)$；因此，

$$P(S) = P(A)P(B \mid A) = P(B)P(A \mid B) = P(AB) \tag{8-19}$$

$$P(S) = P(AB) = P(A)P(B) \tag{8-20}$$

与门用来说明如果所有输入故障发生，输出故障才发生，正如图8.6b所表示。

8.4.4　运算集合的 Venn 图表示法

集合理论的运算法则和维恩图（Venn）的应用大大地简化了故障树的复杂性。应用实践证明，一个复杂系统，如果有很多的子系统并联或者串联在一起，运用集合理论的运算法则可以简化为简单连接（表 8-1）。如图 8.7 简要给出了集合代数中的逻辑运算和符号的表达。

8.4.5　布尔代数

布尔代数是一种事件的代数运算，在事件要么发生，要么不发生的情况下，这种代数运算是尤其重要的。较好地理解布尔代数法则有利于故障树的建立和简化（见表 8-2）。

Ω: 全集
∅: 空集

并集的运算

交集的运算

补集的运算

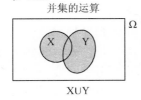

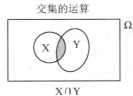

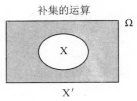

$X \cup Y$

$X \cap Y$

X'

图 8.7　集合的 Venn 图表示

表 8-1　常用的事件连接形式

运算	概率	数学	工程	符号	结构
A 与 B 合并	A 或 B	$A \cup B$	$A+B$		串联
A 与 B 交叉	A 与 B	$A \cap B$	$A \cdot B$ 或 AB		并联
A 的补数	非 A	A' 或 $\overline{A}$	A' 或 $\overline{A}$		

表 8-2　集合代数法则

吸收律	
1a. $A \cup A = A$	1b. $A \cap A = A$
联合律	
2a. $(A \cup B) \cup C = A \cup (B \cup C)$	2b. $(A \cap B) \cap C = A \cap (B \cap C)$
交换律	
3a. $A \cup B = B \cup A$	3b. $A \cap B = B \cap A$
分配律	
4a. $A \cup (B \cap C) = (A \cup B) \cap (A \cup C)$	4b. $A \cap (B \cup C) = (A \cap B) \cup (A \cup C)$
$\varnothing$ 和 Ω 的运算	
5a. $A \cup \varnothing = A$	5b. $A \cap \Omega = A$
6a. $A \cup \Omega = \Omega$	6b. $A \cap \varnothing = \varnothing$
互补律	
7a. $A \cup A' = \Omega$	7b. $A \cap A' = \varnothing$
8a. $(A')' = A$	8b. $\Omega' = \varnothing,\ \varnothing' = \Omega$
德摩根律	
9a. $(A \cup B)' = A' \cap B'$	9b. $(A \cap B)' = A' \cup B'$

来源于[22]

例：

$$[(A \cdot B) + (A \cdot B') + (A' \cdot B')] = A' \cdot B$$

$= (A \cdot B)' \cdot (A \cdot B')' \cdot (A' \cdot B')'$ 德摩根律

$= (A' + B') \cdot (A' + B) \cdot (A + B)$ 德摩根律

$= [A' + (B' \cdot B)] \cdot (A + B)$ 分配律

$= (A' + \varphi) \cdot (A + B)$ 互补律

$= A' \cdot (A + B)$

$= (A' \cdot A) + (A' \cdot B)$ 分配律

$= \varphi + (A' + B)$

$= A' \cdot B$

8.4.6 最小割集

最小割集定义为那些组成故障的最小联合，当这些故障全都出现时，顶端事件就会出现[184]。按照这个定义，最小割集就是那些足以产生顶端事件的并行初始事件交集的组合（如果所有的并行子系统出现故障）。这里所说的组合是最小割集中产生顶端事件（出现系统故障）所需要的所有故障的最小组合。如果并行组合中的任何一个组成未出现故障，顶端事件将不会出现。一个故障树由有限个最小割集组成，所有割集串行连接，顶端事件的产生也只有一种情况。由于所有的最小割集的组成是串联，任何一个割集出现故障都会导致整个系统出现故障。换句话说，只要最小割集都已知，任何一个系统都可以表示为其割集的串联组合，而每一个最小割集的组成是相互并联的。图 8.8 和图 8.9 给出了具有两个组成的最小割集。总的来说，只有一个组成的最小割集代表了一个可以独立导致顶端事件出现的故障。具有两个组成的最小割集表示两个故障一起发生就会产生顶端事件。对于具有 n 个组成的最小割集，割集中的 n 个组成必须都出现故障才会导致顶端事件出现。

顶端事件最小割集的一般表达式可以写成或门（各串联部分）的组合：

$$T = M_1 + M_2 + \cdots + M_k \tag{8-21}$$

其中 T 为顶端事件，而每一个 $M_i, i = 1, 2, \cdots, k$ 是一个最小割集，

$$M_i = X_1 \cdot X_2 \cdot \cdots \cdot M_{n_i} \tag{8-22}$$

且其中 X_i 是可以写成与门（各部分并联）组合的基本事件。图 8.3

中故障树(或门)的最小割集表达式为

$$T = A + B \qquad (8-23)$$

具有 A 和 B 作为两个最小割集。类似地,图 8.6 中故障树(与门)的最小割集表达式为

$$T = A \cdot B \qquad (8-24)$$

具有 $A \cdot B$ 为仅有的一个最小割集。

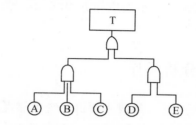

图 8.8　一个含有 5 个组成的故障树

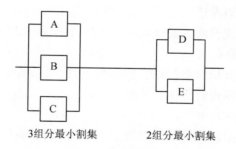

3组分最小割集　　　　2组分最小割集

图 8.9　最小割集

故障树评价的应用,用 $q_i(t)$ 表示基本事件(组成)的不可靠性。由此,拥有 n_i 个组成的最小割集 i 的不可靠性 $Q_i(t)$ 可以由方程(8-25)给出:

$$Q_i(t) = q_1(t) + q_2(t) + \cdots + q_{n_i}(t) \qquad (8-25)$$

系统(顶端事件)的不可靠性 $Q_s(t)$ 可以由方程(8-26)给出:

$$Q_s(t) \approx \sum_{i=1}^{n} Q_i(t) \qquad (8-26)$$

方程(8-27)给出了最小割集 i 造成的系统不可靠性的分数 $E_i(t)$:

$$E_i(t) = \frac{Q_i(t)}{Q_s(t)} \tag{8-27}$$

由第 k 组故障造成的系统不可靠性分数 $e_k(t)$，方程(8-28)表示了 t 时刻第 k 组的重要性，如下：

$$e_k(t) = \frac{\prod\limits_{k=i} Q_i(t)}{Q_s(t)} \tag{8-28}$$

在某些特定的问题中最小割集和方程(8-25)至(8-28)这几个方程就表现出明显的重要性。

8.5 故障树的分析程序

目前，故障树分析方法已经成为评价系统可靠性和安全性的重要手段[185—186]。基于模糊理论的故障树分析过程包括以下步骤：

（1）确定顶上事件（顶事件）

顶上事件是不希望发生的事件（事故或故障），它们是系统分析的对象。在进行电网建设施工安全风险分析时，将电网工程事故作为顶事件。

（2）充分了解系统

生产系统是分析对象（事故）的存在条件，对系统中的人、物、管理及环境四大组成因素进行详细的了解。

（3）调查事故原因

顶上事件是故障树分析的出发点和源头，顶上事件的确定以事故调查为基础。调查的目的主要是查清事实，找出影响事故的重要因素。通过事故统计，在众多的事故中筛分出主要对象及其发生概率。从系统中的人、物、管理及环境缺陷中，寻求构成的原因。在构成事故的各种因素中，既要重视有因果关系的因素，也要重视相关关系的因素。

（4）确定控制目标

依据事故统计所得出的事故发生概率及事故的严重程度。确定控制事故发生的概率目标值。

（5）建造事故树

在认真分析顶上事件、中间关联事件及基本事件关系的基础上，按照演绎（推理）分析的方法逐步追究原因，将各种事件用逻辑符号予以连接，构成完整的事故树。电网工程施工系统中通常采用演绎法人工建造树，将建好的故障树进行转换或者删减,变成仅含底事件(基本事件)、结果事件及"与"、"或"、"非"三种逻辑门的故障树,这种故障树称为规范化故障树。在进行深基坑施工的安全风险分析时,通过逐层分解的方法,找出导致深基坑施工事故的原因,最终的底事件是指能获得发生概率的事故原因,本章用基本事件作为底事件。

（6）定性分析

依据事故树列出逻辑表达式,求得构成事故的最小割集和防止事故发生的最小径集,按各基本事件的结构重要度排序。

用上行法或下行法求得单调故障树的所有最小割集,建立故障树的结构函数。结构函数表示了顶事件和底事件的逻辑关系,按照布尔代数规则进行计算。结构函数表示为

$$y = \varphi(x_1, x_2, \cdots, x_n) = \sum_i M_i \qquad (8-29)$$

式中,x_1, x_1,$\cdots$, x_n表示故障树的 n 个基本事件;M_i表示第 i 个最小割集。并有

$$M_i = \prod_{x_j \in M_i} x_j \qquad (8-30)$$

（7）定量分析

依据各基本事件的发生概率,求解顶上事件的发生概率。在求出顶上事件概率的基础上,求解各基本事件的概率重要度及临界重要度。在基本事件相互独立和发生概率已知时,用结构函数求出顶事件的发生概率,本章基本事件和顶事件的发生概率均为模糊数。为了定量分析不同基本事件对于顶事件发生概率的影响,还要进行中间事件的发生概率分析。

（8）制定安全对策

依据上述分析结果及安全投入的可能,寻求降低事故概率的最佳方案,以便达到预定概率目标的要求。

8.6 模糊故障树模型

如前所述,在电网工程施工安全风险分析中,要获得基本事件的精确概率比较困难,所以,本章采用模糊数来表示基本事件的发生概率,采用这种方法,可以同时处理不确定性的两个方面:随机性和模糊性。采用模

糊数来描述电网工程施工事故发生的概率,既能减小获取事件发生概率精确值的难度,同时又能结合工程技术人员的实际经验和判断构造模糊数的隶属函数,较准确地把它们描述出来,并可以模糊集合论处理基本事件概率值误差,因此,这种方法具有较大的灵活性和适应性。

(1) 故障树的模糊分析方法

定义 1 模糊数为论域 $\boldsymbol{R}$ 上的凸模糊集,其隶属函数满足:

$$\max_{x \in \boldsymbol{R}} \mu(x) = 1 \tag{8-31}$$

由定义可知,模糊数的隶函数有多种形式。

定理 1 将实变量 $\{x_1, x_2, \cdots, x_n\}$ 的实函数 $Y = \Phi\{x_1, x_2, \cdots, x_n\}$ 扩展到模糊域,则得到模糊变量 $\{\underset{\sim}{x_1}, \underset{\sim}{x_2}, \cdots, \underset{\sim}{x_n}\}$,模糊函数 $\underset{\sim}{Y} = \Phi(\underset{\sim}{x_1}, \underset{\sim}{x_2}, \cdots, \underset{\sim}{x_n})$,其隶属函数为

$$\mu_{\underset{\sim}{Y}}(\nu) = \bigvee_{\nu = \Phi(s_1, s_2, \cdots, s_n)} \bigwedge_{i=1}^{n} \mu_{\underset{\sim}{x_i}}(s_i) \tag{8-32}$$

定义 2 若 L 满足

① $L(x) = L(-x)$

② $L(0) = 1$

③ $L(x)$ 在 $[0, \infty)$ 上非增且逐段连续,则称 L 为模糊的参照函数。

定义 3 设 L、R 为模糊数的参照函数,若

$$\mu_{\underset{\sim}{m}}(x) = \begin{cases} L[(m-x)/\alpha], & \text{当 } x \leqslant m, \alpha > 0 \\ R[(x-m)/\beta], & \text{当 } x > m, \beta > 0 \end{cases} \tag{8-33}$$

则称模糊数为 $L-R$ 型模糊数,并记为 $\underset{\sim}{m} = (m, \alpha, \beta)_{LR}$。

式中,m 是模糊数 $\underset{\sim}{m}$ 的均值,α、β 分别称为左、右分布,当 α、β 为零时,$\underset{\sim}{m}$ 不是模糊数。α、β 分布越大,越是模糊。显然,这样定义的模糊数是正规的和逐段连续的凸模糊集,且满足

$$\mu_{\underset{\sim}{m}}(m) = 1$$

通常情况下,故障树模糊数的隶属函数存在线性型、正态型和尖型三种(如图 8.10)。本章采用尖型的隶属函数形式,其参照函数为

$$\begin{cases} L[(m-x)/\alpha] = 1/[1 + (m-x)/\alpha], & \text{当 } x \leqslant m, \alpha > 0 \\ R[(x-m)/\beta] = 1/[1 + (x-m)/\beta], & \text{当 } x > m, \beta > 0 \end{cases}$$

$$\tag{8-34}$$

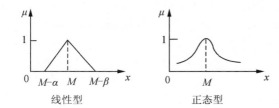

图 8.10　几种主要的隶属函数型式

从图中可以看出,对于尖型的隶属函数曲线两端可以延伸至无穷远,说明整个数轴上的任何数总在一定程度隶属于该模糊数。

根据深基坑施工事故故障树的结构函数特征,本章分析所涉及模糊数的代数运算法则有:

① 加法 $\oplus$:$(m,\alpha,\beta)_{LR} \oplus (n,\gamma,\delta)_{LR} = (m+n,\alpha+\gamma,\beta+\delta)_{LR}$

$$(8-35)$$

② 乘法 $\odot$: $(m,\alpha,\beta)_{LR} \odot (n,\gamma,\delta)_{LR} \underset{\sim}{} (mn,m\gamma+n\alpha,m\delta+n\beta)_{LR}$

$$(8-36)$$

当左、右分布较大(如不小于均值)时,应采用下列近似公式计算:

$$(m,\alpha,\beta)_{LR} \odot (n,\gamma,\delta)_{LR} \underset{\sim}{} (mn,m\gamma+n\alpha-\alpha\gamma,m\delta+n\beta+\beta\delta)_{LR}$$
$$(m>0,n>0) \qquad (8-37)$$

(2) 深基坑施工事故风险故障树分析的模糊算子

实际运用中,深基坑施工事故故障树的结构函数计算涉及或门事件和与门事件。它们的模糊算子具有如下的关系式:

① 或门模糊算子

对于或门,其模糊算子为

$$\underset{\sim}{p}_Y^{OR} = 1 - \prod_{i=1}^{n}(1-\underset{\sim}{p}_i) = OR(\underset{\sim}{p}_1,\underset{\sim}{p}_2,\cdots,\underset{\sim}{p}_n) \qquad (8-38)$$

应用式(8-37),可将上式写成

$$\underset{\sim}{p}_Y^{OR} = (1,0,0)_{LR} - \{[(1,0,0)_{LR} - (m_{p_1},\alpha_{p_1},\beta_{p_1})_{LR}] \odot [(1,0,0)_{LR} -$$
$$(m_{p_2},\alpha_{p_2},\beta_{p_2})_{LR}] \odot \cdots \odot [(1,0,0)_{LR} - (m_{p_n},\alpha_{p_n},\beta_{p_n})_{LR}]\} \qquad (8-39)$$

或表示成如下的递推形式

$$p_{\underset{\sim}{Y}}^{OR} = (1,0,0)_{LR} - \{[m_{Y_{i-1}}(1-m_{p_i}), m_{Y_{i-1}}\alpha_{p_i} + (1-m_{p_i})\alpha_{Y_{i-1}},$$

$$m_{Y_{i-1}}\beta_{p_i} + (1-m_{p_i})\beta_{Y_{i-1}}]_{LR} \mid_{i=n} \odot [(1,0,0)_{LR} - (m_{p_2}, \alpha_{p_2}, \beta_{p_2})_{LR}] \odot \cdots \odot$$

$$[(1,0,0)_{LR} - (m_{p_n}, \alpha_{p_n}, \beta_{p_n})_{LR}]\} \tag{8-40}$$

② 与门模糊算子

对于与门，其模糊算子为

$$p_{\underset{\sim}{Y}}^{AND} = \prod_{i=1}^{n} p_i = AND(\underset{\sim}{p_1}, \underset{\sim}{p_2}, \cdots, \underset{\sim}{p_n}) \tag{8-41}$$

应用(8-37)，可将上式写成如下递推形式

$$p_{\underset{\sim}{Y}}^{AND} = (m_Y, \alpha_Y, \beta_Y)_{LR}$$

$$= (m_{p_1}, \alpha_{p_1}, \beta_{p_1})_{LR} \odot (m_{p_2}, \alpha_{p_2}, \beta_{p_2})_{LR} \odot \cdots \odot (m_{p_n}, \alpha_{p_n}, \beta_{p_n})_{LR}$$

$$= (m_{y_{i-1}}m_{p_1}, m_{y_{i-1}}\alpha_{p_i} + m_{y_{i-1}}\beta_{p_i} + m_{p_i}\beta_{y_{i-1}})_{LR} \mid_{i=n}$$

$$\tag{8-42}$$

8.7 电网建设工程安全风险分级

电网工程事故发生的概率可以通过模糊算子进行计算，根据市政工程建设管理实践，本章采用等风险法[187]及电网工程事故发生的概率来判别安全风险等级。具体识别标准可参考表8-3。

表8-3 电网工程事故安全风险分级指标

风险等级	事故发生概率	安全风险描述
低风险	＜0.3	通过设计、施工及日常维护管理可以消除
中等风险	0.3~0.7	设计必须充分考虑、施工时需要制订详细的管理计划、加固措施必须考虑,事故发生局部破坏可能会对整个建设工程产生影响
高风险	＞0.7	一旦发生将会对整个建设工程产生严重影响,必须采取措施降低风险等级

8.8 应用实例一：上海越江电力管道工程安全风险分析

上海电网越江电力管道工程是上海城市基础设施建设规划的重大项目之一，计划采用非开挖施工技术——顶管法穿越黄浦江江底。该工程由上海市电力局筹建，工程设计将浦东电力输送到市中心区，为市区电力提供保证。该工程由浦东始发井、浦西接收井及越江通道三大部分组成。浦东工作井位于杨家渡路以南，上海港务局东昌路装卸公司的场区内，此场地位于规划中的滨江大道旁 20 m 绿化带内，距黄浦江岸线约 50 m；接收井位于黄浦江西岸，白渡路以北，外马路以西，白渡 35 kV 变电站北端，距离黄浦江防汛墙约 20 m，距离煤气过江管道工作井中心 41 m。工程采用 Φ2 600 泥水平衡顶管施工技术，由于地质情况复杂，环境保护要求高，这种地下工程的施工是一种高风险项目，具有技术的复杂性和经济损失的不确定性。这方面的教训在上海以往的地下工程中是深刻的。如 2003 年 7 月 1 日，上海地铁四号线在跨越黄浦江段的隧道工地时，发生地面沉降，随后导致该工地附近一幢 8 层楼房严重倾斜及一段长 30 米的防汛墙崩堤，由于该段地下结构的崩塌，也影响了地铁线路的正常建成使用，因此，可以说事故带来的经济损失是巨大的。据悉，该工程保险商为此工程事故一次性赔偿达数亿元，同时，由于吸取了教训，某些保险商已开始考虑将地下隧道工程建设列入高危项目。因此，开展深基坑施工风险管理研究[188]已是城市基础设施建设的重要组成部分，对防止重大事故的发生具有重要意义。

上海电网复兴东路 220 kV 电力电缆管道工程是一个典型的大口径长距离越江管道工程。采用非开挖施工技术穿越黄浦江江底，因此，需要在黄浦江两岸边设置工作井，根据黄浦江江底深度的不同，其工作井的开挖深度也不一样。工作井基坑开挖深度为 32.45 m，围护结构施工深度达 44.3 m，其工程施工具有如下特点：

（1）地下开挖深度较大，属超深基坑开挖，施工技术要求高。

（2）地质情况复杂。地表以下 18 m 以内粉砂质土层含水量较大，存在流砂。墙体深度 44.3 m，须穿过坚硬的第⑥层暗绿色黏土层，达到第⑦层草黄色粉砂层（即上海的承压含水层），在上海电力管线施工中比较少见。

（3）周边环境和市政设施保护难度大。浦东工作井距离黄浦江防汛墙约 50 m，场区附近有上海油脂厂厂房，厂房内储存有油罐设施，厂房旁边是长江航运公司的建筑物。浦西工作井与过江煤气管道工作井中心相距约 41 m，离煤气仪表厂房距离不足 2 m，对基坑施工过程中的沉降控制要求高。

显然，这种地下工程的施工具有基坑开挖施工技术的复杂性和经济损失的不确定性。市政设施和房屋的变形破坏以及基坑地表的大面积沉降破坏是引起深基坑施工事故的重要因素。市政设施变形破坏情况主要由结构物变形情况和市政设管线与设备的保护情况决定；而地表的大面积沉降破坏情况主要根据基坑降水控制情况、基坑坍塌情况决定。基坑降水情况由承压水的降水情况和潜水的降水情况决定；基坑坍塌情况由支撑的稳定情况、开挖土体的滑坡稳定情况、基坑底部土体超挖或土体扰动情况、底部隆起变形情况、连续墙的稳定情况决定；这里连续墙的稳定由设计质量、施工质量决定。根据可能造成深基坑施工事故的各种因素及其相互关联作用，本章将采用故障树分析方法，以深基坑施工事故为顶事件建造故障树，如图 8.11 所示。根据事故统计和破坏特征分析，结合专家评判，表 8-4 列出了故障树中各基本事件的发生概率 m 的均值和统计计算得到的分布 α、β。

表 8-4 基本(底)事件的概率中值与分布

安全风险事件	事件性质	符号	概率中值	分布 α、β
施工对市政设施及房屋的影响	基本事件	x_1	0.8	0.044
降承压水失败	基本事件	x_2	0.05	0.003
降潜水失败	基本事件	x_3	0.1	0.006
连续墙设计缺陷	基本事件	x_4	0.05	0.003
连续墙施工质量缺陷	基本事件	x_5	0.2	0.011
支撑变形失稳	基本事件	x_6	0.05	0.003
支撑结构不合格	基本事件	x_7	0.10	0.006
地基未实施加固	基本事件	x_8	0.05	0.003
开挖土体滑坡	基本事件	x_9	0.1	0.006
底部隆起过大	基本事件	x_{10}	0.1	0.006
基坑底部土体扰动过大	基本事件	x_{11}	0.1	0.006

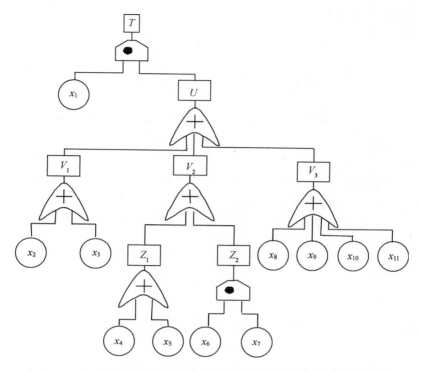

图 8.11　上海越江电力管道工程深基坑施工风险事故故障树逻辑结构
（图中的符号表示如下）

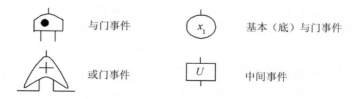

　　假定各基本事件相互独立，由图 8.11 可知中间风险事件 Z_1（地下连续墙体质量不合格）、Z_2（支撑体系失稳）、V_1（沉降控制失败）、V_2（地下连续墙失稳）、V_3（基坑坍塌）、U（施工工艺失误）的真函数为

$$Z_1 = x_4 + x_5; Z_2 = x_6 \times x_7; V_1 = x_2 + x_3; V_2 = Z_1 + Z_2;$$

$$V_3 = x_8 + x_9 + x_{10} + x_{11}; U = V_1 + V_2 + V_3$$

　　由此可得顶事件 T 的真值函数为：

$$T = x_1 \times U$$

相应的模糊形式为

$$p_{Z_1} = p_{x_4} \oplus p_{x_5} \qquad p_{Z_2} = p_{x_6} \odot p_{x_7}$$

$$p_{V_1} = p_{x_2} \oplus p_{x_3} \qquad p_{V_2} = p_{Z_1} \oplus p_{Z_2}$$

$$p_{V_3} = p_{x_8} \oplus p_{x_9} \oplus p_{x_{10}} \oplus p_{x_{11}} \qquad p_U = p_{V_1} \oplus p_{V_2} \oplus p_{V_3}$$

$$p_T = p_{x_1} \odot p_U$$

应用式(8-34)、(8-40)和(8-42)定义的或门模糊算子 $OR(p_1, p_2, \cdots, p_n)$ 和与门模糊算子 $AND(p_1, p_2, \cdots, p_n)$。

设 p_i 的隶属函数为

$$\mu_{p_i}(x) = \begin{cases} L_i[(m_i - x)/\alpha_i] = 1/[1 + (m_i - x)/\alpha_i], & \text{当 } x \leqslant m_i \\ R_i[(x - m_i)/\beta_i] = 1/[1 + (x - m_i)/\beta_i], & \text{当 } x > m_i \end{cases}$$

这里 $i = x_1, x_2, x_3, x_4, x_5, x_6, x_7, x_8, x_9, x_{10}, x_{11}$，并假定 p_i 的隶属函数是对称的，且与均值 m_i 相差 $\pm 50\%$ 的点 x 的隶属度为 0.1，则有 $\alpha_i = \beta_i$，即

$$1/[1 + (m_i - x)/\alpha] = \alpha/(\alpha + 0.5m) = 0.1$$

按上式 $\alpha_i = \beta_i = 0.0556 m_i$，计算得该深基坑施工事故安全风险的发生概率、各中间事件的发生概率和分布 α、β 如表 8-5，基本(底)事件的分布 α、β 如表 8-4。将计算结果与表 8-3 安全风险分析表对照，顶事件(T)的概率为 0.39，大于 0.3 而小于 0.7，处于中等风险区，设计时必须充分考虑，施工时需要制定详细的管理计划、加固措施，避免局部失稳引起事故的发生，而对整个工程建设产生影响；中间事件(V_1)、中间事件(V_2)、中间事件(Z_1)和中间事件(Z_2)发生的概率皆小于 0.3，处于低风险区，只要施工期间加强风险管理，不会对整个工程建设产生影响。

表 8-5　顶事件和中间事件的发生概率及分布

安全风险事件	事件性质	符号	模糊算子	发生概率和分布 α、β
深基坑施工事故	顶事件	T	$AND(p_{x_1}, p_U)$	0.396,0.039,0.039
施工工艺失误	中间事件	U	$OR(p_{V_1}, p_{V_2}, p_{V_3})$	0.495,0.021,0.021
沉降控制失败	中间事件	V_1	$OR(p_{x_2}, p_{x_3})$	0.145,0.008,0.008

安全风险事件	事件性质	符号	模糊算子	发生概率和分布 α、β
地下连续墙失稳	中间事件	V_2	$OR(p_{z_1}, p_{z_2})$	0.149, 0.008, 0.008
施工过程失控	中间事件	V_3	$OR(p_{x_8}, p_{x_9}, p_{x_{10}}, p_{x_{11}})$	0.307, 0.015, 0.015
地下连续墙体质量不合格	中间事件	Z_1	$OR(p_{x_4}, p_{x_5})$	0.145, 0.008, 0.008
支撑体系失稳	中间事件	Z_2	$AND(p_{x_6}, p_{x_7})$	0.005, 0.001, 0.001

计算结果反映了施工方案的可行性，及目前技术水平、施工单位基坑施工经验和施工状态下深基坑事故发生的概率，按照这种判断，上海复兴东路越江电力管道工程深基坑开挖施工加强了施工的风险管理，安全顺利完成施工，保证了附近市政设施和房屋建筑安全。

8.9　应用实例二：江苏电网倒塔事故安全风险分析

2005 年 6 月，国家电网西电东送和华东电网江苏泗阳 500 kV 任上 5237 线发生飑线风致倒塔事故[136]，同时造成临近 500 kV 任上 5238 线跳闸，2 条线路同时停电，对华东电网造成了严重影响。现场调查发现：强风暴造成 406 号塔，倒塔 10 基，倒塔段导线在倒塔后均未断裂，破坏特征是：受压侧塔腿比较完整，未发生比较严重的变形或屈曲。塔身发生了比较严重的破坏，部分斜材断裂。塔头和塔身的上部因为倒地而受到撞击遭到破坏。402、403、404 和 407 号塔的破坏与 406 塔基本相同。409 号塔基的破坏特征是：从塔腿根部开始全部倒伏，受压主材在塔腿上面部位发生断裂，塔身遭到严重破坏，405 和 408 号的破坏情况与此相同。411 号塔基的破坏特征是：塔腿部位完整无损，塔身中部发生严重破坏，塔头部分倒地后受到破坏。410 号塔基是一转角塔，转角度数为 12°23″，破坏特征是：塔腿和塔身完整，塔头完全破坏。

显然，输电线路的倒塔事故由破坏性强风暴和塔体失稳造成[22]，而塔体失稳的原因可能是杆塔加固失效或未加固，也可能塔体本身结构失稳；塔体结构失稳可能由基础失稳或上部结构失稳造成；是塔腿失稳，或是塔身失稳，或是塔头失稳造成，而对于塔腿、塔身或塔头的失稳事件来说，可能是材料不合格、设计缺陷或施工质量不合格的原因造成的。本章将采用故障树分析方法，以电网倒塔事故为顶事件建造故障树，如图8.12

所示,结合针对其他电网事故的统计和破坏特征分析以及专家的评判结果,表 8-6 列出了故障树中各基本事件的发生概率 m 的均值和统计计算得到的分布 α,β(本节取 $\alpha = \beta$)。

表 8-6　基本事件的概率中值与分布

安全风险事件	事件性质	符号	概率中值	分布 α,β
破坏性强风暴	基本事件	x_1	1.0	0.056
塔体加固失效或未加固	基本事件	x_2	0.1	0.006
杆塔基础失稳	基本事件	x_3	0.05	0.028
塔腿材料不合格	基本事件	x_4	0.03	0.002
塔腿设计缺陷	基本事件	x_5	0.5	0.028
塔腿施工质量缺陷	基本事件	x_6	0.08	0.004
塔身材料不合格	基本事件	x_7	0.03	0.002
塔身设计缺陷	基本事件	x_8	0.2	0.011
塔身施工质量缺陷	基本事件	x_9	0.08	0.004
塔头材料不合格	基本事件	x_{10}	0.03	0.002
塔头设计缺陷	基本事件	x_{11}	0.2	0.011
塔头施工质量缺陷	基本事件	x_{12}	0.08	0.004

假定各基本事件相互独立,由图 8.12 可知中间风险事件 Z_1(塔腿失稳)、Z_2(塔身失稳)、Z_3(塔头失稳)、W(上部塔体结构失稳)、V(塔体结构失稳)、U(塔体失稳)的真函数为

$$Z_1 = x_4 + x_5 + x_6 ; Z_2 = x_7 + x_8 + x_9 ; Z_3 = x_{10} + x_{11} + x_{12} ;$$

$$W = Z_1 + Z_2 + Z_3 ; V = x_3 + W ; U = x_2 + V$$

由此可得顶事件 T 的真值函数为:$T = x_1 \times U$

应用式(8-34)、(8-40)和(8-42)定义的或门模糊算子 $OR(p_1, p_2, \cdots, p_n)$ 和与门模糊算子 $AND(p_1, p_2, \cdots, p_n)$。

将(8-34)应用于本实例分析,设 $\underset{\sim}{p_i}$ 的隶属函数为 $\mu_{\underset{\sim}{p_i}}(x)$,这里 $i = x_1, x_2, x_3, x_4, x_5, x_6, x_7, x_8, x_9, x_{10}, x_{11}, x_{12}$,并假定 $\underset{\sim}{p_i}$ 的隶属函数是对

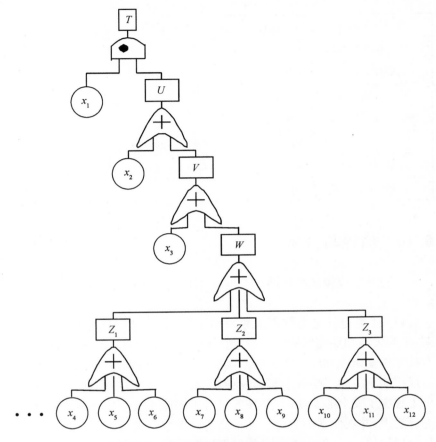

图 8.12　电网倒塔事故故障树逻辑结构

称的,且与均值 m_i 相差 $\pm 50\%$ 的点 x 的隶属度为 0.1,则有 $\alpha_i = \beta_i$,即

$$1/[1+(m_i-x)/\alpha] = \alpha/(\alpha+0.5m_i) = 0.1$$

按上式 $\alpha_i = \beta_i = 0.0556m_i$,计算得该电网倒塔事故安全风险的发生概率、各中间事件的发生概率和分布 α、β 如表 8-7。将计算结果与表 8-3 安全风险分析表对照,顶事件(T)的概率 >0.7,处于高风险范围,中间事件(塔体上部结构失稳 W、塔体结构失稳 V、塔体失稳 U)也处于高风险范围,必须充分考虑塔体的设计的可靠性,针对强风暴的作用,加强设计质量管理工作,才能将倒塔事故的安全风险降低。

表 8-7　电网倒塌事故安全风险分析结果

安全风险事件	事件性质	符号	模糊算子	发生概率和分布 α、β
电网倒塔事故	顶事件	T	$AND(p_{x_1}, p_U)$	0.805, 0.066, 0.066
塔体失稳	中间事件	U	$OR(x_2, V)$	0.805, 0.021, 0.021
塔体结构失稳	中间事件	V	$OR(x_3, W)$	0.784, 0.022, 0.022
塔体上部结构失稳	中间事件	W	$OR(Z_1, Z_2, Z_3)$	0.773, 0.023, 0.023
塔腿破坏	中间事件	Z_1	$OR(x_4, x_5, x_6)$	0.554, 0.028, 0.028
塔身破坏	中间事件	Z_2	$OR(x_7, x_8, x_9)$	0.286, 0.014, 0.014
塔头破坏	中间事件	Z_3	$OR(x_{10}, x_{11}, x_{12})$	0.286, 0.014, 0.014

8.10　结论与分析

通过基于模糊故障树模式的电网工程安全风险分析,主要得到如下认识:

(1)上海越江电力管道工程采用深基坑施工技术,由于地质情况复杂,市政设施和环境保护要求高,因此,这是一个具有较高风险的项目,具有技术的复杂性和经济损失的不确定性。在工程开挖施工过程中,由于造成可能事故的影响因素甚为复杂,并具有不确定性,因此,为了确保整个工程施工安全的实现,首要任务是对影响施工安全的不确定因素进行充分辨识,并在此基础上对各种不确定因素发生的可能性和影响范围进行合理地估计,从而为进一步的安全风险应对和控制提供决策依据。复杂环境下,深基坑施工安全风险的识别和评估对预防市政设施和房屋破坏事故的发生具有重要意义。

(2)输电线路杆塔结构的安全稳定是电网正常运行的基础。在电网建设和运行过程中,由于杆塔工程的影响因素甚为复杂,并具有不确定性,因此,为了确保杆塔稳定和运行安全的实现,首要任务是对影响杆塔安全的不确定因素进行充分辨识,并在此基础上对各种不确定因素发生的可能性和影响范围进行合理地估计,从而为进一步的安全风险应对和控制提供决策依据。强风暴作用下,电网倒塔事故安全风险的识别和评估对预防停电事故的发生具有重要意义。

(3)为解决基本事件发生概率的不确定性,本章将基于模糊数学的故障树理论引入电网工程事故安全风险分析中,把基本事件的发生概率当作模糊数进行处理,同时,求得表示顶事件发生概率的模糊数和隶属函数的分布。通过华东电网工程的实例计算表明,采用基本事件为模糊数的故障树分析方法对电网工程事故安全风险进行分析和评估是可行的,并且具有一定的使用价值。

（4）故障树分析的一个主要的局限性在于建立故障树的定性问题。这种分析可能会将很明显的故障模式忽略掉。因此,对分析专家来说,在建立故障树之前全面地了解系统是非常重要的。另一个局限性在于,如果系统某些部分出现故障时,应用布尔逻辑准则难以对某些组成的故障模式进行描述。技术描述问题的存在,增加了系统分析的复杂性。更为重要的是,故障模式还缺乏足够的数据,即使能够获得数据,也未必能够应用到这些系统中,主要是能够获得人们需要的可靠性数据相当少。

第9章 区域电网建设安全风险的自组织临界特性分析

9.1 引言

自组织临界性（Self-Organized Criticality, SOC）是美国 Brookhaven 国家实验室的丹麦科学家帕·巴克（Per Bak）等人于 1987 年提出来的一个新概念，他们同时还提出了一个可以用来解释和说明这个概念的沙堆模型[81,189—190]。这一概念主要用来解释包含大量相互竞争和合作组员的复杂耗散动力系统的行为特征。这种系统会自发演化到一种临界状态，在此临界状态下某一微小的扰动都有可能触发连锁反应，并导致非常大的灾难发生。目前，这一思想已开始在电力系统中得到运用。

区域电力供应系统由发电厂、中继变电站、输电线路系统、管理协调系统以及电力用户等多个独立的子系统组成，是一个结构复杂、层次多样的有机体系。电力供应系统的大面积停电将会给国家和人民生活带来灾难性的影响，如何有效地防止大面积停电是电网互联和电力市场改革面临的严峻挑战之一。近年来，世界范围内频繁发生大面积停电事故[80,135]。2008 年 1 月，中国南方发生百年一遇的雨雪冰冻灾害，因输电线路和杆塔大面积覆冰，部分区域电网输变电相继受损，相关电厂发电机组跳闸停机，全国的电力供应形势严峻。从这些事故的发展来看，电力供应系统初始的一个或几个扰动都将会引起全系统的连锁反应，最终造成整个电网系统的崩溃。通常，电力供应系统连锁反应故障发生的概率很小，可是，一旦发生，其影响就是灾难性的，因此，研究和分析区域电力供应系统的自组织临界特性，进行故障预防的安全风险分析具有重要意义。

9.2 区域电力供应系统与沙堆模型原理

区域电力供应系统中（图 9.1），存在着发电厂、输电线系统承载能力和支路负荷量、电力用户的无规则的独立运行状态（如电力用户的变化），也存在着主网负荷量和支路负荷量之间、支路负荷量与支路负荷量之间的关联而形成的自组织协同作用,这实际是一个电力供应链系统。在该系统发生连锁反应故障前,支路负荷量与主网负荷量、支路负荷量与支路负荷量间的关联性弱到不能束缚子系统独立运行的程度,因此支路负荷或次级支路负荷的独立运行起主导作用,表现为次级支路对支路或支路故障对主网系统的扰动比较小。随着电力用户(或用户电力用量)的增加,当荷载达到一定规模时,控制参量的变化逐渐靠近自组织临界点,支路或次级支路负荷量之间的关联性也逐渐增强,当控制参量的变化达到某一阈值时,支路或次级支路负荷之间的关联性起主导作用,因此在电网中出现了由关联性决定的支路或次级支路间的自组织协同作用[83,191],即连锁反应故障,构成区域电力供应系统的安全风险。

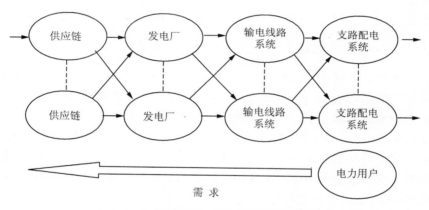

图9.1 基于多条回路的区域电力供应链系统

沙堆模型是用来形象说明区域电力供应系统自组织临界特性的一个有用工具。美国 IBM 公司的技术人员设计了一种装置,将沙子一次一粒缓慢而均匀地坠落到一个圆形的平板上。最初沙粒停留在坠落位置附近,但不久沙粒就停息在彼此的顶上,形成一个缓坡的沙堆。沙堆某处坡度过陡后,沙粒发生滑坡,引起小型“雪崩”;随着沙粒的增加,一些沙粒开始落到圆盘以外。当添加到沙堆上的沙粒与落到圆盘外的沙粒两者的数量在总体上达到平衡时,沙堆就停止增长,达到一个临界状态,此时沙堆的斜坡角称为安定角。原则上,当一粒沙落到处于临界状态的沙堆上时可能触发任意大小的“雪崩”,甚至灾变事件。同时无论初始的沙堆是处于次临界态(沙堆坡角小于安定角)或是超临界态(沙堆坡角大于安定角),连锁反应都将使沙粒积聚和离散取得平衡,沙粒的高度和坡角保持定值,即次临界沙堆和超临界沙堆都将趋向临界状态,这就是所谓的"自组织临界状态"。在区域电力供应链系统中电路输送系统与支路配电子系统的运行自组织协同作用也可以用沙堆模型的原理来描述。

9.3 区域电力供应系统的自组织临界特性分析

电力系统中连锁故障发生的基本过程是:系统正常运行时,如果每条支路代表一个元件,每个元件都带有一定的初始负荷,当某一个或几个元件因为事故退出运行时,系统原来的潮流(总负荷量的分配)将发生变化,停运元件的负荷将加载到仍然正常工作的其他元件上。如果这些元件无法承担新增加的负荷而退出工作,就会引发新一轮负荷量重新分配,如此往复,会引发各支路连锁性的过负荷,最终导致大面积停电事故。

9.3.1 电力系统运行状态下的自组织临界特性

考察沙堆模型的行为可以看出,沙堆模型从初始状态开始,随着加入沙粒的增多,逐渐发展到一个临界状态,处于这种临界状态的沙堆可以由承载沙堆的圆盘大小、沙堆的坡度以及沙堆的大小三个参数中的任意两个表征算出另一个,当沙粒的变化处于动态平衡时,沙堆遵守幂律规律。任何微小的扰动影响,都会使沙堆打破外界的平衡而发生"雪崩",从而通过自组织寻求新的平衡。如果我们把电力负荷量的变化比作沙粒,把输电线路的潮流(负荷量的分配)比作沙堆的坡度,输电线路的承载能力(总的负荷量)当作沙堆圆盘,就可以用沙堆模型的原理来解释。实际上,随着社会经济的发展,电力需求也在不断增加,按照经济增长与电力需求量相适应的原则,对电力系统的投资也在不断增加,修建新的电厂和输电线路,从而提高电网的潮流分配能力和输电线路的负载能力。一方面,电力用户需求增大,电力负荷量的变化增大,另一方面,输电线的承载能力在提高,电力负荷量的分配相应变化,在某一个时间段内认为,系统的总负荷量和负荷(发电)分布满足某种要求时,系统可能处于自组织临界状态,整个电力供应系统处于动态平衡之中,这种规律也符合幂律规律。电力系统是否处于自组织临界状态由输电网的负载能力、总负荷量和支路负荷分配(潮流)情况这三者决定(分别对应于沙堆模型中的圆盘大小、沙堆大小、坡度)。当电力供应系统,受到外界环境的变化(如冰冻灾害、地震或其他)的影响,其自组织行为处于远离平衡的临界状态,输电线路受损,电网的负载能力发生改变,从而打破电力系统的平衡,发生"雪崩"现象,即电网系统的连锁故障事故。

　　如果电力系统当前运行状态是自组织临界状态,则系统当前发生事故的概率与对应规模之间存在幂律关系。通过系统在某一种运行状态下发生事故的统计数据或仿真模型分析可以了解电力供应系统中,输电线路承载能力、最大负荷量及支路用电负荷分配之间的自组织动态平衡特征,从而进行电力供应系统安全分析。

9.3.2　电力供应系统发展演化过程中的自组织临界特性

　　通过对实际电力供应系统历史事故数据的统计而得到的幂律特性是在发展演化过程中表现出来的。在电力系统的发展演化过程中,最大负荷量的变化是推动力,对系统的改造是这种推动力的反作用力。如果将电力系统的发展演化过程以时间段划分(如以年为单位),那么当这两种力达到某种平衡时,某个时间段 k 可能有如下情况出现:当系统处于时间段 k 上的最大负荷状态或在接近最大负荷状态时,系统总是处于自组织临界状态或接近自组织临界状态。由于连锁故障的发生与负荷水平是密切相关的,大规模连锁故障通常在系统重负荷下才会发生,因此可以认为历史事故统计数据中的大规模停电事故绝大多数都是系统处于不同时间段上的自组织临界状态或在接近自组织临界状态下发生的。这一过程可以类比为一个底盘以阶跃的方式逐渐变大的沙堆,由于底盘的变化和新沙粒的加入,沙堆总是交替处于自组织临界状态和接近自组织临界状态的亚临界状态。由于电力系统的长期事故统计数据中发现了随时间演化的幂律特性,所以可以推断,底盘以阶跃的方式逐渐变大的沙堆也可以表现出随时间演化的幂律特性。

　　底盘会变大的沙堆相当于在传统沙堆模型上增加了一个可控的时间参数。如果底盘变大的速度小于沙粒增加的速度,那么沙堆将处于超临界状态,系统将远离平衡,随时可能打破平衡,发生"雪崩"现象,寻求新的平衡,按幂律特性建立新的自组织临界点。同样,在电力供应系统中,如果电网承载能力的提高速度高于系统负荷量的增长速度,系统处于正常状态,不易发生连锁故障事故;如果电网的承载能力的提高速度一直小于负荷增长的速度,说明电网输电系统的承载能力一直处于自组织的超临界状态,那么系统在很小的扰动下,原有的平衡将很快被打破,从而发生连锁故障事故,按照幂律特性,寻求按照电网的实际承载能力和支路负荷量分配相适应的新的自组织临界平衡点,因此,在特定的运行方式下,确定电力系统演化过程中序参量对电网的影响,或在模型中计算各支路间负荷量的关联程度,以及与输电线路承载力之间的关联程度,是建立连锁反应故障预测模型的关键。在电网临界状态下,系统的涨落可能引起连锁反应事故,因此判断电力供应系统是否处于时间演化过程中的自组织临界状态,并在系统进入临界状态前,提高输电线路的承载能力的改造速度,保持与电力负荷量同步增长,是预防时间演化连锁反应故障的有效途径。

9.4 电力供应系统安全风险分析

9.4.1 模型函数

对于某一正常运行的电力供应系统,其安全风险主要反映在连锁故障事故的发生上,这时系统的切负荷总量可表述为:

$$F = \sum_{i=1}^{a} \sum_{k=1}^{C} \varepsilon_{(i-1),k} \mu_{(i-1),k} \left(\sum_{k=1}^{N} L_{i,k,j} \right) \tag{9-1}$$

式中:a 为连锁反应的故障重数;C 为第 i 重故障模式的个数;$L_{i,k,j}$ 为在第 i 重连锁故障模式 k 下,可切负荷节点 j 的切负荷量;N 为系统可切负荷节点数;$\mu_{(i-1),k}$ 为在第 $i-1$ 重故障模式 k 下第 i 重故障支路的连锁反应风险系数;$\varepsilon_{(i-1),k}$ 为在第 $i-1$ 重故障模式下系统连锁反应故障的风险系数。该模型函数反映出处于区域电力供应系统多重自组织临界状态的安全风险特征,反映了系统自组织临界状态下,切负荷总量与多重故障事故的复杂连锁关系。

9.4.2 系统连锁反应故障风险系数

设 S_{all} 为与发电机节点相连的支路容量之和,S_1 为系统的需求总负荷,则本章定义的系统安全系数为:

$$\lambda = \frac{S_{all} - S_1}{S_{all}} \tag{9-2}$$

由式(9-2)可知,在电力系统中,需求总负荷量越大,系统运行点距离支路分配负荷水平越近,系统安全系数越低,连锁反应故障的风险系数为:

$$\varepsilon = \frac{S_1}{S_{all} - S_1} \tag{9-3}$$

由式(9-3)可看出：当系统需求总负荷接近 S_{all} 时,连锁反应故障的风险系数为无穷大,表明电力供应系统处于不稳定状态,发生连锁故障风险的概率就大;当系统需求总负荷为 0 时,连锁反应故障的风险为 0,系统处于稳定运行状态。

9.4.3　支路连锁反应故障的风险系数

为便于分析,假设 i_j 为支路 j 的实际电流,I_{jmax} 为支路 j 允许通过的最大电流值,则支路 j 的负载率可表示为

$$P_{jI} = \left| \frac{i_j}{I_{jmax}} \right| \tag{9-4}$$

设 ΔP_j 为支路 j 传输的有用功功率变化量,P_{jmax} 为支路 j 能够传输的最大有用功功率,L 为所有发生功率变化的线路数,则支路 j 传输的单位功率变化引起本身和其他线路功率变化率的平方和为

$$P_{jII} = \sum_{j=1}^{L} \left(\frac{\Delta P_j}{P_{jmax}} \right)^2$$

某支路与其他支路之间的关联度取决于 2 个因素:①该支路单位功率变化对其他支路功率变化的影响;②该支路的负荷程度。支路 j 的连锁反应故障风险系数可表示为:

$$\mu_j = \rho_j P_{jI} P_{jII} = \rho_j \left| \frac{I_j}{I_{jmax}} \right| \sum_{j=1}^{L} \left(\frac{\Delta P_j}{P_{jmax}} \right) \tag{9-5}$$

式中 ρ_j 为支路 j 的故障概率。

9.4.4　安全风险的自组织临界分析

基于区域电力供应系统的自组织临界特性,连锁反应故障模型中电力负荷量的分配远离自组织临界状态时,系统处于正常安全状态;当电力负荷量分配接近临界状态时,系统处于正常警戒状态。运用沙堆模型原理,在单一元件或支路子系统中设置风险预警装置,使得正常运行方式下的电力供应系统受单一元件或支路故障扰动后,保护、开关和重合闸装置正确动作,其他元件因不超过规定的事故过负荷能力,系统达不到自组织临界状态,不会发生连锁反应故障,但有可能进入安全风险的警戒状态。

区域电网发生单重故障的可能性很大,但发生双重故障的可能性很小,所以在评价系统状态时,在单重故障情况下,即使系统处于安全风险

警戒状态也不用对系统加以校正；考虑到电力系统在时间演化方向的自组织临界特性，其后续故障的发生有可能对系统产生影响，按照沙堆模型的幂律关系，需要对系统进行以损失负荷为代价的校正，使系统远离自组织临界点，保证系统在严重故障下的安全性。

9.5 本章小结

本章运用沙堆模型原理对区域电力供应链系统的自组织临界特性进行了新诠释。对于电力供应系统的某个运行断面来说，电网输送线路的负载能力、需求总负荷量和支路负荷分配（潮流）情况是决定电力系统在运行断面上是否处于自组织临界状态的重要因素。如果支路负荷分配情况不变，那么需求总负荷量越小，电力供应系统发生大规模连锁故障的风险就越低。同样，如果需求总负荷量不变，负荷分配使得各条线路上的负载越均匀，电力系统发生大规模连锁故障的安全风险就越低。对于管理人员来说，尽量平衡整个电网的潮流分布可以有效地降低电力供应系统发生大规模连锁故障的安全风险。本章还根据自组织临界特性将正常运行的电力供应系统划分为正常安全状态和安全风险警戒状态两种。

第 10 章 电网建设项目安全风险的模糊神经网络模型分析

10.1 前言

  目前的安全评价方法中大多数方法都适用于电网建设安全风险评价,如安全检查表法(SCL)、预先危险性分析法(PHA)、故障树及影响分析法(FMEA)等。在实际评价工作中,一般采用定性事件树分析方法,由于这种方法受顶上事件判断的限制,往往会造成某些评价内容的疏漏,而造成与建设工程实际不符的情况[192—194]。确定性的安全评价方法已经在电力工程中得到广泛应用,并且在不需要额外研究工作的情况下提供了很高的可靠等级。但是,使用这种方法必须付出额外的费用。由于只重视最严重、最可信的事故,结果显得过于保守。因而从运行的角度来看,现存的设备没有被充分利用;从规划的角度来看,造成不必要的重复建设。随着电力市场的逐渐兴起,在激烈的竞争下,各个电能供应商都不愿意投资新的设备,而是更愿意扩展现有设备的传输极限,以便获得更便宜的能源和更低的生产费用。于是在系统运行状况频繁紧张的环境下,确定性方法的弱点就变得十分显著。在这种形势下,提出基于风险的安全评估(Risk Based Security Assessment,缩写为 RBSA)方法有其重要的现实意义。该方法能够定量地抓住决定安全性等级的两个因素:事故的可能性和严重性。并在此基础上引入了风险指标,从而可以对电力系统安全性做出更科学、细致的评估。

  风险存在于生活的方方面面,人们将"能导致伤害的灾害可能性和这种伤害的严重程度"定义为"风险"(risk)。另外,欧洲机器安全规范标准(ENS on safety of machinery)还把"风险评估"(risk assessment)定义为:"采用一系列的逻辑步骤,使设计人员和安全工程师能够以一种系统的方式检查由于机器的使用而产生的灾害,从而可以选择合适的安全措施。"采用定量处理的风险评估理论最初是在核能工业安全领域发展起来的,其中信息管理、不确定性处理以及决策制定等方法均趋于成熟。随后这些方法和理论即被应用于诸多其他涉及安全以及环境应用的领域,如航空工业、保险业等,并取得了显著的成功。神经元网络是由大量的神经元互联组成的大规模分布式并行信息处理系统,通过模拟人脑的神经组织结构,能对复杂问题进行有效求解。人工神经网络具有极强的非线形逼近、模糊推理、大规模并行处理、自训练学习、自组织和较好的容错性等特点[195—198]。可以将神经网络模型应用于电网建设项目,定量识别和评估其安全风险,为电网建设提供决策依据。同时,将神经元网络应用于电网建设工程系统安全评价,还可以克服其他方法可靠性低的缺点,提高安全风险评价的精确度和可靠度。

10.2　BP 神经网络基本原理及其典型网络模型

10.2.1　BP 神经网络基本原理

图 10.1 为含有一个隐含层的 BP 神经网络模型。输入信号 x ,通过隐层点作用于输出节点,再经过非线形变换,产生输出信号 y ,网络训练的每个样本都包括输入向量、期望输出量 t ,通过调整输入节点与隐层节点的连接强度取值 W ,隐层节点与输出节点之间的连接强度取值以及域值,使网络输出值 y 与期望输出值 t 之间的偏差沿梯度方向下降,经过反复学习训练,确定与最小误差相对应的网络参数(权值与域值)。经过训练的神经网络即能对类似样本的输入信息自行处理,经过非线形转换,输出误差最小的信息。

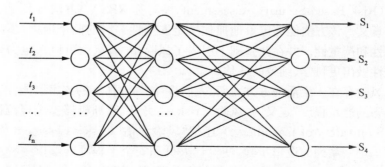

图 10.1　BP 神经网络模型

10.2.2　BP 神经网络基本模型

BP 神经网络模型包括输入输出模型、作用函数模型、误差计算模型和自学习模型。

隐节点输出模型：

$$Q_i = f(\sum W_{ij} \times X_i - \theta_j) \tag{10-1}$$

输出节点输出模型：

$$Y_k = f(\sum T_{jk} \times Q_j - \theta_k) \tag{10-2}$$

式中：f——非线性作用函数；θ——神经单元阈值。

作用数是反映下层输入对上层节点刺激脉冲强度的函数，又称刺激函数，一般取（0，1）内连续取值的 Sigmond 函数：

$$f(x) = 1/(1 + e^{-x}) \tag{10-3}$$

误差计算模型是反映神经网络期望输出与计算输出之间误差大小的函数：

$$E_p = 1/2 \times \sum (t_{pi} - Q_{pj})^2 \tag{10-4}$$

式中：t_{pi}——i 节点的期望输出值；Q_{pj}——j 节点的计算输出值。

神经网络的学习过程，即连接下层节点和上层节点之间的权重矩阵 W 的设定和误差修正过程。自学习模型为：

$$\Delta W_{ij}(n+1) = \eta \times \varphi_i \times Q_i + a \times \Delta W_{ij}(n+1) \tag{10-5}$$

式中：η——学习因子；φ_i——输出节点 i 计算误差；Q_i——输出节点 i 技术误差；a——动量因子。

10.3　电网建设安全风险控制效果状态集合

10.3.1　识别指标集的确定

电网工程安全风险评价所使用的识别指标集应该能够反映工程实际事故控制的现状，即工程现实所处的状态，也就是现实中影响工程建设安全事故风险的主要因素。如电力设备本身特性、电网环境因子、安全管理因子等。

10.3.2　安全事故控制效果状态集

设 $S = \{s_1, s_2, s_3, s_4\}$ 为事故控制状态集合，s_i 表示的评价状态分别为很好、好、一般、差。这些状态的取值由专家根据自己对项目的各项识别指标的评价和经验通过评分确定。设专家 h 对事故控制效果状态的评价区间为 $[v_1^{(h)}, v_2^{(h)}]$，则 m 个专家的评价值取为 $\underline{v}, \overline{v}$ 的具体数值确定法如下：

$\underline{v}$ 的值是由专家打分后经过一定处理得出的。因为当指标由评判给出时，在很多情况下，专家很难给出一个确定的评价值，尤其是在指标的含义具有较大的模糊性时，专家更容易给出一个评价区间。为了使 $\underline{v}$ 的确定更具客观性，专家给出的区间值做如下处理：

设有 k 个专家，第 h 个专家的评价区间为 $[u_1^{(h)}, u_2^{(h)}]$，其中 $u_1^{(h)} \neq u_2^{(h)}$，若 $u_1^{(h)} = u_2^{(h)} = u^*$，则将 u^* 按以下公式区间化处理成 $[u_1^*, u_2^*]$ 的形式。

$$u_1^* = u^* - \frac{1}{2k} \sum_{h=1}^{k} [u_2^{(h)} - u_1^{(h)}] \tag{10-6}$$

$$u_2^* = u^* + \frac{1}{2k} \sum_{h=1}^{k} [u_2^{(h)} - u_1^{(h)}] \tag{10-7}$$

式中：u_1^*, u_2^* 分别表示当专家打分为单一值时，即 $u_1^{(h)} = u_2^{(h)} = u^*$ 时，对 u^* 的区间化处理后的两个端点值，k 为专家打分为区间值（$u_1^{(h)} \neq u_2^{(h)}$）时的区间个数。

此时，对于 $u_1^{(h)} = u_2^{(h)} = u^*$ 来说，区间化后所选定的区间为 $[u_1^*, u_2^*]$，根据集值统计方法，专家对某个指标的群体评价值取为：

$$\overline{u} = \frac{1}{2} \frac{\sum_{h=1}^{k} [(u_2^{(h)} - u_1^{(h)})^2]}{\sum_{h-1}^{k} (u_2^{(h)} - u_1^{(h)})} \tag{10-8}$$

为了考虑指标的客观性和可靠性，$\overline{u}$ 乘上一个表示指标可靠程度的权值 b_i 作为 $\underline{v}$ 的值，即 b_i 为总置信度（$i = 1, 2, \cdots, m$），计算公式：

$$b_i = \sum_{j=1}^{n} \frac{b_i^j}{n} \tag{10-9}$$

其中，n 为典型工程的个数；b_i^j 为评价工程 j 时得到的指标 X_{ij} 的置信度。

$$b_i^i = \frac{1}{1+g_i} \qquad (10\text{-}10)$$

g_i 为识别指标 X_i 时得到的 g：

$$g = \frac{1}{3} \frac{\sum_{h=1}^{k} \left[(u_2^{(h)} - \bar{u})^3 - (u_1^{(h)} - \bar{u})^3 \right]}{\sum_{h=1}^{k} (u_2^{(h)} - u_1^{(h)})} \qquad (10\text{-}11)$$

由 $\bar{v}$ 的取值可以判定该项目的事故控制效果状况。但"事故控制效果"是一个模糊的概念，为了使 $\bar{v}$ 能够更好地反映事故控制效果，若用一个确切的数字作为两个相邻级别的状态标准是不适当的，两个相邻状态之间应具有模糊的分界。所以，按上述事故控制效果状态集合 $S = \{s_1, s_2, s_3, s_4\}$ 给出的 4 种状态，实际上是 4 个模糊子集，它们可分别用下列 4 个隶属函数表示，如图 10.2 所示。

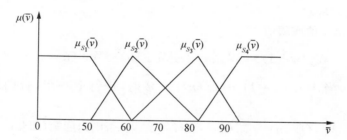

图 10.2　隶属函数选取的四个状态(很好、好、一般、差)

以 $\bar{v}$ 的值计算所得的 $\{\mu_{s_1}, \mu_{s_2}, \mu_{s_3}, \mu_{s_4}\}$ 作为输出 $\{s_1, s_2, s_3, s_4\}$ 的取值。选用 F 个工程作为典型工程，选用 10.3.1 中确定的几种重要因素作为事故控制效果的识别指标集 $T = \{t_1, t_2, t_3, t_4\}$ 作为输入。

10.3.3　神经元网络评价方法

把 $T = \{t_i\}$ 作为网络的样本输入向量，s_i 作为样本的输出向量，选择图 10.1 所示的网络结构。对于 F 个典型工程，得到 F 个样本。对网络进行训练，训练过程如下：

（1）学习参数的确定。惯性项校正系数 α（一个常数，一般取 $\alpha = 0.5$），权值收敛因子中及误差收敛因子 φ（根据精度确定）。

（2）网络状态初始化。用随机数对网络权值 W_{pi}，阈值 θ 赋初值。

167

（3）输入向量 $T_j(j=1,2,\cdots,F)$ 和相应的目标向量 $\{\mu_{s_1},\mu_{s_2},\mu_{s_3},\mu_{s_4}\}$。

（4）对每一个样本进行如下操作：

a）计算网络隐含层及输出层的输出

$$O_{jp}^{(j)}=f_p\left(\sum W_{pj}^{(j)}O_j^{(j-1)}-\theta_p^{(j)}\right) \tag{10-12}$$

$$\left[\text{注}:f(x)=\frac{1}{1+e^{-(x)}}\right]$$

b）计算训练误差

$$\delta_{jp}^{(2)}=O_{jp}^{(2)}(1-O_{jp}^{(2)})(y_j^{(s)}-O_{jp}^{(2)}) \tag{10-13}$$

（输出层）；

$$\delta_{jp}^{(2)}=O_{jp}^{(2)}(1-O_{jp}^{(2)})\sum\delta_{jp}^{(2)}W_{kp} \tag{10-14}$$

（隐含层）

c）修正值或阈值

$$W_{pi}^l(n+1)=W_{pi}^l(n)+\alpha[W_{pi}^{(l)}(n)-W_{pi}^{(l)}(n-1)] \tag{10-15}$$

（5）当 $|O_{jp}^{(l)}(n+1)-O_{jp}^{(l)}(n)|<\varphi$ 时，进行下一步，否则返回第（4）步。

（6）当 $|O_{jp}^{(l)}(n)-y_{jp}(n)|<\beta$ 时，结束，否则返回第（2）步。

训练结束后将待识别工程的评价集 T_{F+1} 输入，得到识别结果。

10.4 电网建设安全风险评价指标体系的确定

实践证明，一个好的电力系统安全评价方法应满足以下要求：评价指标能全面准确地反映出电力系统的状况与技术质量特征；评价模式简单明了，可操作性强，易于掌握；评价结论能反映电力系统的合理性、经济性及安全可靠性；评价中所采用的数据易于获取，数据处理工作量小；各评价指标有明确的评价标准。基于以上的条件，从 3 个方面选取了 14 个影响因素作为评价指标，构成了一个科学合理的电力系统评价指标体系（图10.3）。

电网设备固有安全性（OS）方面的影响因素包括：绝缘（OS1）、屏护（OS2）、间距（OS3）、保护接地（零）和等电位联结（OS4）、安全特低电压

(OS5)、安全装置(OS6)(连锁装置、继电保护装置、漏电保护装置)、防护性能(OS7)(电器设备、变配电室)。

电网环境(E)方面的影响因素包括:雷电(E1)[雷暴日、防雷建(构)筑物、防雷装置]、电磁辐射(E2)(电磁环境、暴露情况、防护措施)、特殊环境(E3)(触电危险环境、火灾爆炸危险环境)。

电网安全管理(SM)方面的影响因素包括:规章制度的建立和执行(SM1)(电气设备的管理制度、登记建档工作制度、操作制度、规章制度的执行)、操作人员的素质(SM2)(文化技术水平、思想业务状况、教育培训情况)、电网安全检查(SM3)。

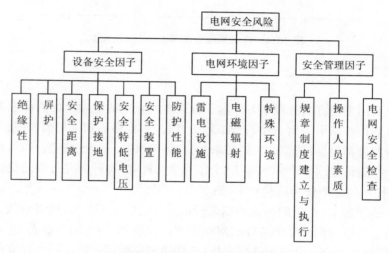

图 10.3　电网安全风险评价指标体系

10.5　电网建设工程安全评价神经元网络的实现

10.5.1　网络结构设计

电气系统评价人工神经网络模型见图 10.4。采用试探法选取模型的隐含层神经元数,即首先给定一个较小的隐含层神经元数,代入模型观察其收敛情况,然后逐渐增大,直至网络稳定收敛。通过计算,该模型的隐含层神经元数为 28 个。根据参数的取值范围要求,初始权值在[0,1]间随机取,学习速率取 0.2,网络总误差取 0.01,附加动量取 0.3。

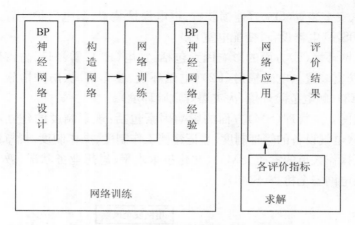

图 10.4　电气系统安全评价 BP 网络模型

10.5.2　网络训练

采用理想方法选取学习样本。如果电气系统的各项指标值都为 I(合格)，则评价结果为 I(合格)；如果都为 II(基本合格)，则结果为 II(基本合格)；如果都为 III(待整改)，则结果为 III(待整改)。基于这种假设，每种情况下都随机选取 3 个样本共 12 个作为学习样本，每种情况下都随机选取 1 个样本共 3 个作为检验样本，如表 10-1 所示。

使用表 10-1 中的样本数据进行训练，迭代 15 375 次，网络收敛。将校验样本输入到已经训练好的网络中进行评价，其输出结果如表 10-2 所示，根据最大隶属度原则进行比较，与期望结果相符。这说明所建立的电气系统评价 BP 网络模型及训练结果可靠。

表 10-1　电网建设安全风险评价 BP 网络模型学习样本与检验样本

样本	序号				电网建设项目安全风险评价指标值									期望值			等级
		OS1	OS2	OS3	OS4	OS5	OS6	OS7	E1	E2	E3	SM1	SM2	SM3	T1	T2	T3	
学习样本	1	0.63	0.60	3.59	0.95	0.91	1.13	0.95	0.79	0.90	0.85	0.99	0.98	0.99	1	0	0	I
	2	0.78	0.99	0.39	0.56	0.99	1.08	0.99	1.88	0.99	0.95	0.85	0.80	0.91	1	0	0	
	3	0.67	0.79	1.96	0.79	0.92	1.00	0.97	0.99	0.95	0.98	0.89	0.70	0.95	1	0	0	
	4	0.18	0.54	2.97	1.09	0.86	1.24	0.94	0.70	0.90	0.71	0.70	0.59	0.89	0	1	0	II
	5	0.39	0.70	3.99	1.29	0.89	1.41	0.86	0.79	0.89	0.80	0.84	0.45	0.80	0	1	0	
	6	0.35	0.59	2.89	1.57	0.87	1.40	0.90	0.84	0.88	0.80	0.71	0.65	0.86	0	1	0	
	7	0.20	0.03	4.49	1.54	0.10	0.92	0.20	0.27	0.20	0.21	0.31	0.05	0.78	0	0	1	III
	8	0.14	0.48	5.78	1.79	0.75	1.67	0.84	0.38	0.79	0.69	0.68	0.25	0.60	0	0	1	
	9	0.85	0.30	6.54	2.06	0.51	2.05	0.76	0.68	0.56	0.52	0.52	0.30	0.51	0	0	1	

样本	序号	电网建设项目安全风险评价指标值												期 望 值			等级
		OS1	OS2	OS3	OS4	OS5	OS6	OS7	E1	E2	E3	SM1	SM2	SM3	T1	T2	T3	
检验样本	10	0.73	0.68	3.09	0.86	0.96	1.16	0.97	0.91	0.93	0.92	0.86	0.90	0.94	1	0	0	I
	11	0.43	0.56	4.76	1.33	0.84	1.38	0.89	0.77	0.87	0.83	0.80	0.50	0.87	0	1	0	II
	12	0.88	0.46	5.26	1.95	0.76	2.09	0.64	0.51	0.76	0.35	0.61	0.30	0.61	0	0	1	III

表 10-2　电网建设安全风险评价 BP 网络检验结果

样本	序号	期望等级	检验结果			
			T1	T2	T3	等级
检验样本	1	合格	0.892	0.614	0.009	合格
	2	合格	0.121	0.912	0.058	基本合格
	3	待整改	0.098	0.219	0.980	待整改

10.6　工程应用实例

　　利用所建评价指标体系和神经网络模型,对黄岛热电厂电气系统进行安全评价。测定黄岛热电厂电气系统评价指标值见表 10-3。将表 10-3 中各项指标值代入所建的神经网络模型,其输出结果分别为(0.91,0.16,0.07),根据最大隶属度原则,该系统的安全评价结果为合格,这与电厂实际情况完全相符。因此,所建立的评价指标体系和神经网络评价模型达到了所要求的精度。

表 10-3　某电网建设项目安全风险评价指标值

评价指标	OS1	OS2	OS3	OS4	OS5	OS6	OS7	E1	E2	E3	SM1	SM2	SM3
指标值	0.79	0.61	4.03	0.70	0.99	1.08	1.01	0.89	1.04	0.98	0.61	0.74	1.03

10.7　本章小结

　　目前安全风险评价方法,采用的是原建设部颁布的中华人民共和国行业标准,对具体的电力工程建设安全事故控制情况进行检查评价。这一方法对安全事故控制效果,缺少完整、科学的综合评价的体系。本章引入神经网络方法,探讨电网建设安全风险的定量评价,主要得出如下认识:

(1)以系统的"安全可靠、经济合理"和其定义所包含的各项内容为依据,从电气设备固有安全性、环境及管理三个层面确立了电气系统的14项评价指标。

(2)采用一套系统的评价指标体系,建立基于 BP 神经元网络的电力系统安全评价模型,并进行了求解。通过 BP 神经网络模型包括输入输出模型、作用函数模型、误差计算模型和自学习模型,将电网系统中输入信号通过隐层点作用于输出节点,经过非线形变换,产生各种评价指标的输出信号。数据处理过程中,经过了反复的网络训练,每个样本包括输入向量、期望输出量,通过调整输入节点与隐层节点的连接强度取值等等,以达到对评价指标的综合评估。

(3)该模型的实际工程应用结果表明,所采用的电力系统评价指标体系良好地反映了电力系统的安全风险状况,所采用的 BP 网络算法符合电力系统的非线性特征,可以用于电网建设等复杂电力系统的安全风险评价。

第11章 区域电网大停电事故的耗散结构特征及演化机理分析

11.1 前言

电力是国家的主要能源和经济发展的命脉,如何安全、优质地保障电力供应,与国计民生息息相关。但近年来大面积停电事故频频发生。2003 年 8 月 14 日,美国东部和加拿大东部发生大面积停电事故,波及美加 8 个州,5 000 多万人受到影响,并造成重大经济损失。2005 年 5 月 25 日的莫斯科大停电,2006 年 11 月 4 日欧洲互联电网(UCTE)发生大面积停电事故。2008 年 1 月中旬起,我国贵州、湖南、湖北、安徽、江西、浙江等南方部分地区出现罕见的低温雨雪冰冻极端灾害天气,电力设施遭到破坏,导致大面积停电[124,199]。这些事故说明电网系统作为一个连接电厂和用户的有机体系,一旦其中某一元件或者局部出现故障,就会引发一系列的连锁反应,并迅速传播,最终导致大面积停电,对社会经济产生严重影响。

目前,对大停电事故的研究多限于工程技术层面,侧重于直接可用的安全工程技术方法和手段,而系统科学方面的研究相对较少,传统的失效模式与影响分析、故障影响分析、概率风险评价等方法[190],已不能满足这一复杂系统安全性分析的要求。近年来 ,基于系统科学和耗散结构理论(complexity science)的新兴交叉学科受到了国内外学者的广泛关注[200—202]。笔者提出了一种基于耗散结构理论的电网大停电事故的系统分析方法,在此基础上,应用熵变理论来揭示事故演化机理,从而为电网停电事故的预测预防奠定了理论基础。

11.2 电网大停电事故的系统观和耗散结构特征

自 20 世纪 20 年代,贝塔朗菲(Von Bertalanffy)提出一般系统论,20 世纪 60 年代,普利高津(Prigogine)创立"耗散结构论"[200],20 世纪 70 年代,哈肯(Haken)创立"协同学",大大推动了自组织和复杂性理论研究[191]。20世纪90年代初,以著名科学家钱学森为首的我国学者提出了开放的复杂巨系统理论,按照这一系统科学观点,自然界和人类社会中一些极其复杂的事物,都可以用开放的复杂系统理论来描述,并提出了从定性到定量的综合集成研究方法[203]。按照系统论的观点,宏观系统可以分为三类:一是孤立系统(与外界环境没有物质、能量、信息的交换);二是封闭系统(与外界环境有物质、能量交换,没有信息的交换);三是开放系统(与外界环境自由地进行物质、能量、信息的交换)。耗散结构理论主要以开放系统为研究对象。

一般认为,电网就是由输电线路、变电和配电设备以及相应的辅助系统连接发电厂与用户的统一整体,也称电力网。近年来,随着我国电力发展步伐的不断加快,电网也得到了迅速发展。从技术上看,电网系统运行的电压等级在不断提高,目前,已经具备特高压(750 kV以上)的电力输送能力;从空间上看,网络规模不断扩大,覆盖的用户数量不断增加,形成了跨地区的区域互联电网。我国已建成了东北电网、华北电网、华中电网、华东电网、西北电网和南方电网6个跨省(市)的大型区域电网,并且已经基本形成了完整的长距离输电电网结构[190]。由此可见,电网系统的规模越来越大,技术越来越复杂,可以认为电网系统是一个由电网结构、自然环境和经济社会系统组成的一个复杂开放的巨系统。

实际上,电网作为一个跨区域、规模庞大、技术复杂的复杂巨型系统,人们谈到其系统特征的时候,更多的是将注意力投向系统内部,电网的结构、电力负荷的稳定性、电器元件和输电线路的安全性。为了探索停电事故的演化机理,通常将其原因归结为系统的局部破坏引起,依靠电力系统自身的技术集成进行控制和预防。这种内化式事故控制和预防的观念一直是电网系统大停电事故防灾减灾的主流观点。事实上,在变幻莫测的自然环境和经济社会环境中,电网系统是一个动态的有机体系,通过不断地与外界进行物质、能量和信息的交换,借助于外部资源,以保持自身的发展和演化,同时通过系统内部各子系统之间的自组织协同作用将输入的物质和能量进行转化,并向外界输出物质和能量,从而在一定的时空尺度内,使系统的输入和输出达到动态平衡,即形成耗散结构。停电事故的发生直接将该系统推向远离平衡状态,根据耗散结构理论,处于远离平衡态的开放系统,受随机因素扰动(即系统的涨落)的诱发,将从不稳定态跃迁到一个新的稳定状态。在此过程中,其内部各要素之间必定发生非线性的相互作用,各要素之间产生相关效应,并出现具有稳定参量的多种自组织演化路径,使电网系统组织结构的有序度增加大于自身无序度的增加,逐渐形成稳定的有序结构,即区域电网系统耗散结构。形成耗散结构是电网系统的理想状态。

11.3　区域电网系统耗散结构形成的条件

系统科学强调系统的行为模式主要由系统内部的结构、组成要素及相互作用机制决定[204],因此,对于停电事故而言,首先需要明确电网系统所表现出来的电网系统内部结构、组成要素及相互作用。根据贝塔朗菲对系统的定义以及电力系统理论,结合管理学原理,可以认为电网系统就是通过输电线路连接发电厂和电力用户而形成的,具有一定层次结构和相关元素组成的有机体系,是一个具有开放性、远离平衡态、非线性和涨落特征的复杂巨系统。

11.3.1　区域电网系统是一个开放的系统

从结构上看,区域电网具有各种形式的网络结构,分布于城市和乡村的广大地区,与各种地质地理环境、气候环境、人们的居住环境高度融合,并不断地进行着物质、能量、信息方面的交换,因此,区域电网系统是一个开放性的巨系统[190],主要表现:

(1) 区域电网系统与外界环境进行着物质(材料、设备等)的交换

首先,电网结构的建设、维修、设备安装等,需要源源不断地从外部输入人员、材料、设备和各种资源,以建立输电网络的结构和维护电网运行的安全;其次,区域电网系统的规划、建设和维护,需要从外部安排人员、资金和管理,以保证电网结构体系建成、使用和维护;再次,区域电网系统与外界地质地理环境、气候环境高度融合,而外界环境和气候的变化(如台风、地震、洪涝灾害、缓坡泥石流等)又不断地对输电线路产生冲击,使得电网结构要经受各种自然灾害和人为事故的影响,产生变形、破坏和迁移,造成停电事故,这也反映出输电线路的脆弱性。

(2) 区域电网系统与外界环境存在能量的交换[190]

电网系统与外界环境能量交换过程中最大的能量就是电能的输入和输出,这也是输电线路的主要功能。另外,建设、运行和维护电网,在物质交换过程中,还伴随有各种能量的输入,以使施工机械设备、发电机、变电和配电设备等能够发挥作用。各种生产生活活动需要能量。外界地质地理环境、气候的变化,以及各种灾害和恐怖活动产生的冲击能量的不确定性,也会对开放的电网系统造成破坏,导致停电事故发生。

（3）区域电网系统与外界存在信息交换

信息技术极大地推动了电网系统的发展，特别是智能电网的发展。在区域电网系统中除了安装有专门的监测、通信设备，由专门的管理人员进行监控外，还可以通过 Internet 和其他通信网络对电网系统进行智能控制和管理。系统通过多种形式从内部获得电网系统的各种监测数据和状态信息，同时又把外部各种运行信号和指令输入系统，相关工作人员也可以通过某种信息渠道将电网系统的相关信息向社会发布。随着智能电网的发展，开放性电网系统的信息交换，具有重要的技术、经济和社会意义。

11.3.2　区域电网系统是一个远离平衡的系统

平衡态是指系统状态变量处于相对稳定的状态，整个系统呈现单一、均匀的特点。远离平衡态是指系统内部各要素的物质和能量分布很不均衡，差距较大。系统只有从远离平衡态向新的平衡态发展，才能形成有序的稳定结构。

区域电网系统的建设是不同主体在寻求共同利益的基础上完成的。由于建设主体之间存在资源、信息和技术力量上的不平衡，各个主体为了自身的利益进行博弈，导致电网系统内部各组成要素在结构和功能上的缺陷，如电网设计不规范，施工质量不合格，发电设备存在缺陷，或者用户用电负荷超过计划指标等等。电网运行过程中，管理人员操作不规范，运行处于超负状态，加上电网线路环境、气候恶劣，使得输电网系统处于不安全状态，这些都将会导致电网系统从规划建设起直到投入运营的全过程处于不稳定状态，任何外部或内部因素的扰动，都将导致系统停电事故的发生，直接将系统推向远离平衡态的方向发展，直到形成电网系统新的稳定有序结构。

11.3.3　区域电网系统是一个非线性系统

区域电网系统的复杂性特点，表现在系统内部各要素之间存在非线性关系，传统的叠加原理失效，因此，需要从系统的整体上认识停电事故的发生。区域电网系统内部各要素之间，既相互联系，又相互独立，形成了一个统一的整体。由于多种因素的制约，各要素内部结构上、功能分配上和影响因素的作用机理上存在复杂的相互作用关系，停电事故的发生几率具有随机性[10—11]，如电网负荷损失与事件发生概率之间呈幂律"尾"现象。正是这种非线性相互作用使得系统内各要素间产生协同效应，使得电网系统从杂乱无章变得井然有序,区域电网这一有机体系才能形成耗散结构(图 11.1)。

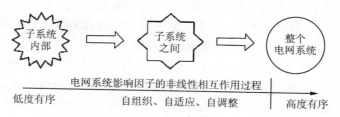

图 11.1　区域电网系统协同发展演化过程

　　发电子系统在区域电网系统中占据了重要的位置,主要作用是将外部输入的一次性能源转化为电能,提供给用户。而发电的多少,需要以用户子系统的需求为基础进行决策。输电子系统、变电子系统和配电子系统的功能主要是将发电子系统生产的电能输送和分配给用户。而要保证用户的输送电能的质量和安全,主要靠电力调度和控制子系统,它主要通过电能的监测、数据采集和分析、安全控制和调度管理,保证电力的生产、输送、分配和使用。各子系统的差异性、运行的随机性及多层次、多目标和人为扰动,使得系统与环境,以及系统内各子系统间呈现非线性关系。并通过调度和管理将各组成要素耦合成一个新的有机体系,系统内部任何局部的扰动或破坏都可能导致关联子系统或整个系统处于远离平衡状态,推动各要素的正反馈倍增效应及负反馈饱和效应等非线性关系。如果是正反馈,有利于促进电网系统的协调和控制;如果是负反馈,则会出现各子系统的连锁性事故,严重时的负反馈会导致恶性循环,出现大面积停电[190],对经济和社会产生影响。

11.3.4　区域电网系统运行机制具有涨落特征

　　经典物理学中,涨落是指一种微小的扰动,涨落是一种随机的过程。当系统处于远离平衡态时,随机涨落就可以通过非线性的相关作用和连锁效应,迅速放大,形成宏观整体上的巨涨落,从而导致系统发生突变,形成一种耗散结构[190]。区域电网系统是一个复杂巨系统,物质、能量的输入和输出很明显,电能的传输是通过一系列升降形式来完成的,各组成要素存在明显的涨落现象,例如电网停电事故的随机性源于各子系统故障的多样性、差异性。从技术层面上看,由于受端发电机出力下降或用电负荷上升,致使送端发电机出力迅速增加,联络线功率超越限值,加上冲击负荷和波动负荷产生的功率超越限值,造成功角稳定破坏;小系统中大感性负荷投入;低电压下,大负荷增加;低电压地区,不能快速切除短路故障;由于雷击、冰冻、风暴、洪水、地震等不可抗力原因使多个电气元件被切除造成的故障,并引起一系列连锁反应。

由此可知,各种要素的相互关联作用,具有很大的不确定性,当系统远离平衡态,并在远离平衡的非线性区内时,各子系统的微小涨落会通过系统的非线性作用不断放大,最终会使系统发生突变(分岔),发生停电事故,并离开原有的无序状态,重新构建新的更有序的耗散结构。

11.4 电网系统耗散结构的演化机理及大停电事故 分析

11.4.1 区域电网系统耗散结构演化的熵流模型

区域电网系统是由若干个子系统组成的既相互联系又相互支撑和相互制约的动态有机体系,是一类"空间和时间上延展的耗散动力系统",兼具有时间和空间的自由度[190]。它不但是一个动态发展的、非线性的、开放的、远离平衡态的系统,同时也是具有不确定性和社会经济性等特征的复杂巨系统。由于电能负荷增长与社会经济发展有密切的关系,电网在建设、规划时,体现出与社会经济密切的相互作用机制:一方面,人类的各种活动直接或间接地影响了电网系统的形成和演化,如电力工程师总是追求最优、最经济的技术方案;另一方面,电网系统直接或间接地制约社会经济的发展,很难想象没有电力,经济社会将是何种状况。可以认为电网系统的运行就是一种自组织过程,自发地演化到一种临界状态,在此状态下任何微小的扰动(或系统涨落)都将触发连锁反应,并导致灾变,直接将整个电网系统推向远离平衡态,使得系统逐步从低层次协同向高层次协同的方向发展,即系统从低度有序向高度有序演化,或是从一种耗散结构向另一种更有序耗散结构转变,最终实现系统的良性循环演化(如图 11.2 所示)。

为了描述区域电网系统耗散结构的演化特征,我们引用克劳休斯提出的热力学"熵"的概念[200]。热力学"熵"的原来含义是用以度量系统内部分子热运动的混乱程度。在耗散结构理论中,普利高津引入了热力学中"熵"的概念,用以描述系统与外界的相互作用,进而从无序转变为有序结构的原理[200]。系统越混乱,熵就越大;系统越有序,熵就越小。在电网

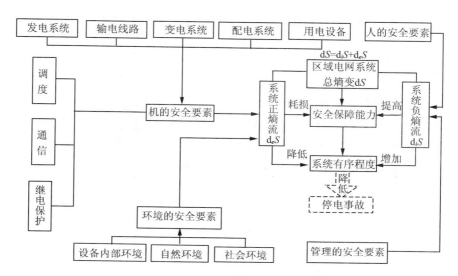

图 11.2　区域电网系统熵流模型

系统中,系统总熵包括正熵和负熵,它们共同作用决定了电网系统的安全稳定性,即耗散结构的演化机理(图 11.2)。

按照波尔兹曼(Boltzmann)信息熵的计算方法[205],我们给出区域电网系统耗散结构有序度的熵值计算模型如下:

$$S(x_i) = -k_1 \sum p(x_i) \ln p(x_i) \quad (i = 1, 2, \cdots, n) \tag{11-1}$$

式中: $S(x_i)$ 为安全要素 $x_i(i = 1, 2, \cdots, n)$ 产生的熵流值; $p(x_i)$ 为各子系统安全要素发生偏离的概率,分为 2 种状态——一种是系统各安全要素 $x_i(i = 1, 2, \cdots, n)$ 的实际取值与标准值的比值;一种是系统各安全要素 x_i 在某一段统计时间内发生故障或遭受破坏的概率。前者适合于系统内部安全要素的统计,后者适用于外部环境安全要素的统计。

11.4.2　区域电网系统耗散结构的演化机理分析

根据耗散结构理论及熵计算模型,区域电网系统的熵变由两部分组成,即

$$dS = d_i S + d_e S \tag{11-2}$$

$$d_i S = -k_1 \sum p(x_i) \ln p(x_i) \quad (i = 1, 2, \cdots, n) \tag{11-3}$$

179

$$d_e S = -k_2 \sum p(x_i) \ln p(x_i) \quad (i = 1, 2, \cdots, m) \qquad (11\text{-}4)$$

$$k_1 = 1/\ln n$$

$$k_2 = 1/\ln m$$

式中：$d_i S$ 为系统内诸因素引起的熵流，源自于区域电网各子系统内部质量、安全和可靠性因素形成的负熵，主要涉及机的安全要素和环境的安全要素；$d_e S$ 为系统与外界交换物质和能量时产生的熵流，为区域电网运营系统中源自于人的安全要素和管理的安全要素形成的正熵。根据耗散结构的分叉现象(图 11.3)可以看出：起初区域电网运营系统处于安全状态，随着空间和时间的推移以及系统的涨落，此时系统的演化有 3 种可能状态。

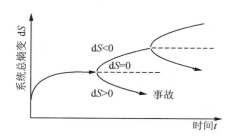

图 11.3　事故演化的分叉现象

(1) 当系统总熵 $dS > 0$ 时，此时，有 2 种可能状态：

$d_i S < 0$ 且 $|d_i S| < d_e S$，系统正熵产生的无序效应大于负熵产生的有序效应，系统总趋势走向失稳；$d_i S > 0$，系统引入的负熵不但没有起到抵消正熵和抑制系统走向失稳的作用，反而强化了正熵，导致系统总熵不降反升，此时，区域电网系统趋于一种远离平衡态的无序状态，区域电网安全性下降。

(2) 当 $dS < 0$ 时，$d_i S < 0$，且 $|d_i S| > d_e S$，系统负熵完全抵消了正熵，使得系统总熵减小为负值，系统向有序方向演化，即形成耗散结构或从低级的耗散结构向高级的耗散结构方向演化，区域电网系统安全性得到加强。

(3) 当 $dS = 0$ 即系统总熵等于 0 时，系统的正熵流与负熵流相互抵消，系统总体上处于一种暂时的稳定平衡状态，但平衡是暂时的。由于系统内部安全要素的改变和外界环境的变化，这种暂时的稳定平衡态很快就会被打破，系统要么转向稳定，要么转向失稳。因此，无论是对区域电网系统停电事故的预防还是事故发生后的应急救援,一方面需要抑制各安全要素产生的正熵,另一方面需要引入和提高管理和人的安全要素所产生的负熵。

11.5　电网系统熵变控制及大停电事故预防

11.5.1　减少电网系统中熵的产生

从电网系统耗散结构的演化机理分析,对于熵的产生,电网系统应强化内部协调控制,减少熵源的个数和熵的产生,使 d_iS 趋向于最小值。具体措施包括:

(1) 统筹协调,发挥电网系统中各子系统的协同作用

区域电网系统是由若干子系统构成的有机的整体,因此,各子系统既相互独立,承担着不同的系统功能,同时又必须保持着相互之间的协同关系。我国电力发展长期"重电厂轻电网",电网发展相对滞后,网架薄弱,抵御自然灾害能力不强,需要全社会高度重视,电厂与电网协调发展;合理规划区域内主网架和负荷中心,合理分布电源点,避免故障时大范围潮流转移。电网规划应贯彻受端电源分层分区接入的原则,加强电源支撑,强化区域电网自我平衡能力。提高风电场、太阳能等新能源机组接入技术,确保机网协调。显然,电网系统这种协同与共生是由总体目标驱动的。由于各子系统所处的环境要素、安全要素、设备可靠性和管理指标差异性,要实现一个共同的系统目标,必须发挥其协同作用。

(2) 发挥市场调节机制,强化统一调度功能

电力市场的引入从根本上改变了电力工业的传统格局[190],自上而下的垂直垄断结构被打破,发电子系统、输电子系统和用电子系统分离,传统的垄断运行模式将逐渐被竞争市场取代。虽然输电部分仍集中统一运行,但电网系统内部这种竞争的市场机制仍将是未来安全管理的重要挑战。因此,强化跨省跨地区电网紧急电力调度功能,尽可能分散电源接入或电网受电方向,特别是远距离输电,分散注入受端枢纽,避免重要断面、重要通道占受端负荷比重过大,以降低风险。产生良好的协同效应,是各子系统对区域电网系统的共同期望,也是各子系统协同发展的根本原因。内部协调的电网系统能够充分发挥各子系统管理的核心优势,并将之互相融合、促进,最后转化为整个系统的安全保障能力。

(3) 强化系统有序用电方案,处理好利益分配

电网系统各子系统的协调配合有很大的不确定性。这其中有多种原因,诸如不同的资源、能源组合与环境的冲突,各地区经济社会发展水平不同,协作目标各异等。因此,这些都要求电网实施有序用电方案,任何地区(单位)均不得超过用电计划使用电力电量。为了处理好由此造成的利益分配问题,必须建立实现共同目标的利益协作机制,在电网系统出现有功功率不能满足需求、超稳定极限、电力系统故障、持续的频率降低或者电压越下限、备用容量不足等情况时,这种利益协调机制符合电网事故限电序位表和保障电力系统安全的限电序位表进行限电操作,减少熵的产生,防止大面积停电事故发生或扩大。

11.5.2 在区域电网系统中引进负熵流

熵流是系统与外界物质和能量交换带来的熵的变化,可以为正,也可以为负。区域电网系统的正熵流表现为:对电力市场的变革的适应性;社会、技术、经济发展给系统带来的冲击;一些突发性的灾害事件或恐怖活动的影响;等等。对于正熵流,应该借助于负熵流来有效抵消其对电网系统安全的威胁。具体包括:

(1)对电力市场改革的积极关注与灵敏反映

随着电力市场的改革和发展,其竞争过程深入到电网系统的各个方面,电网企业必须对市场变化作出及时的响应。对于发电企业必须严格遵守市场准入的有关规定,严格按并网调度协议执行,未经调度许可不得擅自并入或者解列发电机组,并严格按照调度要求,实行统一管理。电网企业应及时掌握市场信息,与电力用户保持密切联系,并根据用户需求及时参与系统调峰、调频、调压,指导电力用户加强内部电力设备的安全管理,特别要加强继电保护与电网配合的管理,防止用户端故障衍生为电网停电事故。

(2)电网系统对环境的柔性适应

区域电网系统是一个复杂巨系统,各组成要素既相互协作,又相互竞争。其整体功能是通过组织管理实现的。组织是有边界的,按照组织学家卡斯特和罗森茨维克的观点,边界外沿的一切称之为组织的环境超系统。组织与超系统之间只有达到动态平衡,才能维持组织的稳定运转。尽管单个子系统由于组织规模较小,边界线长度较短,但是通过电网系统的统一调度,将延长其组织边界。这一方面扩大了与环境超系统的接触范围,将面临更多的环境因素的威胁;另一方面,针对局部地区自然灾害频发状况,制定和实施电网差异化改造方案,提高电网整体抗灾能力,减少因自然灾害引发的电网大面积停电事故。规划设计单位要在线路路径走向、杆塔选择、电气设备绝缘水平、输电线路防覆冰和防舞动等方面,提出输变电设备抵御自然灾害能力的差异化设计准则的具体意见,要加强电力工程设计前期的技术资料收集分析工作,综合考虑微地形、小气候等条件对设计方案的影响,特别要开展输电通道集中地区的灾害水平的风险评估,加强方案论证和比选,适当提高输变电设备设施标准。加强电网结构和薄弱环节的研究论证,从规划设计上消除和改进电网结构性缺陷,提高电网系统对环境的适应能力。

（3）利用现代技术手段,提高电网系统的安全保障能力

按照耗散结构理论,区域电网系统一旦形成,以后就要保持开放性,与外界保持物质、信息和能量的交换,即是通过输变电设备设施的在线监测和其他先进技术手段采集数据,及时发现设备故障、外力破坏和自然灾害破坏等异常情况,然后,针对可能造成的电网解列、电网大面积停电等情况,制定专项应急预案。加强电网孤岛方式分析和研究[190],完善"黑启动"方案,定期或不定期进行"黑启动"电源的实际启动测试,提高电力系统恢复速度和能力,保持结构界面和组织界面的信息和能量平衡。这样才能使负熵流增加,当系统从外部引入的负熵流大于系统内部的熵产生时,系统的总熵减少,系统的有序性和组织性才会向更高阶的方向发展,系统结构才会更加有序和更加复杂,从而提高整个系统的安全保障能力。

11.6　结论与讨论

区域电网系统是一个复杂的巨系统,大停电事故是该系统自组织演化的一种灾变现象。电网系统的复杂性主要表现为系统状态的开放性、系统组成要素的多样性、系统结构的层次性、状态变量的非线性特征、演化发展的涨落特征、有序进化的自组织特性等几个方面,具备形成耗散结构的有利条件,可以用耗散结构理论来揭示系统从无序到有序的发生机制和条件,分析电网停电事故这一复杂系统的演化机理,从而在一定程度上解释大电网系统如何形成其稳定的层次结构,如何从无序到有序发展,这有助于指导对电网停电事故的预防和控制。本章对区域电网系统耗散结构的特征及演化规律进行了研究,通过采用熵判据对区域电网系统进行了自组织耗散结构的熵流分析,建立了熵流模型,揭示了区域电网系统停电事故的自组织演化机理,从而拓展了电网系统复杂性的分析方法。并提出从减少系统熵的产生和引进负熵流两个方面预防和控制电网系统停电事故发生的具体措施。

第 12 章 基于脆弱性的电网建设项目安全风险评估

12.1 前言

近年来电网系统大停电事故时有发生,特别是 2008 年年初我国南方地区的冰冻雨雪灾害以及日本"3·11"地震海啸灾害,给电网建设的安全管理敲响了警钟[190,206],从而大大地推进了电网建设安全风险评估研究。研究表明[125,190,206]:针对突发性灾害事件的应对策略措施,是建立一个包括预警、应急反应、应急恢复和灾后重建等完整环节的电网建设应急管理体系,降低突发性灾害事件带来的损失。最近,有学者提出了电力系统脆弱性的概念,作为电力系统安全性概念的拓展[207—209]。本章从风险理论出发将电网建设项目定义为一个脆弱性系统,导致系统脆弱性的因素包括自然灾害、项目组织不完善、技术和建设环境复杂以及人为错误等不确定性因素,并用灾害损失评估框架进行电网建设项目的脆弱性评估,从脆弱源发生的概率和造成的影响两方面入手提出基于风险指标的定量评估方法。

12.2 脆弱性

脆弱性这一概念最早源自于自然灾害研究领域,提莫曼(P. Timmer-man)最早提出脆弱性的概念[210],目前这一概念已经在公共安全、气候变化、环境生态学、土地资源利用、可持续性研究、经济学、工程技术等领域得到应用。部分学者将脆弱性视为系统与其所在环境相互作用的一种属性[211];也有学者认为脆弱性是耦合系统(人—环境耦合系统、社会—生态系统、人—地系统)的一个重要属性。博勒(H. G. Bohle)和米契尔(J. Mitchell)认为脆弱性主要包含内部和外部两个方面[212—213],内部是指系统对外部扰动或冲击的应对能力,外部是指系统对外部扰动或冲击的暴露。海门斯将系统脆弱性定义为系统遭受破坏或损失的一种固有状态的表现[214]。

沃茨和博勒（1994）认为系统的脆弱性表现在三个方面，即系统暴露于灾害事件的程度、抵抗灾害影响的能力和灾后恢复能力。系统脆弱性本身是不能触发安全事故的，但可以与安全事故相互作用，从而起到调节灾害事件的作用。

电网建设项目脆弱性，更强调项目组织间的相互调整和协调[215]，主要包括计划与控制活动。这些计划与控制可能受到一些背景因素的影响，这种背景因素的形成和作用往往是非理性的和非线性的，将直接构成建设项目的脆弱性。其背景因素包括连锁的电网建设项目活动和任务、复杂的项目环境和组织分工等，他们与安全风险结果之间的关系是间接的。安全风险评估可以全面反映建设项目事故、灾害的不确定性，确定减灾目标，优化防灾、减灾措施，评价减灾效益，实施减灾对策的依据。

12.3　电网建设项目脆弱性的识别

电网建设项目是经过审批的新建、改建或扩建项目，由工程实体和建设主体组成，其脆弱性是对一个项目管理系统性质的总称。脆弱性识别也被视为弱点识别，如果项目没有受到相应的威胁，单纯的弱点本身是不会对生命和财产造成损害的。如果系统足够强健，任何严重的威胁都不会导致安全事故的发生，即威胁总是要利用项目的脆弱性才可能对系统造成危害。

脆弱性识别是安全风险识别中最为重要的一个环节。脆弱性识别可以以生命财产为核心，针对每一项目，识别可能被威胁利用的弱点，并对脆弱性的严重程度进行评估。电网建设项目脆弱性识别的依据是国家的法律法规、安全标准、行业规范、建设程序及相关文件的安全要求。脆弱性的识别方法包括：问卷调查、检验测试、文档查阅、渗透性测试等。

12.3.1　脆弱性识别内容

本节对脆弱性的识别主要从技术和管理两个方面进行。技术脆弱性涉及结构层、环境层、设备层等各个层面的安全问题；管理脆弱性又可分为技术管理脆弱性和组织管理脆弱性两个方面，前者与具体技术活动有关，后者与管理环境有关，表 12-1 为电网建设项目的脆弱性识别内容。

表 12-1 脆弱性识别内容

类 型	识别对象	识别内容
技术脆弱性	建设环境脆弱性	自然环境条件、水文地质环境条件、周边设施、交通运输条件、抢险救灾条件、通信条件、水电煤条件等
	结构脆弱性	土建结构、钢结构、边界保护、建筑设计、电力设施、电源结构、临时设施等
	设备脆弱性	施工机械设备、运输设备、安装设备、一次电力设备、二次电力设备、房屋配套设施等
管理脆弱性	技术管理脆弱性	施工方案、施工技术管理制度、技术人员素质、检测设备、技术标准等
	组织管理脆弱性	项目组织结构、人员分工、人力资源配置、职责安排、组织协调管理、人员素质、安全管理、教育培训等

12.3.2 脆弱性赋值

可以根据脆弱性对财产的暴露程度、技术实现的难易程度、管理控制的弱点,采用分级方式对已识别的脆弱性进行赋值。赋值时应综合考虑建设项目的弱点,以确定其对于某些技术和管理脆弱性的严重程度。脆弱性严重程度可以进行分级处理,不同的等级分别代表财产脆弱性严重程度。等级数值越大,脆弱性严重程度越高(表 12-2)。

表 12-2 电网建设项目脆弱性严重程度分级赋值

等 级	标 识	定 义
5	很高	如果被威胁利用,将对项目造成完全损害
4	高	如果被威胁利用,将对项目造成重大损害
3	中	如果被威胁利用,将对项目造成一般损害
2	低	如果被威胁利用,将对项目造成较小损害
1	很低	如果被威胁利用,对项目造成的损害可以忽略

12.3.3 对安全措施的确认

在电网建设项目脆弱性识别的同时,应对已经采取的安全措施及其有效性进行确认,目的在于真正降低系统的脆弱性,抵御安全威胁。对有效的安全措施应该继续执行,以避免不必要的工作和费用,防止安全措施的重复实施。对于不适当的安全措施,在核实后,应取消或进行更正,或用更合适的安全措施替代。安全措施包括预防性安全措施和保护性安全措施。预防性安全措施可以降低威胁利用脆弱性导致安全事故发生的可能性;保护性安全措施可以减少安全事故发生后对组织或系统造成的影响。对已有安全措施的确认与脆弱性识别密切相关,一般说来,安全措施的实施将减少项目管理系统技术或管理上的弱点,但安全措施的确认无需像脆弱性识别过程那样仔细,具体到项目的组成和结构的弱点,而是一类具体措施的集合,这为安全风险控制策略的制定提供了依据。

12.4　电网建设项目脆弱性的度量

国内外关于脆弱性度量的研究方法主要有模糊数学法、聚类分析法、灰色分析法和数理统计法等[216]。本章主要运用加权法对电网建设项目的脆弱性进行度量,并建立起相应的度量模型[217]。

12.4.1　模型假设

假设建设项目甲是由 n 个子系统(子项目)$A,B,C,\cdots,N$ 组成。A 是状态向量(扰动因子)$A=\{A_1,A_2,\cdots,A_i,\cdots,A_m\},1<i<m$。子系统 B、C,也分别由状态向量 $B=\{B_1,B_2,\cdots,B_i,\cdots,B_m\},1<i<m;C=\{C_1,C_2,\cdots,C_i,\cdots,C_m\},1<i<m$。

12.4.2　项目脆弱性模型

实际上,电网建设项目各子系统间是相互关联的,主要表现在各组成子系统 $A,B,C,\cdots\cdots$ 之间具有相关性,假设 A 受到突发事件的冲击而崩溃(A 称为脆性源),由于其子系统之间的相关性,A 迅速地将破坏的能量传递给相关联的 B、C 及其他,如果 B、C 等自身的稳定性即抗灾能力小于 A 传递的破坏能量,B 与 C 就随着 A 的崩溃而崩溃,表现出电网建设项目脆弱性的多米诺骨牌效应。

12.4.3　项目脆弱性度量模型

依据电网建设项目的关联模型(图 12.1),对每一相关子系统受其他子系统的扰动而崩溃的程度加权,即可计算出其脆弱性,通常表述为[217]:

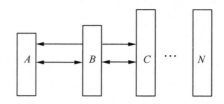

图 12.1 电力建设项目脆弱性关联模型[217]

$$V = \sum_{l=1}^{m} W_l \sum_{j=1}^{n} S_{lij} \tag{12-1}$$

式中：V—— 项目脆弱度；i—— 直接受到灾害冲击的子系统；S_{lij}—— 危机发生时，在 l 扰动因子（如火灾、水灾、恐怖袭击等）干扰下，子系统 j 随着 i 崩溃的程度，$S_{lij} \in [0,1]$；$S_{lij} = 1$ 时，i 随自身崩溃而崩溃的程度为 1；W_l—— l 扰动因子的权重。

12.5 安全风险分析

12.5.1 安全风险计算方法

设电网建设项目第 i 个风险域内第 k 个风险点安全事件发生的可能性为 $Q_k(i)$，由此造成的损失为 $C_k(i)$，那么该风险点的风险值的大小 $Z_k(i)$ 可以用下式计算

$$Z_k(i) = R\{Q_k(i), C_k(i)\} \tag{12-2}$$

再设该风险点包含的项目价值为 $L_k(i)$，其脆弱性严重程度为 $V_k(i)$，威胁发生的频率为 $T_k(i)$，则以下关系成立：

$$Q_k(i) = f\{T_k(i), V_k(i)\} \tag{12-3}$$

$$C_k(i) = g\{L_k(i), V_k(i)\} \tag{12-4}$$

式（12-3）和（12-4）描述了电网建设项目风险计算的基本原理，是安全风险分析和风险值计算的基础[218]。由此可见，无论是计算 $Z_k(i)$，还是计算 $Q_k(i)$ 或是 $C_k(i)$，都属于由两个要素值确定一个要素值的情形，有许多方法可供采用，本章介绍矩阵法的应用。

设有要素 α_i 和 β_j，由它们确定另一个要素 θ_{ij}，即

$$\theta_{ij} = f(\alpha_i, \beta_j) \qquad (12-5)$$

要素 α_i 和要素 β_j 的取值分别为

$\alpha_i = \{\alpha_1, \alpha_2, \cdots, \alpha_i, \cdots, \alpha_m\}, 1 \leqslant i \leqslant m$，$\alpha_i$ 为正整数；

$\beta_j = \{\beta_1, \beta_2, \cdots, \beta_j, \cdots, \beta_n\}, 1 \leqslant j \leqslant n$，$\beta_j$ 为正整数

以 β_j 的取值为行、以 α_i 的取值为列构造一个二维判别矩阵，行列交叉处即为所确定的要素 θ_{ij}，共有 $m \times n$ 个值，其计算式可参考文献[219]。

根据矩阵法的构造原理和计算方法，利用风险产生的频率和 5 级划分方法，产生 1~25 个组合（这里用数字表示），以描述安全事件发生的严重程度[16]。用威胁 $T_k(i)$ 和脆弱性 $V_k(i)$ 取代 α_i 和 β_j 构建安全事件发生的可能性判别矩阵以确定 $Q_k(i)$（表 12-3）；用资产价值 $L_k(i)$ 和脆弱性 $V_k(i)$ 取代 α 和 β 构建安全事件损失判别矩阵，以确定 $C_k(i)$（表 12-4）；然后用 $C_k(i)$ 和 $Q_k(i)$ 取代 α 和 β 构建风险判别矩阵，以确定风险值 $Z_k(i)$，将上述计算得到的 $Q_k(i)$ 和 $C_k(i)$ 进行分级（表 12-5 和表 12-6），本章将其划分为 5 级，用安全事件可能性等级 $\overline{Q}_k(i)$ 和安全事件损失等级 $\overline{C}_k(i)$ 表示（表 12-7）。

表 12-3　安全事件可能性判别矩阵[确定 $Q_k(i)$]

$T_k(i)$ \ $V_k(i)$	1	2	3	4	5
1	2	4	7	11	14
2	3	6	10	12	17
3	5	9	12	16	20
4	7	11	14	18	22
5	8	12	17	20	25

表 12-4　安全事件损失判别矩阵[确定 $C_k(i)$]

$L_k(i)$ \ $V_k(i)$	1	2	3	4	5
1	2	4	6	10	13
2	3	5	9	12	16
3	4	7	11	15	20
4	5	8	14	19	22
5	6	10	16	21	25

表 12-5　安全事件可能性等级划分

安全事件可能性值 $Q_k(i)$	1～5	6～11	12～16	17～21	22～25
安全事件可能性等级 $\overline{Q}_k(i)$	1	2	3	4	5

表 12-6　安全事件损失等级划分

安全事件损失值 $C_k(i)$	1～5	6～10	11～15	16～20	21～25
安全事件损失等级 $\overline{C}_k(i)$	1	2	3	4	5

表 12-7　安全风险判别矩阵[确定 $Z_k(i)$]

$\overline{C}_k(i)$ ＼ $\overline{Q}_k(i)$	1	2	3	4	5
1	3	6	9	12	16
2	5	8	11	15	18
3	6	9	13	17	21
4	7	11	16	20	23
5	9	14	20	23	25

12.5.2　风险结果判定

为了实现对电网建设项目安全风险的控制与管理,可以对安全风险识别与计算的结果进行分级处理,即将风险域内各风险点的安全风险划分为一定的级别,本章划分为 5 级,等级越高,风险越大。

根据所采用的风险计算方法和风险值的分布情况,为每个等级设定风险值范围,并对所有风险点的安全风险计算结果进行分级处理,分别对应于风险点风险的严重程度,具体划分方法如表 12-8,其风险值对应的安全风险等级如表 12-9。

表 12-8　安全风险等级划分表

等级	标识	描　　述
5	很高	一旦发生将产生非常严重的经济或社会影响,如组织信誉严重破坏,严重影响组织的正常经营,经济损失重大,社会影响恶劣
4	高	一旦发生将产生较大的经济或社会影响,在一定范围内给组织经营和组织信誉造成损害

等级	标识	描　述
3	中等	一旦发生会造成一定的经济、社会或生产经营影响,但影响面和影响程度不大
2	低	一旦发生造成的影响程度较低,一般仅限于组织内部,通过一定手段很快能解决
1	很低	一旦发生造成的影响几乎不存在,通过简单的措施就能弥补

表 12-9　安全风险等级对照表

安全风险值	1～6	7～12	13～18	19～23	24～25
安全风险等级	1	2	3	4	5

表 12-9 是第 i 个风险域内第 k 个风险点的风险进行综合评价时的对照表,可以根据电网建设项目的特点,采用加权法求解其最终风险值,即

$$Z_k(i) = \sum_{j=1}^{m} W_j Z_{kj}(i) \qquad (12-6)$$

式中: m 为威胁利用项目脆弱性导致的安全风险个数;权重 $\sum_{j=1}^{m} W_j = 1$。

12.6　实例分析

某电网建设项目第 i 个风险域内第 k 个风险点,已经识别出五个脆弱性,其严重程度分别是: $V_{k1}(i) = 4$, $V_{k2}(i) = 3$, $V_{k3}(i) = 1$, $V_{k4}(i) = 2$, $V_{k5}(i) = 1$;项目面临两个威胁,其发生的频率分别是: $T_{k1}(i) = 2$ 和 $T_{k2}(i) = 4$,威胁 $T_{k1}(i)$ 可以利用的脆弱性是 $V_{k1}(i)$ 和 $V_{k3}(i)$,威胁 $T_{k2}(i)$ 可以利用的脆弱性是 $V_{k2}(i)$、$V_{k4}(i)$ 和 $V_{k5}(i)$;项目价值 $L_k(i) = 3$。确定项目的风险值 $Z_{kj}(i)$ 可以分为以下四个步骤:

(1)计算安全事件发生的可能性 $Q_{kj}(i)$

根据威胁利用脆弱性的情况,对照判别矩阵表 12-3,威胁 $T_{k1}(i)$ 利用的脆弱性 $V_{k1}(i)$ 的安全可能性 $Q_{k1}(i) = 12$;利用脆弱性 $V_{k3}(i)$ 的安全可能性 $Q_{k3}(i) = 3$。威胁 $T_{k2}(i)$ 利用脆弱性 $V_{k2}(i)$ 的安全可能性 $Q_{k2}(i) = $

14;利用脆弱性$V_{k4}(i)$的安全可能性$Q_{k4}(i)=11$;利用脆弱性$V_{k5}(i)$的安全可能性$Q_{k5}(i)=7$。

（2）计算安全事件的损失$C_{kj}(i)$

根据项目价值$L_k(i)=3$和脆弱性严重程度,对照损失判别矩阵表12-4,其安全事件的损失分别为:脆弱性$V_{k1}(i)$对应损失$C_{k1}(i)=15$;脆弱性$V_{k2}(i)$对应的损失为$C_{k2}(i)=11$;脆弱性$V_{k3}(i)$对应的损失为$C_{k3}(i)=4$;脆弱性$V_{k4}(i)$对应的损失为$C_{k4}(i)=7$;脆弱性$V_{k5}(i)$对应的损失为$C_{k5}(i)=4$。

（3）确立$Q_{kj}(i)$和$C_{kj}(i)$的等级

根据计算出的安全事件可能性$Q_{kj}(i)$和安全事件损失$C_{kj}(i)$值,分别对照表12-5和表12-6,可得安全事件发生可能性等级$\overline{Q}_{kj}(i)$和安全事件损失等级$\overline{C}_{kj}(i)$（表12-10和表12-11）。

表 12-10 安全事件可能性等级一览表

可能性 $Q_{kj}(i)$	$Q_{k1}(i)=12$	$Q_{k2}(i)=14$	$Q_{k3}(i)=3$	$Q_{k4}(i)=11$	$Q_{k5}(i)=7$
可能性等级 $\overline{Q}_{kj}(i)$	$\overline{Q}_{k1}(i)=3$	$\overline{Q}_{k2}(i)=3$	$\overline{Q}_{k3}(i)=1$	$\overline{Q}_{k4}(i)=2$	$\overline{Q}_{k5}(i)=2$

表 12-11 安全事件损失等级一览表

损失值 $C_{kj}(i)$	$C_{k1}(i)=15$	$C_{k2}(i)=11$	$C_{k3}(i)=4$	$C_{k4}(i)=7$	$C_{k5}(i)=4$
损失等级 $\overline{C}_{kj}(i)$	$\overline{C}_{k1}(i)=3$	$\overline{C}_{k2}(i)=3$	$\overline{C}_{k3}(i)=1$	$\overline{C}_{k4}(i)=2$	$\overline{C}_{k5}(i)=1$

（4）计算风险值$Z_{kj}(i)$

根据安全事件发生的可能性等级$\overline{Q}_{kj}(i)$和安全事件损失等级$\overline{C}_{kj}(i)$,对照风险判别矩阵（表12-7）,得到安全事件风险值,如表12-12所示。

表 12-12 安全事件风险等级一览表

损失等级	可能性等级	安全风险值
$\overline{C}_{k1}(i)=3$	$\overline{Q}_{k1}(i)=3$	$Z_{k1}(i)=13$
$\overline{C}_{k2}(i)=3$	$\overline{Q}_{k2}(i)=3$	$Z_{k2}(i)=13$
$\overline{C}_{k3}(i)=1$	$\overline{Q}_{k3}(i)=1$	$Z_{k3}(i)=3$
$\overline{C}_{k4}(i)=2$	$\overline{Q}_{k4}(i)=2$	$Z_{k4}(i)=8$
$\overline{C}_{k5}(i)=1$	$\overline{Q}_{k5}(i)=2$	$Z_{k5}(i)=6$

实例计算表明,用矩阵法可以计算威胁利用项目的五个脆弱性,从而得出其风险值分别是 13、6、9、8、6,对应的风险等级分别为 3、1、2、2、1。取权重 $[W_j] = [0.1, 0.1, 0.1, 0.6, 0.1]^T$,运用式(12-6),综合评价该风险点的最终风险值 $Z_k(i) = 20$,对照表 12-9,与之对应的风险等级为 4,属高风险,需要做好预防和控制工作。

12.7　结论与讨论

电网建设项目是一个复杂系统,处于多种因素相互作用之中,各种灾害事件说明,该项目系统具有明显的脆弱性,而且受到各种因素的威胁,具有安全事件和损失的不确定性。通过研究对现有的脆弱性概念进行了归纳总结,提出了电网建设项目脆弱性的概念;根据建设项目各因素之间的相互关联作用,对电网建设项目的脆弱性进行识别,建立了脆弱性度量模型。针对电网建设项目的脆弱性及其可能出现的安全风险,本章采用矩阵方法来进行评估。矩阵方法主要考虑项目安全事件的可能性、项目脆弱性的程度以及损失程度,通过计算找出它们的一一对应关系,建立风险等级,以反映项目安全风险的严重程度。风险等级处理的目的是在风险控制与管理过程中对不同风险进行直观比较,以便采取"恰当的安全策略"和"适度的安全措施"控制项目风险。实例计算表明,应将风险控制成本与风险造成的影响综合考虑,提出一个可接受的风险控制范围,如果风险计算值处于可接受的范围,则该风险是可接受的,应坚持已有的安全措施;如果风险计算值超出可接受的范围,即高于可接受的上限值,则风险是不可接受,需要采取安全预防措施以降低和控制项目风险。

第 13 章　地下变电站安全风险的可拓物元模型分析

13.1　引言

随着经济社会的不断发展,城市化建设速度也在不断加快,必然引起城市用电负荷迅猛增长。受资源环境的约束,电网设施的建设严重滞后,大量城市电力设施转入地下,其中大型地下变电站的建设,成为了当前城市电网规划布局的重点,同时也带来了地下变电站的一系列安全问题,由于地下变电站与地面变电站具有明显的差异,其设备安全、环境保护、防灾减灾等方面具有特殊性,如何认识和评估其安全风险,从而提出应对的策略措施是目前的重要研究。

地下变电站的安全风险评估要受多种自然环境因素和内部设备因素的约束,而且各种影响因素相互交叉,具有较大的不确定性,其理论建模非常复杂,要实现其安全风险的准确评估存在一定的困难。目前,在电力变压器的安全性评估方面,主要采用的方法是通过模糊理论、层次分析法、灰色理论等数学方法综合分析其状态检测数据,从而达到其安全风险评估的目的[219−221]。本章基于可拓物元理论,对影响地下变电站安全的各种因素进行识别,将地下变电站运行的安全风险等级、评价指标及其特征值作为物元,得到该模型的经典域、节域及关联度,建立地下变电站安全风险综合评估模型,并将该模型应用于工程实例研究[222]。

13.2　地下变电站安全风险评价指标体系的构建

13.2.1　地下变电站安全风险的特点

作为电力系统的一个重要组成部分,地下变电站的功能是变换电压等级、汇集配送电能,该系统主要包括线路开关设备、母线、变压器、建筑物及电力系统安全和控制所需的设施。地下变电站的规划建设,主要是将高压配电装置、主变压器和主控制室等主要设施布置在地下,这与地面变电站有着很大的不同。其安全特点主要表现在：

（1）地下变电站大多位于城市用电负荷主要集中的中心城区。由于城市化的发展，市区土地资源日趋稀缺，变电站的选址工作越来越困难，即使能够确定建设的地点，其面临的拆迁工作量相当大，这大大增加了地下变电站的建设成本和造价，一旦出现安全事故，损失比较大。

（2）地下变电站的建筑结构设计复杂，对施工过程中深基坑的围护、结构抗渗、防潮和抗震要求较高。地下空间狭窄，与外面连接的进出口通道少，操作困难，不利于大型机械设备的使用。

（3）地下变电站大多处于地下封闭环境，很难拥有良好的自然采光和通风，这就需要可靠的空调和照明、地下防水和排水设施等辅助系统，这些设施的可靠性将直接影响电气设备能否安全运行以及室内工作人员的健康与安全。

（4）由于地下变电站的特殊环境，要求配备完善的消防设施，减少和控制易燃、易爆危险源，从而降低火灾的安全风险。

（5）大多数地下变电站处于城市商业中心或繁华地带，对电力系统的可靠性要求较高，因此，特别要求具有防爆、防噪声的能力以及与周围环境相适应，并具有较好的防灾减灾能力。

13.2.2　地下变电站安全风险评价指标体系

地下变电站是一个涉及人员管理、环境协调管理、渗水处理、设备安全管理和电网运行监控等多项工作的综合系统，影响因素众多。为了对其安全风险评价指标做出正确选择，还须对地下变电站的安全状态进行系统的调查和分析，以便能够客观地、最大限度地反映各种因素的影响。根据地下变电站的安全风险特点和相关参考资料[24,129]，本章筛选出环境污染、变电设备安全、人身安全、水浸危害及辅助设备系统 5 个方面作为影响地下变电站安全风险的主要因素进行分析，确定出 5 个类别、12 个指标作为评价指标体系，如图 13.1。

13.2.3　地下变电站安全风险等级的划分

根据风险评价的实际情况，地下变电站安全风险的等级按五级划分[24,129]，分级标准见表 13-1。每级风险对应地下变电站安全的危险程度，通常把 4 级及以上的风险规定为重大风险，是制定职业健康安全目标、评价指标和管理方案的重要参考依据，必须采取降低风险的措施，明确并执行这些措施。对 3 级及以下的风险规定为一般风险，只需对风险进行控制和管理,可采取必要的预防措施。对各类指标的量化处理,采用专家打分法,专家根据实际安全状况和自身的经验判断,并参考供电企业安全评价标准[24,129],对地下变电站的安全评价指标进行打分,打分范围一般为[0,100],根据所得的分值确定其相应的风险等级(部分大于 100 的分值,折算成百分值)。对于可靠性指标,按[0,1]的概率确定分值(表 13-1)。

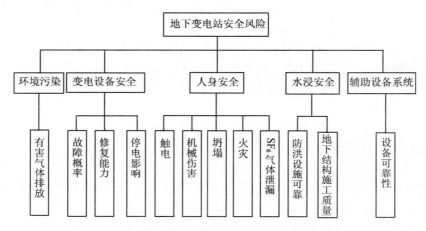

图 13.1 地下变电站安全风险评价指标体系

表 13-1 地下变电站安全风险评价指标分级标准

评价体系	评价指标	编号	权重	评价等级				
				一	二	三	四	五
人身安全	触电	P11	W11	0~0.2	0.2~0.7	0.7~1.6	1.6~3.2	3.2~100
	机械伤害	P12	W12	0~0.2	0.2~0.7	0.7~1.6	1.6~3.2	3.2~100
	坍塌	P13	W13	0~0.2	0.2~0.7	0.7~1.6	1.6~3.2	3.2~100
	火灾	P14	W14	0~0.2	0.2~0.7	0.7~1.6	1.6~3.2	3.2~100
	SF₆ 气体泄漏	P15	W15	0~0.2	0.2~0.7	0.7~1.6	1.6~3.2	3.2~100
环境污染	有害气体排放	P21	W21	0~10	10~20	20~30	30~60	60~100
辅助设备系统	设备可靠性	P31	W31	1.0~0.9	0.9~0.8	0.8~0.6	0.6~0.3	0.3~0.0

评价体系	评价指标	编号	权重	评价等级				
				一	二	三	四	五
变电设备安全	故障概率	P41	W41	0.0～0.3	0.3～0.6	0.6～0.8	0.8～0.9	0.9～1.0
	修复能力	P42	W42	1.0～0.8	0.8～0.6	0.6～0.4	0.4～0.2	0.2～0.0
	停电影响	P43	W43	0～3	3～7	7～15	15～40	40～100
水浸危害	防洪设施可靠性	P51	W51	100～90	90～70	70～40	40～10	10～0
	地下结构施工质量	P52	W52	100～85	85～70	70～40	40～10	10～0

13.3　地下变电站安全风险物元模型的构建

13.3.1　确定风险水平的经典域

可拓物元理论是我国数学家蔡文于 20 世纪 80 年代提出来的，主要用于解决不相容问题。到目前，该理论已经从最初的物元分析发展到了可拓学[222−223]，这为地下变电站的安全风险评估提供了一种有效途径。利用可拓物元模型不仅可以定性地描述地下变电站安全影响因素的复杂性，而且可以通过关联函数的计算来定量地表征各种安全指标的风险特征。根据物元理论[223−224]，用"事物 N、特征 C、量值 V"3 个要素组成的有序三元组来描述事物的基本元，即所谓的多维物元，用 R 表示，$R = \{N, V, C\}$，其中 N 表示事物（这里指地下变电站的安全风险），C 表示事物 N 的特征（这里指安全风险的分类），V 表示事物特征 C 的量值（这里指安全风险评价指标）。一个事物有多个特征，如果事物 N 有 n 个特征 $c_1, c_2, c_3, \cdots, c_n$ 和相应量值 $v_1, v_2, v_3, \cdots, v_n$，则物元 R 可表述为

$$R = \begin{bmatrix} R_1 \\ R_2 \\ \vdots \\ R_4 \end{bmatrix} = \begin{bmatrix} N & c_1 & v_1 \\ & c_2 & v_2 \\ & \vdots & \vdots \\ & c_n & v_n \end{bmatrix} \tag{13-1}$$

上式可简记为：$R = \{N, V, C\}$

风险水平的经典域可定义为

$$R_j = \begin{bmatrix} N_j & c_1 & v_{j1} \\ & c_2 & v_{j2} \\ & \vdots & \vdots \\ & c_n & v_{jn} \end{bmatrix} = \begin{bmatrix} N_j & c_1 & (a_{j1}, b_{j1}) \\ & c_2 & (a_{j2}, b_{j2}) \\ & \vdots & \vdots \\ & c_n & (a_{jn}, b_{jn}) \end{bmatrix} \qquad (13\text{-}2)$$

这里，N_j 表示评价对象的安全风险等级（$j = 1, 2, \cdots, m$）；c_i 表示安全风险等级 N_j 的特征（$i = 1, 2, \cdots, n$），即分项指标；$c_{ji} = (a_{ji}, b_{ji})$，表示安全风险等级 N_j 关于特征 c_i 所规定的量值范围，即为各安全风险等级对应指标所取的数值范围，我们把它称为经典域[223]。

13.3.2　确定安全风险等级的节域

对所评价的地下变电站，

$$R_j = (N_j, C_i, V_{pi}) = \begin{bmatrix} N_p & c_1 & v_{p1} \\ & c_2 & v_{p2} \\ & \vdots & \vdots \\ & c_n & v_{pn} \end{bmatrix} = \begin{bmatrix} N_p & c_1 & (a_{p1}, b_{p1}) \\ & c_2 & (a_{p2}, b_{p2}) \\ & \vdots & \vdots \\ & c_n & (a_{pn}, b_{pn}) \end{bmatrix}$$

$$(13\text{-}3)$$

其中，N_p 为安全风险等级的全体；区间 $V_{pi} = (a_{pi}, b_{pi})$ 为 N_p 关于 C_i 风险特征所取的量值范围，称为节域[223]，显然有 $V_{ji} \in V_{pi}$。

13.3.3　确定待评物元

对地下变电站的待评风险水平，将得到的各分项指标数据或分析结果用物元表示，可得到待评物元 R_0。

$$R_0 = (N_0, C_i, V_i) = \begin{bmatrix} N_0 & c_1 & v_1 \\ & c_2 & v_2 \\ & \vdots & \vdots \\ & c_n & v_n \end{bmatrix} \qquad (13\text{-}4)$$

式中，N_0 为待评价的地下变电站；V_i 为 N_0 关于 C_i 所取的量值，即待评地下变电站的实际取值。

13.3.4　确定评价指标关于各风险等级的关联度

（1）距的计算

在测得实际指标数据后,需要判断其落在风险等级区间的具体位置,我们采用了距的概念。即点 x_0 与有限实区间 $X=(a,b)$ 的距为

$$\rho(x_0,X) = \mid x_0-(a+b)/2 \mid -0.5(b-a)$$
$$= \begin{cases} a-x_0, & x \leqslant (a+b)/2 \\ x_0-b, & x \geqslant (a+b)/2 \end{cases} \tag{13-5}$$

（2）关联函数 $K(x)$ 的计算

用距来计算关联函数值

$$K_j(x_i) = \begin{cases} \rho(x_{0i},x_{ji})/\{\rho(x_{0i},x_{pi})-\rho(x_{0i},x_{ji})\}, & x_{0i} \notin X_{ji} \\ -\rho(x_{0i},x_{pi}) \mid X_{ji} \mid, & x_{0i} \in X_{ji} \end{cases}$$
$$\tag{13-6}$$

其意义为待评价地下变电站在第 i 个指标上属于安全风险等级 j 的程度。

13.3.5　计算待评价地下变电站安全风险等级的关联度

根据表 13-1 中各个指标的权重系数,计算待评价地下变电站安全风险等级 j 的关联度如下:

$$K_j(N_0) = \sum_{i=1}^{n} w_i K_j(x_i) \tag{13-7}$$

$$K_j = \max K_j(N_0), \ j = 1,2,\cdots,m \tag{13-8}$$

这里,$K_j(N_0)$ 为待评价地下变电站安全风险关于各类别风险等级 j 的关联度。根据式(13-8)并对照表 13-1,可直接判断地下变电站的安全风险等级。

13.4　实例分析

13.4.1　工程背景

对某城市一座 220 kV 地下变电站安全状况检查的得分值如表

13-2所示。其中各项评价指标的权值主要参考发生事故的概率和专家打分法综合确定,其中人身安全的权重为 0.35,环境污染权重为 0.1,辅助设备系统的权重为 0.15,变电设备安全的权重为 0.3,水浸危害权重为 0.1,安全风险等级评价标准参考表 13-1,分别计算各指标对于安全风险等级的关联度,并利用可拓物元模型进行分析,评价结果见表13-2所示。

表 13-2 某地下变电站安全评价实际得分

评价体系	评价指标	权重	实际得分	折算标准
人身安全	触电	0.054 5	1.5	100
	机械伤害	0.036 4	0.5	100
	坍塌	0.018 2	0.5	100
	火灾	0.135 4	3.0	100
	SF_6 气体泄漏	0.105 5	1.5	100
环境污染	有害气体排放	0.10	35	100
辅助设备系统	设备可靠性	0.15	0.75	1.0
变电设备安全	故障概率	0.072 7	0.75	1.0
	修复能力	0.109 1	0.85	1.0
	停电影响	0.118 2	7.5	100
水浸危害	防洪设施可靠性	0.057 2	75	100
	地下结构施工质量	0.042 8	80	100

13.4.2 计算过程与计算结果

根据表 13-2 中样本的各项风险指标,利用式(13-5)和式(13-6)计算得到 12 项指标的关联度;根据表 13-2 中的权重系数,再利用式(13-7)和式(13-8)得到该样本关于各指标的关联度所属的地下变电站安全风险等级见表13-3。

表 13-3　地下变电站安全风险综合评价指标

评价体系	评价指标	权重	实际指标值	关联度				
				等级一	等级二	等级三	等级四	等级五
人身安全	触电	0.054 5	1.5	−0.464	−0.348	0.889	−0.062 5	−0.516
	机械伤害	0.036 4	0.5	−0.375	0.4	−0.286	−0.687	−0.844
	坍塌	0.018 2	0.5	−0.375	0.4	−0.286	−0.687	−0.844
	火灾	0.135 4	3.0	−0.483	−0.434	−0.318	0.125	−0.062 5
	SF$_6$ 气体泄漏	0.105 5	1.5	−0.464	−0.348	0.889	−0.062 5	−0.516
环境污染	有害气体排放	0.10	35	−0.364	−0.222	−0.125	1.667	−0.461
辅助设备系统	设备可靠性	0.15	0.75	−0.25	−0.167	0.75	−0.375	−0.5
变电设备安全	故障概率	0.072 7	0.75	−0.643	−0.375	0.25	−0.166 7	−0.375
	修复能力	0.109 1	0.85	0.75	−0.625	−0.75	−0.8	−0.85
	停电影响	0.118 2	7.5	−0.375	−0.062 5	0.937	−0.5	−0.812
水浸危害	防洪设施可靠性	0.057 2	75	−0.5	1.25	−0.583	−0.722	−0.75
	地下结构施工质量	0.042 8	80	−0.5	1.33	−0.667	−0.778	−0.8
地下变电站安全风险综合评价				−0.293	−0.114	0.169	−0.153	−0.012 7

根据表 13-3 的结果,显然 $K(N_0)=0.169$ 的值最大,可得出该地下变电站安全风险等级水平为三级,属于中等偏上水平。这一结果与实际情况基本相符,应采取的对策措施是,加强日常风险的控制和管理,预防安全事故的发生。

13.5　结论与讨论

通过研究,主要得出如下结论:

(1)地下变电站安全风险影响因素较多,根据其安全特点,本章较系统地建立了地下变电站安全风险评价指标体系,提出了 5 大类、12 个影响因子作为地下变电站安全风险的评价指标,并应用可拓学中的物元理论对地下变电站安全风险进行了分析,建立了基于物元模型的地下变电站安全风险评价体系。

(2) 这种方法利用了关联函数可取负值的特点,使得安全风险的评估能够全面地分析对象属于某级集合的程度。与其他方法相比,物元模型能够直观地反映评价对象的定性与定量的关系,从而比较完整地揭示地下变电站安全状况的综合水平,同时易于用计算机进行编程处理,扩大安全风险评价的范围。

(3) 通过应用实例分析,本章提出的地下变电站安全风险评价物元模型是合理的,这将为提高地下变电站的安全管理水平,确保城市电网的正常运行提供新的安全评估思路。

第14章 电网建设安全风险规避策略

14.1 前言

通过电网建设安全风险的识别、估计、评价，风险管理人员应该对其存在的种种风险和潜在损失等方面有了一定的把握。在此基础上，所面临的问题是：首先，要制定合理可行的安全风险应对计划；其次，在规避、转移、缓解、接受和利用风险等众多应对策略中，选择行之有效的策略，并寻求既符合实际，又有明显效果的应对策略措施，力图使风险转化为机会或使风险所造成的负面效应降低到最低。

14.1.1 电网建设安全风险应对计划

安全风险应对计划（Risk Response Planning）的制定是一个拟定风险对策（或方案）和措施的过程，目的是为了提升实现电网建设目标的机会，降低相应的威胁。制定电网建设安全风险应对计划必须充分考虑安全风险的严重性、应对风险所花费用的经济性、采取措施的有效性以及和建设环境的适应性等。在制订建设风险应对计划时，应有多个方案，并选择其中最优的方案。

（1）编制电网建设安全风险应对计划的依据

电网建设安全风险应对计划的编制依据一般应包括：

① 建立电网建设安全风险管理计划和风险清单。安全风险管理计划包括风险管理方法、岗位划分和职责分工、安全风险管理费用预算等；风险清单一般应包括的内容有：不同安全风险事件发生的可能性、安全风险事件发生后对工程项目目标的影响等。

② 电网建设安全风险的特性。通常电网建设项目的应对措施主要是根据安全风险的特性制定的。如，对认识程度不同的风险，即对安全风险信息不完备的风险就采取不同的应对措施；对于建设项目的进度、质量和费用方面的风险，可能需要采取完全不同的应对策略和措施。

③ 电网建设项目主体的抗风险能力。项目主体抗风险能力即项目主体能够承受多大的安全风险，将直接影响电网建设项目主体对于工程

项目安全风险应对措施的选择。建设项目主体抗风险能力包括许多因素,既包含项目经理承受风险的心理能力,也包括项目主体能够提供资源(包括资金)的能力等。

④ 电网建设安全风险详细分析资料。它包括:项目安全风险因果分析资料、安全风险的最大损失值和项目安全风险发展趋向分析资料等。在电网建设项目安全风险中,一些风险可能是由一个共同作用的因素引起。对这种情况可能会大大降低应对风险的成本,即采取一个应对措施就可能减少两个或两个以上的安全风险事件。

⑤ 可供选择的安全风险应对措施。对于某一具体风险,要有多种可供选择的安全风险应对措施,以及选择某种应对措施的可能性,这是制定安全风险计划要做的一项重要工作。

(2)电网建设安全风险应对计划的内容

电网建设安全风险应对计划是项目安全风险应对措施和项目安全风险控制的计划与安排,是项目安全风险管理的目标、任务、程序、责任和措施等内容的全面规划。其内容具体包括:

① 电网建设安全风险已识别风险的描述,包括项目分解的风险成因和对项目目标的影响等;

② 电网建设安全风险承担人及其应分担的风险;

③ 安全风险分析及其信息处理程序安排;

④ 针对每项安全风险,其应对措施的选择和实施计划;

⑤ 采取措施后,期望残留风险的水平;

⑥ 安全风险应对的费用预算和时间计划;

⑦ 处置安全风险的应急计划。

14.1.2 电网建设安全风险应对策略

电网建设安全风险常用的应对策略和措施有[18,20]:风险规避、风险转移、风险缓解和损失控制、风险自留和风险利用,以及这些策略的组合。对某一具体工程的项目风险,可能有多种应对策略或措施;同一种类的风险问题,对于不同的项目主体采用的风险应对策略或应对措施可能是不一样的。因此,从理论上说,需要根据电网建设安全风险的具体情况,以及安全风险管理人员的心理承受能力和抗风险能力来确定安全风险的应对策略或措施[164—166]。在电网建设工程风险管理的实践中,人们总结出了应对安全风险的策略或措施。表 14-1 是电网建设项目施工承包方在国际工程承包中常用的安全风险应对策略和措施[20,225—228]。

表 14-1　电网建设施工承包方常用的安全风险应对策略和措施

风险类型	管理策略	应对措施
工程设计风险		
设计深度不足	风险自留	索赔
设计缺陷或失误	风险自留	索赔
地质条件复杂	风险转移	合同条件中分清责任
自然环境风险		
火灾	风险转移	购买保险
洪灾(台风、冰冻灾害)	风险转移	购买保险
地震	风险转移	购买保险
泥石流	风险转移	购买保险
塌方	风险控制	采取预防控制措施
社会环境风险		
法律法规变化	风险自留	索赔
战争和内乱	风险转移	购买保险
没收	风险自留	运用合同条件
禁运	风险控制	降低损失
宗教节日影响施工	风险自留	预留损失费
社会风气腐败	风险自留	预留损失费
污染及安全规则约束	风险自留	制订保护及安全计划
经济风险		
通货膨胀	风险自留	执行价格调值,考虑应急费用
汇率浮动	风险转移	投保汇率险,套汇交易
	风险自留	合同中规定汇率保值
	风险利用	市场调汇
分包商或供应商违约	风险转移	履约保函
	风险规避	进行资格预审
业主违约	风险自留	索赔

风险类型	管理策略	应对措施
	风险转移	严格合同条件
项目资金无保证	风险规避	放弃承包
标价过低	风险分散	分包
	风险自留	控制成本、加强合同管理
工程施工过程风险		
恶劣自然条件	风险自留	索赔、采取预防措施
劳务争端或内部罢工	风险自留	采取预防措施
	风险控制	采取预防措施
施工现场条件恶劣	风险自留	改善现场条件
	风险转移	投保第三者险
工作失误	风险控制	严格规章制度
	风险转移	投保工程全险
设备毁损	风险转移	购买保险
工伤事故	风险转移	购买保险

注：资料选自文献[20]

14.2 电网建设安全风险规避

14.2.1 安全风险规避的内涵

风险规避(Risk Avoidance)就是以一定的方式中断风险源,使其不发生或不再发展,从而避免可能产生的潜在损失。从风险管理的角度看,安全风险规避是一种最彻底地避免安全风险影响的方法。虽然建设项目的风险不可能全部消除,但借助于安全风险规避的一些方法,对某些特定的安全风险,在它发生之前就消除其发生的机会或可能造成的种种损失还是可能的。

安全风险规避的方式有如下两种:

① 规避安全风险事件发生的概率。

② 规避安全风险事件发生后可能产生的损失。

在工程项目风险管理中,风险规避可采用上述两种方式中的任一种,很多情况可能是上述两种方式被同时使用。采用风险回避这一对策时,有时需要作出一些牺牲,但较之承担风险,这些牺牲比电网建设安全风险真正发生时可能造成的损失要小得多。如:在电网建设施工方案制定过程中,尽可能采用一些成熟的施工工艺和方法,而不是去采用一些不成熟的新方法,这就在某一程度上防止了在施工方案选择上引发风险的可能性;高空作业中设置安全网,这并不能规避作业人员坠落的风险,但可有效地防止高空作业人员坠落而引起的伤亡风险,即避免风险所引起的损失。又如:某投资人因选址不慎,原决定在河谷建造某电厂,而保险公司又不愿意为其承担保险责任。当投资人意识到在河谷建厂将不可避免地受到洪水威胁,且又别无防范措施时,只好决定放弃该计划。虽然他在建厂准备阶段耗费了不少投资,但与其厂房建成后可能发生泥石流或被洪水冲毁,不如及早改弦易辙,另谋理想的厂址,其损失要小得多。

14.2.2　安全风险规避方法

在电网建设安全风险管理中,规避风险的具体方法有:终止法、工程法、程序法和教育法等。

（1）终止法

终止方法是规避风险的基本方法,是通过终止(或放弃)项目或建设计划的实施来避免风险的一种方法。如,部分变电站的选址选在喇叭口、洼地、泄洪道弓背部、山脚等,是覆冰可能成灾区。部分线路走廊选择不当是风、地质灾害、覆冰等构成输电线路灾害的重要成灾因子,尤其是部分崇山峻岭,线路高差大,自然环境恶劣,建设、运营维护、抢险救灾都十分困难,同量级的自然灾害对主电网的影响更加严重。因此在做规划设计时,应终止这一方案。虽然线路走廊的选择有时会受诸多因素制约,但规划和设计时还是要尽可能避开相对高耸、凸出、暴露的地形,或山区风道、垭口、抬升气流的迎风坡,对实在避不开的较易受自然灾害侵害等微地形区段的线路要进行重点复核,在微地形特征较明显的地区要考虑加强杆塔设计。这是从根本上规避冰冻灾害对电网系统影响的方法之一。

（2）工程法

工程法是一种有形的电网建设规避风险的方法,其以工程技术为手段,消除物质性风险的威胁。如,施工单位在安全管理中,于高空作业下方设置安全网;在楼梯口、预留洞口、坑井口等设置围栏、盖板或架网等均是十分典型的工程法规避风险的措施。工程法的特点是:每一种措施总

207

是与具体的工程设施相联系,因此采用该方法规避安全风险的成本较高,在电网建设安全风险措施决策时应充分考虑这一点。用工程法规避安全风险具体有下列多种措施:

① 避免安全风险因素发生。在电网建设项目实施前,采取必要的工程技术措施,防止安全风险因素的发生。

② 消除已经存在的安全风险因素。在电网施工现场,若已经发现了某些电气设备有漏电现象,则立即采取措施,一方面找到漏电的原因,并有针对性地采取措施;另一方面做好电气设备的接地,这样就可有效地防止伤亡安全风险的发生。

③ 将安全风险因素同人、财、物在时间和空间上隔离。安全风险事件引起风险损失的原因在于:在某一时间段内,人、财或物,或他们的组合处在某种破坏力作用的范围之内。因此,将人、财、物与风险源在空间上隔开,并避开安全风险发生的时间,这样可以有效地规避损失或伤亡。

工程法在规避电网建设安全风险等方面得到广泛的应用。然而要注意到,任何工程措施均是由人设计和实施的,人的因素在其中起主导作用,在使用工程法的过程中要充分发挥人的主导作用。此外,任何工程措施都有其局限性,并不是绝对的可靠或安全,过分依赖工程措施的观点是片面的,要将工程措施和其他措施结合起来作用,以达到最佳的规避安全风险的效果。

（3）程序法

与工程法相比,程序法是无形的安全风险规避的方法,要求用标准化、制度化、规范化的方式从事电网建设活动,以避免可能引发的安全风险或不必要的损失。电网建设项目作为工程项目的一种,遵循一定的工程建设基本程序,在电网建设过程中,要求按照该程序一步一步进行,对于某些重要的环节,而且要求在完成一步后,要进行评审或验收,以防给后续作业留下不利的条件、引发安全风险事故。另一方面,建设项目的施工过程是由一系列工序作业组成的,在工序之间有着严格的先后作业逻辑关系。对这种情况,要求严格按照规定的作业程序施工,而不能随意安排,以避免安全风险事故的发生。

（4）教育法

电网建设安全风险管理的实践表明,项目管理人员和操作人员的行为不当是引起风险的重要因素之一。因此要避免安全风险,对人员进行广泛的教育,提高大家的安全风险意识,是避免电网建设安全风险的有效途径之一。教育的内容一般包括工程经济、技术、质量和安全等方面。教育的目的是让大家认识到个人的任何疏漏或不当的行为均会给电网项目带来很大的损失,并要使大家认识或了解建设工程所面临的风险,了解和掌握处置安全风险的方法和技术。

14.2.3　安全风险回避的局限性分析

从以上分析可知,在某些情况下,安全风险回避是最佳对策[20]。在采用风险回避对策时需要注意以下问题:

首先,回避一种风险可能产生另一种新的风险。在电网建设工程实施过程中,绝对没有安全风险的情况几乎不存在。就技术风险而言,即使是相当成熟的技术也存在一定的安全风险。例如,在地下变电站建设中,由于受到地下岩土体渗流耦合作用,采用明挖法施工有支撑失败、顶板坍塌等风险。如果为了回避这种风险而采用逆作法施工方案的话,又会产生地下连续墙失败等其他新的安全风险。

其次,回避风险的同时也失去了从风险中获益的可能性。由投机风险的特征可知,它具有损失和获益的两重性。例如,在涉外电力工程中,由于缺乏有关外汇市场的知识和信息,为避免承担由此而带来的经济风险,决策者决定选择本国货币作为结算货币,从而也就失去了从汇率变化中获益的可能性。

再次,回避风险可能不实际或不可能。这一点与电网建设工程安全风险的定义或分解有关。电网建设工程风险定义的范围越广或分解得越粗,回避风险就越不可能。例如,如果将电网建设工程的风险仅分解到风险因素这个层次,那么任何电网建设工程都必然会发生经济风险、自然风险和技术风险,根本无法回避。又如,从承包商的角度,投标总是有风险的,但决不会为了回避投标风险而不参加任何电力建设工程的投标。电网建设工程的几乎每一个活动都存在大小不一的风险,过多地回避风险就等于不采取行动,而这可能是最大的风险所在。由此,可以得出结论:不可能回避所有的风险。正因为如此,才需要其他不同的安全风险对策。

总之,虽然安全风险回避是一种必要的,有时甚至是最佳的风险对策,但应该承认这是一种消极的安全风险对策。如果处处回避,事事回避,其结果只能是停止发展,直至停止生存。因此,应当勇敢地面对安全风险,这就需要适当运用安全风险回避以外的其他风险对策。

14.3　电网建设安全风险转移

在电网建设安全风险管理中,不仅需要规避风险,以控制风险的发生和消除风险的损失,或者降低风险发生的概率和减少风险的损失,而且有时还需要面对风险。此时,就必须借助于其他风险应对措施,风险转移就是直面风险而又有效地处置风险的措施。

14.3.1　风险转移的内涵

风险转移(Risk Transference)就是设法将某些风险的结果连同对风险对应的权利和责任转移给他方。转移风险仅是将安全风险管理的责任转移给他方,并不能消除风险。

在电网建设项目中,风险转移的方式多种多样,如组织联营体或联合集团进行工程投标,工程保险、担保、利用开脱责任的合同条款、选择适合合同的计价方式、工程分包和转包等。不管是哪种风险转移方式,其特点是共同的,就是使自身免受种种风险损失。当然,下面讨论的风险转移是指正当的、合法的转移方式或手段,而不是无限制、无约束的,甚至是带有欺诈性的风险转移。如,我国的法律规定建设项目不得转包,则转包这种风险转移的方式就不能采用。值得注意的是,在电网建设安全风险管理中,提到风险转移并不意味着一定是将风险转移给了他人,他人肯定会受到风险损失。

在某些环境下,风险转移者和接受风险者会取得双赢。如,某承包商承包某一个工程,工程中的某一部分子项目的施工并不是其擅长的,在技术上和施工设备方面均有一定的问题,若由其自身完成,则在工程的质量安全和施工成本方面均存在着风险。因此,在业主同意的情况下,该承包商对这部分工程进行分包,选择一家经验丰富的专业承包商承担施工任务。这样,对该承包商而言,避免了这部分子项目施工所面临的质量安全和成本方面的风险;对该分包商而言,并不一定存在风险,其充分利用自己的技术和经验优势,不但完全可以保证质量安全,而且还可以盈利。

14.3.2　电网建设项目非保险风险转移的方式和分类

电网建设安全风险转移分保险和非保险两种方式。这里仅介绍电网建设项目非保险风险转移,有关电网建设项目保险问题将在章节 14.6 中介绍。工程项目实施中,工程项目的业主或承包人常采用的非保险风险转移方式有：工程联合投标（或承包）、工程担保或履约保证、工程分包、选择工程合同的计价方式、利用合同条件的拟定或变更等。

非保险转移又称为合同转移，因为这种风险转移一般是通过签订合同的方式将工程风险转移给对方当事人。水电建设工程风险最常见的非保险转移有以下三种情况：

① 业主将合同责任和风险转移给对方当事人。在这种情况下，被转移者多数是承包商。例如，在合同条款中规定，业主对场地条件不承担责任；又如，采用固定总价合同将涨价风险转移给承包商；等等。

② 承包商进行合同转让或工程分包。承包商中标承接某工程后，可能由于资源安排出现困难而将合同转让给其他承包商，以避免由于自己无力按合同规定的时间建成工程而遭受违约罚款，或将该工程中专业技术要求很高而自己又缺乏相应技术的工程内容分包给专业分包商，从而更好地保证工程质量安全。

③ 第三方担保。合同当事人的一方要求另一方为其履约行为提供第三方担保。担保方所承担的安全风险仅限于合同责任，即由于委托方不履行或不适当履行合同以及违约所产生的责任。第三方承担风险的主要表现是业主要求承包商提供履约保证和预付款保证（在投标阶段还有投标保证），从国际承包市场的发展来看，20 世纪末出现了要求业主向承包商提供付款保证新趋向，当然，这尚未得到广泛应用。我国施工合同（示范文本）也有发包人和承包人相互提供履约担保的规定。

14.3.3　电网建设工程非保险风险转移的特点

电网建设工程非保险风险转移主要有下列特点：

① 风险转移，并不能消除风险，而主要是将风险转移给了他人。这和采用保险方式的特点类似，而和风险规避相比就存在较大的差别。

② 电网建设工程非保险风险转移是一种较为灵活的风险转移方式，对业主而言，在某些情况下，非保险风险转移能否获得成功，主要取决于灵活地、巧妙地运用各种合同条件、合同语言，否则是难以将风险转移的。

③ 某些非保险风险转移方式可以改变风险量，如，一些电网建设工程的分包，对这种情况的风险转移方式是值得运用的。当然这要作较为细致的分析，并不是每个项目的分包都能做到这一点。

④ 电网建设工程的非保险风险转移几乎不需任何成本，利用合同条件和合同语言即可完成，是一种经济的风险转移的方式。

14.3.4　电网建设工程非保险风险转移的局限性

电网建设工程非保险风险转移有其积极意义,但也受到某些限制。主要表现在:

与其他的风险对策相比,非保险转移的优点主要体现在:一是可以转移某些不可保的潜在损失,如物价上涨、法规变化、设计变更等引起的投资增加;二是被转移者往往能较好地进行损失控制,如承包商相对于业主能更好地把握施工技术风险,专业分包商相对于总包商能更好地完成专业性强的工程内容。

但是,非保险转移的媒介是合同,这就可能因为双方当事人对合同条款的理解发生分歧而导致转移失效。另外,在某些情况下,可能因被转移者无力承担实际发生的重大损失而导致仍然由转移者来承担损失。例如,在采用固定总价合同的条件下,如果承包商报价中所考虑涨价风险费很低,而实际的通货膨胀率很高,从而导致承包商亏损破产,最终只得由业主自己来承担涨价造成的损失。还需指出的是,非保险转移一般都要付出一定的代价,有时转移代价可能超过实际发生的损失,从而对转移者不利。仍以固定总价合同为例,在这种情况下,如果实际涨价所造成的损失小于承包商报价中的涨价风险费,这两者的差额就成为承包商的额外利润,业主则因此遭受损失。

14.4　电网建设安全风险减缓

电网建设采用风险规避、风险转移作为安全风险管理中常用的风险应对措施,但在某些情况下,采用降低风险的措施可能会收到更好的技术经济效果,这就是风险缓解的问题。

14.4.1　风险缓解的内涵

电网建设风险缓解(Risk Reduction),又称减小风险,是指将电网项目风险发生的概率或后果降低到某一可以接受程度的过程。风险缓解既不能消除风险,也不能避免风险,而是减轻风险,包括降低风险发生的概率或控制风险造成的损失。

对安全风险的认识程度不同,风险缓解的目标和损失控制的程度也不一样。对已经明确的风险,工程管理人员可以在很大程度上加以控制。如:对某电网建设工程,经分析,已经明确其进度已经滞后了,此时,该项目管理人员,在资源供应允许的范围内,可以通过调整施工工序的逻辑关系、压缩关键路线上的持续时间或采取加班加点等措施来缓解工程的进度风险。对于不是十分明确的风险,项目管理人员首先要进行深入细致的调查研究,把握安全风险出现的可能性和可能引发的损失;其次,考虑应对该风险的具体策略和措施。在制定缓解风险措施前,必须确定风险缓解后的可接受水平,如,安全风险发生的概率控制,或风险损失应控制的标准,这些都是制定缓解风险措施的基础。一般而言,早期采用缓解风险的措施,比在风险发生后再亡羊补牢效果更好。

风险缓解采用的形式可以是选择一些减轻风险的新方案。如,采用更简单一些的施工工序;对于新的工程结构,做一些模型试验或数值分析后确定具体方案,以及选择可靠的材料或设备供应商等。改善风险缓解可能涉及的外部环境条件,降低安全风险发生的概率。

14.4.2　安全风险缓解的途径

安全风险缓解的途径包括:降低风险发生的可能性、损失控制等。

(1) 降低风险发生的可能性

采取各种预防措施,以降低风险发生的可能性是风险缓解的重要途径。如,生产管理人员通过加强安全教育和强化安全措施,以减少事故发生的机会;施工承包商通过提高质量控制标准和加强质量控制,以防止工程质量不合格以及质量安全事故。

(2) 损失控制

① 损失控制是一种主动、积极的安全风险对策。损失控制可以分为预防损失和减少损失两方面工作。预防损失的作用在于降低或消除(通常只能做到减少)损失发生的概率,而减少损失的作用在于降低损失的严重性或遏制损失的进一步发展,使损失最小化。一般来说,损失控制方案应当是预防损失和减少损失两种措施的有机结合。

② 制定损失控制措施的依据和代价

制定损失控制措施必须以定量风险评价的结果为依据,才能确保损失控制措施具有针对性,取得预期的控制效果。电网建设安全风险评价时特别要注意间接损失和隐蔽损失。

制定损失控制措施还必须考虑其付出的代价,包括费用和时间两方面的代价,而时间方面的代价往往又会引起费用方面的代价。损失控制措施的最终确定需要综合考虑损失控制措施的效果及其相应的代价。由此可见,损失控制措施的选择也应当进行多方案的技术经济分析和比较。

③ 损失控制计划系统

在采用损失控制这一风险对策时,所制定的损失控制措施应当形成一个周密的、完整的损失控制计划系统。就电网施工阶段而言,该计划系统一般应由预防计划(也称安全计划)、灾难计划和应急计划三部分组成。

A. 预防计划

预防计划的目的在于有针对性地预防损失的发生,其主要作用是降低损失发生的概率,在许多情况下也能在一定程度上降低损失的严重性。在损失控制计划系统中,预防计划的内容最广泛,具体措施最多,包括组织措施、管理措施、合同措施、技术措施。

组织措施的首要任务是明确各部门和人员在损失控制方面的职责分工,以使各方人员为实现预防计划而有效配合;还需要建立相应的工作制度和会议制度;必要时,还应对有关人员(尤其是现场工人)进行安全培训等等。

采取管理措施,既可采取安全风险分隔措施,将不同的安全风险单位分离间隔开来,将安全风险局限在尽可能小的范围内,以避免在某一风险发生时,产生连锁反应或互相牵连,如在施工现场存在易发生洪灾的河堤,所以应尽可能将现场办公用房的位置设在远离河堤而地势比较高的位置;也可采取风险分散措施,通过增加风险单位以减轻总体风险的压力,达到共同分摊总体风险的目的,如在涉外工程结算中采用多种货币组合的方式付款,从而分散汇率风险。

合同措施除了要保证整个建设工程总体合同结构合理、不同合同之间不出现矛盾之外,要注意合同具体条款的严密性,并作出与特定风险相应的规定,如要求承包商提供履约保证和预付款保证等等。

技术措施是在电网建设工程施工过程中常用的预防损失的措施,如地基加固、周围建筑物防渗处理、材料检测等。与其他几方面措施相比,技术措施的显著特征是必须付出费用和时间两方面的代价,应当慎重比较后选择。

B. 灾难计划

灾难计划是一组事先编制好的、目的明确的工作程序和具体措施,为现场人员提供明确的行动指南,使其在各种严重的、恶性的紧急事件发生后,不至于惊慌失措,也不需要临时讨论研究应对措施,可以做到从容不迫、及时妥善地处理,从而减少人员伤亡以及财产和经济损失。

灾难计划是针对严重风险事件制订的,其内容应满足以下要求:

· 安全撤离现场人员;

- 援救及处理伤亡人员;
- 控制事故的进一步发展,最大限度地减少资产和环境损害;
- 保证受影响区域的安全,尽快恢复正常。

灾难计划在严重风险事件发生或即将发生时付诸实施。

C. 应急计划

应急计划是风险损失基本确定以后的处理计划,其宗旨是使因严重风险事件而中断的工程实施过程尽快全面恢复,并减少进一步的损失,使其影响程度减至最小。应急计划不仅要制定所要采取的相应措施,而且要规定不同工作部门相应的职责。

应急计划应包括的内容有:调整整个建设工程的施工进度计划,并要求各承包商相应调整各自的施工进度计划;调整材料、设备的采购计划,并及时与材料、设备供应商联系,必要时,可能要签订补充协议索赔依据,确定保险索赔的额度,起草保险索赔报告;全面审查可使用的资金情况,必要时需调整筹资计划;等等。

三种损失控制计划之间的关系如图 14.1 所示。

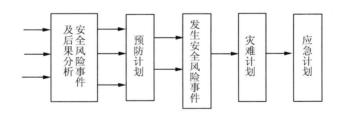

图 14.1　电网建设安全风险损失控制计划之间的关系

14.5　电网建设风险自留与利用

14.5.1　电网建设风险自留

在电网建设安全风险管理中,对一些不是很严重的风险,或者用其他措施应对不是很适合的,或者采用其他应对措施后残余的一些风险,风险管理人员常采用自留的方式处理。

(1) 风险自留的内涵

电网建设风险自留(Risk Retention),就是将风险留给自己承担,是从企业内部财务的角度应对风险。采用风险自留应对措施时,一般需要准备一笔费用,一旦风险发生,将这笔费用用于损失补偿,如果损失不发生,这笔费用即可节余。风险自留与其他风险对策的根本区别在于,它不改变电网建设安全风险的客观性质,即既不改变电网建设安全风险的发生概率,也不改变电网建设安全风险潜在损失的严重性。

(2)风险自留的类型

风险自留可分为非计划性风险自留和计划性风险自留两种类型。

① 非计划性风险自留

由于风险管理人员没有意识到电网建设工程某些安全风险的存在,或者不曾有意识地采取有效措施,以致风险发生后只好由自己承担,这样的风险自留就是非计划性的和被动的。导致非计划性风险自留的主要原因有:

A. 缺乏安全风险意识。这往往是由于建设资金来源和建设工程业主的直接利益无关所造成的,这是我国过去和现在许多由政府提供建设资金的建设工程不自觉地采用非计划性风险自留的主要原因。此外,也可能是缺乏风险管理理论的基本知识而造成的。

B. 安全风险识别失误。由于所采用的电网建设安全风险识别方法过于简单和一般化,没有针对电网建设工程安全风险的特点,或者缺乏电网建设工程安全风险的经验数据或统计资料,或者没有针对特定建设工程进行安全风险调查等等,都可能导致安全风险识别失误,从而使安全风险管理人员未意识到建设工程某些安全风险的存在,而这些安全风险一旦发生就成为自留风险。

C. 安全风险评价失误。在电网建设安全风险识别正确的情况下,安全风险评价的方法不当可能导致安全风险评价结论错误,如仅采用定性风险评价方法。即使是采用定量风险评价方法,也可能由于风险衡量的结果出现严重误差而导致电网建设安全风险评价失误,结果将不该忽略的安全风险忽略了。

D. 安全风险决策延误。在安全风险识别和安全风险评价均正确的情况下,可能由于迟迟没有作出相应的风险对策决策,而某些电网建设安全风险已经发生,使得根据安全风险评价结果本不会作出风险自留选择的那些风险成为自留风险。

E. 安全风险决策实施延误。安全风险决策实施延误包括两种情况:一种是主观原因,即行动迟缓,对已作出的安全风险对策迟迟不付诸实施或实施工作进展缓慢;另一种是客观原因,某些安全风险对策的实施需要时间,如损失控制的技术措施需要较长时间才能完成,保险合同的谈判也需要较长时间等等,而在这些风险对策实施尚未完成之前却已发生了相应的风险,成为事实上的自留风险。

事实上,对于大型、复杂的建设工程来说,安全风险管理人员几乎不可能识别出所有的工程风险。从这个意义上讲,非计划性风险自留有时是无可厚非的,因而也是一种适用的安全风险处理策略。但是,风险管理人员应当尽量减少风险识别和风险评价的失误,要及时作出风险对策决策,并及时实施决策,从而避免被迫承担重大和较大的工程风险。总之,虽然非计划性风险自留不可能不用,但应尽可能少用。

② 计划性风险自留

计划性风险自留是主动的、有意识的、有计划的选择,是安全风险管理人员在经过正确的安全风险识别和风险评价后作出的风险对策决策,是整个电网建设工程风险对策计划的一个组成部分。也就是说,风险自留决不可能单独运用,而应与其他风险对策结合使用。在实行风险自留时,应保证重大和较大的电网建设工程风险已经进行了工程保险或实施了损失控制计划。计划性风险自留的计划性主要体现在风险自留的对象。确定风险自留水平可以从风险量数值大小的角度考虑,一般应选择风险量小或较小的风险事件作为风险自留的对象。计划性风险自留还应从费用、期望损失、机会成本、服务质量和税收等方面与工程保险比较后才能得出结论。

(3) 损失支付方式

损失支付方式的含义比较明确,即在风险事件发生后,对所造成的损失通过什么方式或渠道来支付。

计划性风险自留应预先制订损失支付计划。常见的损失支付方式有以下几种:

① 从现金净收入中支出。采用这种方式时,在财务上并不对自留风险作特别的安排,在损失发生后从现金净收入中支出,或将损失费用记入当期成本。实际上,非计划性风险自留通常都是采用这种方式。因此,这种方式不能体现计划性风险自留的"计划性"。

② 建立非基金储备。这种方式是设立了一定数量的备用金,但其用途并不是专门针对自留的风险,其他原因引起的额外费用也在其中支出。例如,本属于损失控制对策范围内的风险实际损失费用,甚至一些不属于风险管理范畴的额外费用。

③ 自我保险。这种方式是设立一项专项基金(亦称为自我基金),专

门用于自留风险所造成的损失。该基金的设立不是一次性的,而是每期支出相当于定期支付保险费,因而称为自我保险。这种方式若用于建设工程风险自留,需作适当的变通,如将自我基金(或风险费)在施工开工前一次性设立。

④ 母公司保险。这种方式只适用于存在总公司与子公司关系的集团公司,往往是在难以投保或自保较为有利的情况下运用。从子公司的角度来看,与一般的投保无异,收支较为稳定,税赋可能得益;从母公司的角度来看,可采用适当的方式进行资金运作,使这笔基金增值,也可再以母公司的名义向保险公司投保。对于建设工程风险自留来说,这种方式可用于特大型电力建设工程(有众多的单项工程和单位工程),或长期有较多建设工程的业主。

(4) 风险自留的适用条件

计划性风险自留至少要符合以下条件之一,才应予以考虑。

① 别无选择。有些风险既不能回避,又不可能预防,且没有转移的可能性,只能自留,这是一种无奈的选择。

② 期望损失不严重。安全风险管理人员对期望损失的估计低于保险公司的估计,而且根据自己多年的经验和有关资料,安全风险管理人员确信自己的估计正确。

③ 损失可准确预测。在此仅考虑风险的客观性,这一点实际上是要求电力建设工程有较多的单项工程和单位工程,满足概率分布的基本条件。

④ 企业有短期内承受最大潜在损失的能力。由于电网建设安全风险的不确定性,可能在短期内发生最大的潜在损失,这时,即使设立了自我基金或向母公司保险,已有的专项基金仍不足以弥补损失,需要企业从现金收入中支付。如果企业没有这种能力,可能因此而被摧毁。对于电力建设工程的业主来说,与此相应的是要具有短期内筹措大笔资金的能力。

⑤ 投资机会很好(或机会成本很大)。如果市场投资前景很好,则保险的机会成本就显得很大,不如采取风险自留,将保险费作为投资,以取得较多的投资回报。即使今后自留风险事件发生,也足以弥补其造成的损失。

⑥ 内部服务优良。如果保险公司能够提供的多数服务完全可以由安全风险管理人员在内部完成(由于他们直接参与工程的建设和管理活动,从而使服务更方便,质量在某些方面也更高),在这种情况下,风险自留是合理的选择。

14.5.2　电网建设安全风险的利用

应对风险不仅是回避、消除风险,或是减轻风险的负面影响,更高一个层次的应对措施是利用风险。

由风险的定义可知,风险是一种潜在的可能性,是一种消极的后果。但这一定义不是绝对的,它有一定的适用范围和使用条件,而其中某些风险是可以利用的,这就所谓风险利用。在电网建设工程项目风险管理中,一般而言,具有投机性质的风险经常可以被利用。当然,这并不是对任何人、任何场合和任何环境而言的。风险利用的可能性和必要性仅针对投机风险而言。在工程项目风险管理中,这类风险的利用是可能的,也是完全有必要的。

（1）风险利用的可能性

电网建设工程项目风险利用的可能性表现在:

① 影响工程项目安全风险的因素是变化的,安全风险发生于多种因素的变化之中,你若能驾驭风险,就有可能利用风险,化不利的后果为发展的机遇。如,工程项目投标,其报价是中标的主要因素,但并不是唯一的标准。对某些工期紧迫的工程,工期和质量安全保证措施可能会比较重要。在这种情况下,业主对报价并不追求最低。在参考工程合理报价的基础上,招标人很可能选择工期和质量安全保证措施有保证的投标人中标。若能把握这一点,不仅可消除不能中标的风险,而且由于报价合理,为日后赢得更多的利润打下基础。

② 安全风险的后果在发展变化,关键在于如何把握和应对风险。所谓风险及其后果,均是人们预测的结果,是随着项目的发展而不断发展变化的。电网工程在实施过程中,其建设环境在变化,项目管理人员对安全风险的认识及工作重心也在不断变化。如,原来预测的某些子项目的目标风险,由于项目经理较为重视或预先已采取了应对措施,最后可能就不再是风险。相反,原认为笃定不存在风险的部分却可能因麻痹大意而构成了大的风险,可能产生大的风险损失。

（2）风险利用的必要性

电网建设工程风险的利用不仅可能,而且是完全有必要的。其必要性表现在:

① 风险是社会生产发展的动力。在市场机制条件下,进行项目建设和经营活动,总是存在着竞争,而竞争总是伴随着风险。从这一角度看,风险是社会生产发展的动力,正是这种竞争和风险的存在,才促进社会生

产的发展,电网建设领域也不例外。

② 风险中蕴藏着机会。盈利的机会并不总是显而易见,随处可有,恰好相反,它总是蕴藏在风险之中,而且还表现出较大的风险。如,某投资者拟投资一个回报期要 10 年的电网工程项目。对周期如此长的项目,刚开始,可能觉得有较大风险的感觉。但当其对此项目作了详细的分析论证,得到该项目回报率高、市场前景好的结论后,就可能会觉得在该风险下蕴藏着发展机会。

③ 需要冒一定的风险才能换来高额利润或长期利润,这是许多成功电网建设项目经营者的理念。如,在 20 世纪 80 年代初,我国刚开始对外开放,某水电工程项目实行国际招标,众多国外承包商参与投标竞争。他们普遍考虑,中国的建设市场刚开放,水电市场前景广阔。因此纷纷压低报价,希望中标。然后,在未来中国水电工程项目上谋求更大的发展,争取长期的利益。最后,中标承包商的报价还不到工程概算的 50%。

(3) 风险利用要点

原则上,投机风险大部分有被利用的可能,但并不是轻而易举能取得成功。要充分分析所处环境、把握时机、讲究策略和缜密考虑应对措施。

① 分析风险利用的可能性和价值

风险利用的第一步就是要在识别安全风险的基础上,就应对各类安全风险的可利用性和利用价值进行分析。该分析的主要内容包括:

a. 存在的安全风险因素及其可能的变化;

b. 安全风险事件最后可能导致的结果;

c. 由各风险因素的特点,探求改变或利用这些因素的可行办法;

d. 风险利用可能得到的结果等。

② 分析风险利用的代价、评估承受风险的能力

在决定是否利用某些风险之前,必须对利用风险所需付出的代价进行仔细分析,以提供决策支持。分析利用风险的代价需要考虑直接费用和间接费用,还要考虑到风险利用可能带来的损失。有些损失一般不是直接表现的,其损失量可能较大。如为了保证按期完工,势必要赶工或改变施工工序的逻辑关系,这不仅是加班加点的问题,还和资源供应有联系,这些都会增加施工成本。在风险利用代价分析的基础上,需要客观地检查和评估自身承受风险的能力。承受风险是为了获取更大的利润。若一时承受不了风险的压力,就会被风险所压垮,更谈不上去主动地驾驭风险,从风险中获得利润了。

③ 风险利用策略

项目决策人员或风险管理人员应制定相应的策略和行动步骤。如，提高有关人员的施工索赔意识，把握索赔机会有理有节地索赔，以争取更多的经济效益。风险利用过程中一般要注意把握下列几点：

a. 风险利用的决策要当机立断。风险利用实质上是利用风险后面的机会，但这种机会不是时常有的，常常也是稍瞬即逝。有时出现了，也不十分明显。把握这样的机会需付出一定的代价，也有一定的难度。这就要求风险管理人员对此类机会有深刻的认识和充分的把握，及时做出风险利用的决策。

b. 要量力而行，实现风险利用的目的。承担风险要有实力，而利用风险则对实力有更高的要求。除此之外，还要有驾驭风险的能力，即要具有将风险转化为机会，或利用风险创造机会的能力。这是由风险利用的目的所决定的。

c. 要制定多种应对方案。事先做好充分的准备，设计多种应对方案，既要研究充分利用、扩大战果的策略，又要考虑退却的部署，绝不能打无准备之仗。

d. 严格风险监控。一般而言，可利用的风险均具有两面性，是机会还是风险，具有很大的不确定性，而且还在不断地发展变化。这就要求风险管理人员加强监控，因势利导。及时发现问题，采取转移或缓解风险等措施；若出现机遇，要及时把握，扩大战果。但绝对不能掉以轻心，风险总是一种潜在的威胁。同时要注意到，风险监控不能停留在表面，要分析影响安全风险事件因素的发展和变化的规律，以及可能产生的损失后果。

14.6　电网建设安全风险保险的选择

保险(Insurance)作为转移风险的一种方式，是应对电网建设工程风险的一个重要措施。对于电网建设工程安全风险来说，则为工程保险。通过购买保险，电力工程业主或承包商作为投保人将本应由自己承担的工程风险(包括第三方责任)转移给保险公司，从而使自己免受风险损失。保险的这种风险转移形式之所以能得到越来越广泛的运用，原因在于其符合风险分担的基本原则，即保险人较投保人更适宜承担有关的风险。对于投保人来说，某些电网建设工程投资规模较大、建设周期较长、涉及面广、潜伏的风险因素多，安全风险的不确定性很大(即风险很大)，但是对于保险人来说，这种风险的发生则趋近于客观概率，不确定性较低，即风险较低。但被保险人需要向保险人支付一笔保险费用。与保险金额相比,这笔费用一般很少。

14.6.1 电网建设项目保险的特点

电网建设工程具有规模大、单件性、固定性等特殊性,其建设过程具有工期长、需要多方合作、受环境影响大等特殊性,与其他财产和人身保险相比具有下列特点:

(1)建设工程投保人的确定性。电网建设工程在施工过程中,常用施工合同来明确风险的分配和承担风险的责任主体。对于某一具体风险,其责任人明确,其投保主体是确定的。

(2)电网建设工程保险的多样性。主要体现在两个方面:一是投保人的多样性,既可以是业主,也可以是承包商;二是保险类型的多样性,如建筑工程一切险、运输险、人身保险等。

(3)电网建设工程保险内容的规范性。电网建设工程保险,不论是业主,还是承包商投保,都具有特定的投保险种和承担的相应责任;而保险人对于承保工程项目的责任和补偿办法则是通过保险条例和保险单,即保险合同作出明确规定的。

(4)电网工程保险的阶段性。对于大中型项目的施工,大部分采用分项承包制,保险一般以合同项目为单位,不同的合同项目分别进行保险,即使是同一合同,当工程项目施工周期较长时,业主或承包商在建设项目合同期间,也可以分阶段进行保险,并将各险种进行衔接,使其在电网建设中形成一个完整的保险体系。这一方面有利于分散风险;另一方面便于保险人根据各阶段具体情况考虑制定各种工程险种的投保办法及保险费用的分段计算。

(5)计费基数和保险费率的不确定性。保险人对于电网建设工程保险的计算程序和办法一般都是既定的,但对计费基数、费率,特别是费率,并不是一成不变的,并没有一种对任何电网建设工程都适用的标准。而是根据工程项目所处地区和环境特点,根据工程项目安全风险影响因素作出具体的分析,并依据承保人要求承保的年限,结合保险法律法规和同行的做法作出决定。一般来说,承保的风险责任大、时间长,保险费率就相应提高。

14.6.2 电网建设工程保险的种类

电网建设工程保险的种类较多,没有具体的分类标准。通常情况下,按下列两种办法分类。

（1）按保障范围分类

按保障范围分类可将其分为：建筑工程一切险、安装工程一切险、人身保险、保证保险、职业责任险。

① 建筑工程一切险

建筑工程一切险承保的工程包括各类以土木建筑为主体的工业、民用和公共事业用的工程。如住宅、商业用房、医院、学校、剧院；工业厂房、电站；公路、铁路、飞机场；桥梁、船闸、大坝、隧道、排灌工程、水渠及港口等。

A. 建筑工程一切险的投保人和被保险人。建筑工程一切险可由业主或承包商负责投保。在多数合同中规定由承包商负责投保，在这种情况下，若承包商因故未办理或拒不办理投保，业主可代为投保，费用由承包商负担。若总承包商未曾就分包部分购买建筑工程一切险的话，负责分包工程的分包商也应办理其承担的分包任务的这种保险。保险合同生效后，投保人就成为被保险人，但保险的受益人同样也是被保险人。建筑工程一切险的被保险人包括：业主或工程所有人、总承包商、分包商、业主或工程所有人聘用的监理工程师，及与工程有密切关系的单位或个人，如贷款银行或投资人等。

B. 建筑工程一切险的承保范围。建筑工程一切险承保的工程范围包括：建筑工程（永久和临时工程及材料）；施工用机械、设施和设备；安装工程项目；场地清理费；工地内现有的建筑物；所有人提供的物料及项目；所有人或承包人在工地上的其他财产（要求在保险单上列明）。

C. 承保的责任范围。建筑工程一切险承保的责任范围是，所承保工程在整个建设期间因自然灾害或意外事故造成的物质损失，以及被保险人依法应承担的第三者人身伤亡或财产损失的民事损害赔偿。具体包括：

• 火灾、爆炸、雷击、飞机坠毁及灭火或其他救助所造成的损失。

• 海啸、洪水、潮水、水灾、地震、暴雨、风暴、雪崩、地崩、山崩、冻灾、冰雹及其他自然灾害。

• 盗窃和抢劫。其由被保险人或其代表授意或默许，保险人不负责任。

• 由于工人、技术人员缺乏经验、疏忽、过失、恶意行为或无能力等对保险标的所造成的损失；但恶意行为必须是非被保险人或其代表所为，否则不予赔偿。

· 原材料缺陷或工艺不妥所引起的事故。其仅赔偿原材料缺陷或工艺不妥所造成的其他保险财产的损失,对原材料本身损失不负责任。

· 保险合同除外责任以外的其他意外事件。

D. 建筑工程一切险的除外责任。属于建筑工程一切险的除外责任,即保险人不予赔偿的,通常有以下几种情况:

· 被保险人及其代理人的严重失职或蓄意破坏而造成的损失、费用或责任。

· 战争、类似战争行为、敌对行为、武装冲突、没收、征用、罢工、暴动引起的损失、费用或责任。

· 核反应、辐射或放射性的污染引起的损失、费用或责任。

· 自然磨损、氧化、锈蚀。

· 设计错误而造成的损失、费用或责任。

· 因施工机具本身原因,即无外界原因情况下造成的损失。

· 换置、保修或校正标的本身原材料缺陷或工艺不善所支付的费用。

· 全部停工或部分停工引起的损失、费用或责任。

· 文件、账簿、票据、现金、有价证券、图表资料的损失。

· 保险单中规定应由被保险人自行负担的免赔额。

· 各种后果损失,如罚金、耽误损失、丧失合同。

· 领有公共运输用执照的车辆、船舶和飞机的损失。

· 盘点货物当时发现的短缺。

· 建筑工程第三者责任险条款规定的责任范围和除外责任。

E. 建筑工程第三者责任险。建筑工程第三者指除保险人和所有被保险人以外的单位的人员,不包括被保险人和其他承包人所雇佣的在现场从事施工的人员。保险责任包括:

· 在保险期内,对因工程意外事故造成的工地上及邻近地区的第三者人身伤亡、疾病或财产损失,依法应由被保险人负责时,应由保险人赔偿。

· 事先经保险人同意的,被保险人因此而支付的诉讼费用,以及事先经保险人书面同意支付的其他费用等赔偿责任。

· 对每一事故的赔偿金,以法律或政府有关部门裁定的应由保险人赔偿的数字为准,但不得超过保险单列明的赔偿限额。

F. 第三者责任险的除外责任。

· 保险单明细表列明由被保险人自行负责的免赔额。

- 被保险人和其他承包人在现场工作的职工的人身伤亡和疾病。
- 被保险人和其他承包人或他们的职工所有的或由其照管、控制的财产损失。
- 由于振动、移动或减弱支撑而造成的其他财产、土地、房屋的损失或由于上述原因造成的人身伤亡或财产损失。
- 领有公共运输用执照的车辆、船舶和飞机的损失。
- 被保险人根据与他人的协议支付的赔偿或其他款项。

G. 建筑工程一切险的保险期。建筑工程一切险的保险期为自工程开工之日或在开工之前工程用料卸放于工地之日开始生效,两者以先发生者为准。施工机具保险自其被卸放于工地之日起生效。保险终止日应为工程竣工验收之日或者保险单上列出的终止日。

② 安装工程一切险

A. 安装工程一切险承保范围。主要包括:

- 安装项目。凡属安装工程合同内要求安装的机器、设备、装置、材料、基础工程(如地基、座基等)以及为安装工程所需的各种临时设施(如水、电、照明、通讯设备等)均包括在安装工程一切险的承保范围内。
- 土木建筑工程项目。对厂房、仓库、办公楼、宿舍、码头、桥梁等一般不在安装合同以内,但可在安装险内附带投保,如果土木建筑工程不超过总价 20%,按安装工程一切险投保,介于 20%～50% 之间,按建筑工程险投保;若超过 50%,则属于建筑工程一切险。
- 场地清理费用(与建筑工程一切险相同)。
- 业主或承包商在工地上的其他财产。

B. 安装工程一切险除外责任。主要包括:

- 由结构、材料或在车间制作方面错误导致的损失。
- 由安装设备内部的机构或电动性能的干扰,即由非外部原因造成的干扰。但因这干扰而造成的安装事故则在该保险的承保范围之内。
- 因被保险人或其代表故意破坏或欺诈行为而造成的损失。
- 因功率或效益不足而招致合同罚款或其他非实质性损失。
- 由战争或其他类似事件,或因当局命令而造成的损失。
- 因罢工和骚乱而造成的损失(但在国际工程中,有些国家却不视为除外情况)。
- 由原子核裂化或核辐射造成的损失。

C. 安装工程一切险的保险期和保险金额。

- 安装工程一切险的保险期为自保险工程在工地动工或用于保险

工程的材料、设备运抵工地之时起始,至工程所有人对部分或全部工程签发完工验收证书或验收合格,或工程所有人实际占有或使用接收该部分或全部工程之时终止,以先发生者为准。但在任何情况下,安装工程保险期限的起始或终止不得超出该保险单明细表中列明的按工期保险生效日或终止日。

不论安装的保险设备的有关合同中对试车和考核期如何规定,保险人仅在该保险单明细表中列明的试车和考核期限内对试车和考核所引发的损失、费用和责任负责赔偿;若被保险设备本身是在本次安装前已被使用过的设备或转手设备,则自其试车之时起,保险人对该项设备的保险责任即行终止。

上述保险期限的展延,须事先获得保险人的书面同意,否则,从该保险单明细表中列明的按工期保险期限终止日起至保证期终止日期间内发生的任何损失、费用和责任,保险人不负责赔偿。

· 安装工程一切险的保险金额。安装工程一切险的保险金额包括物质损失和第三者责任两大部分,其保险费率按承保项目整个工期计算,没有固定的费率。

③ 安装工程一切险与建筑工程一切险的比较

A. 相同点表现为:

· 他们的被保险人基本类似,包括业主或工程所有人、承包人(分包人)、业主或工程所有人所聘用的咨询或监理工程师,以及其他与工程密切相关的法人或个人。

· 他们均承保第三者责任险。

· 他们均有赔偿限额和免赔额。

B. 两者的不同之处表现在:

· 建筑工程一切险承保的标的从开工以后逐步增加,保险额也逐步提高,而安装工程一切险承保的标的从开始就存放于工地,保险人一开始承担的风险就比较集中,保险人从保险单生效后就开始负几乎全部的风险责任。在机器安装好之后,试车、考核所带来的危险以及在试车过程中发生机器损坏的危险也是相当大的,这些危险在建筑工程一切险中是没有的。

· 建筑工程大部分是露天作业,在一般情况下,自然灾害造成建筑工程一切险的保险标的损失的可能性较大;而安装工程一切险的保险标的损失的可能性较小,因其大部分在建筑物内作业。当然,安装工程技术性强,受人为事故损失的可能性较大。

　•　安装工程在交接前必须经过试车考核,而在试车期内,任何潜在的因素都可能造成损失,损失率要占安装工期内的总损失的 70％以上。由于风险集中,试车期的安装工程一切险的保险费率通常占整个工期的保费的 40％左右。

　•　在建筑工程一切险中,对设计错误造成的损失,不论是本身损失还是造成其他财物损失,一律除外;而安装工程一切险要赔偿因设计错误所引起的其他财产的损失,但因设计错误造成财产本身损失除外。

　④　人身保险

　它是以人的生命或身体为保险标的,当被保险人意外导致死亡、残疾或丧失劳动能力等损害,保险人应按约定对其进行经济赔偿。

　⑤　保证保险

　它承保的是一种信用风险,即由保险人提供保险单(保险合同)代替银行担保,负责赔偿权利人(如业主)因被保人(如承包人)不履行合同义务而受到的损失。施工承包合同履约保证保险就属这种保险。

　⑥　职业责任保险

　它是承保各种专业技术人员,如设计人、(监理)工程师,因工作上的疏忽或过失,并造成他们的当事人或他人的人身伤亡或财产损失的经济赔偿责任的一种保险。

　(2)　按实施形式分类

　建设工程保险按实施的形式分为:自愿保险、强制保险两类。

　①　自愿保险。在自愿原则下,投保人与保险人订立保险合同,构成的保险关系,称为自愿保险。自愿保险体现在,投保人可以决定是否选择保险,投多少保和自由选择保险人;保险人也可以决定是否承保和承保多少。

　②　强制保险(也称法定保险)。它是在国家保险法令的效力作用下构成的被保险人与保险人的权利和义务的关系。它的特点是,只要是国家保险法令范围内的保险对象均要参加保险;其保险责任是自动产生的,即不论被保人是否愿意或是否办投保手续。此外,保险金额是国家统一规定的。强制保险在是否保险上虽是强制的,但在选择保险人上,在某些情况下是自由的,即被保险人可自由选择保险人。因此,从订保险合同这方面来说,又是自愿的。不过,所订保险合同必须符合国家法律有关的各项规定。

14.6.3　电网建设安全风险保险类型的选择

　对于电力工程项目安全风险,仅当其属于可保风险时,才能采用保险来应对。即使是可保风险,建设项目主体也不一定以保险方式应对,还可采用其他方式,如规避、缓解、自留或非保险等组合策略。即使是选择了保险方式应对风险,也还有保险类型的选择问题。在电力工程安全风险管理中,应对风险是否采用保险,选择哪一类保险都要进行不断地探索,并形成一些为电力工程项目管理界和保险业所认可的通常做法。表14-2是国际工程师联合会推荐的FIDIC条款保险选择方式。

　　在作出进行工程保险这一决策之后,还需考虑与保险有关的几个具体问题:一是保险的安排方式,即究竟是由承包商安排保险计划还是由业主安排保险计划;二是选择保险类别和保险人,一般是通过多家比较后确定,也可委托保险经纪人或保险咨询公司代为选择;三是可能要进行保险合同谈判,这项工作最好委托保险经纪、保险咨询公司完成,但免赔额的数额或比例要由投保人自己确定。

表 14-2　FIDIC 土木工程合同条件所列风险及保险选择

风险类型	投保主体		
	业主	工程师	承包商
1. 工程的重要损失和破坏			
(1) 战争等暴乱、骚乱、混乱	不保险	不保险	不保险
(2) 核装置和压力波、危险爆炸	不保险	不保险	不保险
(3) 不可预见的自然力	保建筑工程一切险		
(4) 运输中的损失和破坏			运输保险
(5) 不合格的工艺和材料			保建筑工程一切险
(6) 工程师的粗心设计		职业责任险	
(7) 工程师的非疏忽缺陷设计	按业主正常保险计划		
(8) 已被业主使用或占用	风险自留,不保险		
(9) 其他原因			保建筑工程一切险
2. 对工程设备的损失或损坏			
(1) 战争等暴乱、骚乱、混乱	风险自留,不保险	不保险	不保险
(2) 核装置和压力波、危险爆炸	风险自留,不保险		不保险
(3) 运输中的损失和破坏			运输保险
(4) 其他原因			保建筑工程一切险

风险类型	投保主体		
	业主	工程师	承包商
3. 第三方的损失			
(1) 执行合同中无法避免的结果	业主的第三者责任		
(2) 业主的疏忽	业主的第三者责任		
(3) 承包商的疏忽			承包商的第三者责任
(4) 工程师的职业疏忽		职业责任保险	
(5) 工程师的其他疏忽		工程师的第三者责任	
4. 承包商/分包商的人身伤害			
(1) 承包商的疏忽			
(2) 业主的疏忽			
(3) 工程师的职业疏忽	业主的第三者责任	职业责任险	承包商的除外责任
(4) 工程师的其他疏忽		工程师的第三者责任	

　　需要说明的是,工程保险并不能转移水电建设工程的所有风险,一方面是因为存在不可保风险,另一方面则是因为有些风险不宜保险。因此,对于建设工程中的安全风险,应将工程保险与风险回避、损失控制和风险自留结合起来运用。对于不可保风险,必须采取损失控制措施。即使对可保风险,也应当采取一定的损失控制措施,这有利于改变风险性质,达到降低风险量的目的,从而改善工程保险条件,节省保险费。

14.6.4　电网建设工程选择保险的优缺点

　　(1) 选择保险应对风险的优势

　　在进行工程保险的情况下,电网建设在发生重大损失后可以从保险公司及时得到赔偿,使电力建设工程的实施能不中断地、稳定地进行,从而最终保证电网工程的进度和质量安全,也不致因重大损失而增加投资。通过保险还可以使决策者和风险管理人员对建设工程风险的担忧减少,从而可以集中精力研究和处理建设工程实施中的其他问题,提高目标控制的效果。而且,保险公司可向业主和承包商提供较为全面的安全风险管理服务,从而提高整个电网建设安全风险管理的水平。

(2)选择保险应对风险的缺点

保险这一风险对策的缺点首先表现在机会成本的增加,这一点已如前述。其次,工程保险合同的内容较为复杂,保险费没有统一的固定费率,需根据特定建设工程的类型、建设地点的自然条件(包括气候、地质、水文等条件)、保险范围、免赔额的大小等加以综合考虑,因而保险合同谈判常常耗费较多的时间和精力。在进行工程保险后,投保人可能产生麻痹而疏于损失控制计划,以致增加实际损失和未投保损失。

14.7 电网建设安全风险管理的科学决策

14.7.1 建设项目风险决策的含义

建设项目风险决策就是为了实现建设项目的目标,在占有一定信息的基础上,从若干可能实施的方案(或技术、措施、行动)中,根据项目的建设环境及影响因素,采用一定的理论和方法,经过对项目的建设方案(或技术、措施、行动)存在的安全风险进行系统识别、分析、评价和判断,选出满意的应对策略和方案的过程。建设项目风险决策是项目管理人员,特别是高层管理人员的一种行为选择。一般需要具备如下要素:

(1)决策人。其包括电网建设项目经理,或项目班子,或项目一般管理人员。这取决于决策的对象和对项目管理人员的授权。

(2)决策目标。决策行动所影响的电力工程项目范围和期望达到的成果。

(3)决策信息。及时提供完备、可靠、和决策目标相关的电网工程项目信息是决策行动的前提条件,也是作出科学决策的基础。

(4)决策准则。选择项目实施方案所依据的原则。

(5)决策成果。采取决策行动后,项目所发生的变化。其变化可能是某一方面的,也可能是多方面的。

14.7.2　安全风险管理决策的分类

如果项目的决策问题在未来情况下具有完备信息，没有不确定因素的影响时，这类决策问题的决策常称为确定型决策。然而，在多数情况下，电网建设安全风险管理中的决策信息是不完备的，有一些甚至是经过加工或预测分析才能得到，因此，属于非确定型决策。非确定型决策一般又分为不确定型决策和风险型决策。

（1）不确定型决策。决策者对电网建设项目未来环境出现某种安全状态的概率难以估计，甚至连可能出现的安全状态和可能的后果都无法把握。如，在电力工程投标时，有时很难了解可能的竞争对手到底有多少，他们的中标概率有多大就更不清楚了。

（2）风险型决策。决策者对电网建设项目未来环境出现某种安全状态和相应概率难以估计，但也并不是一无所知，有许多客观资料和决策者的实践经验可以使他估计项目各种状态出现的概率。当然，由于对项目各种状态的了解缺乏完备信息，使得在这种情况下作出决策需要承担一定的风险。如，在电力工程设计中决定采用新材料、新工艺或新的施工方法，在作这决策时，没有完备的信息能证明肯定能成功。因此，在作一决策时，一般要注意到失败的可能，并考虑相应的风险应对措施。在电网建设安全风险管理决策中，不确定型决策和风险型决策很难有明确的界限，因此，不做具体的区分。

14.7.3　电网建设安全风险决策基本准则

安全风险管理人员在选择风险对策时，要根据建设工程的自身特点，从系统的观点出发，从整体上考虑风险管理的思路和步骤，从而制定一个与电网建设工程总体目标相一致的安全风险管理原则。这种原则需要指出安全风险管理各基本对策之间的联系，为安全风险管理人员进行风险对策决策提供参考。

根据决策者对待安全风险的态度，可将电网建设安全风险决策准则分为：

（1）最大益损准则。该准则以电网建设项目最大益损值为安全风险决策的依据。一个肯冒险的决策者才会选用这种准则，在工程项目安全风险管理中一般较少使用。

（2）最大可能准则。该准则以实现电网建设项目目标的最大可能状态作为决策的依据，当最大可能状态的益损值占绝对优势时，这种方法很有效;当各种状态发生的概率差不多时,使用这种准则要担较大的风险。因此,用这种准则决策也不一定妥当。

(3)期望值准则。该准则以实现电网建设项目目标期望值的最大值或安全风险最小值作为决策的依据。这一准则可能更适合于不愿冒风险的决策者使用。因为他们常常首先考虑的是不要受太大的损失,其次才是争取获得尽可能多的收益。期望值准则在电网建设安全风险管理中有较广泛的应用。在使用时一般要求结合考虑其他因素,把风险型决策问题当作多目标决策问题来处理。

14.7.4 电网建设安全风险对策决策过程

根据安全风险决策准则可将电网建设安全风险的决策过程概括为如下环节:

(1)明确决策问题。对于电网建设项目的决策问题,需要明确:项目决策人是谁,项目决策目标是什么,有哪些可供选择的方案,项目决策环境如何,采用什么决策方法等。

(2)安全风险后果分析。分析各种可供选择的实施方案,在实施后所付出的代价和可能带来的效益。

(3)不确定性分析。在电网建设安全风险管理决策中,应当尽可能利用客观资料数据,通过对这些资料的分析,估计不同方案实现的概率。当缺乏客观数据资料时,可以采用主观概率分析。

(4)多方案评价。估计多方案实施的可能后果和发生的概率,并按安全风险决策准则对各方案进行评价和对比。

(5)灵敏度分析。灵敏度分析有助于对电网建设项目安全风险决策的可信度作出适当的判断。按照灵敏度分析的基本原理,首先按一定的规则逐步改变决策模型中的有关参数,然后观察其对方案后果的影响幅度,直到改变方案的优劣次序为止。其次找出各参数的最大偏差。显然,在此偏差范围内,选择的方案是不变的。因此,可用各参数分析得到的最大偏差和各参数实际可能的误差相比较,进而判断电网建设项目实施方案决策的可信度。

图 14.2 描述了电力工程中安全风险对策决策过程以及这些风险对策之间的选择关系。

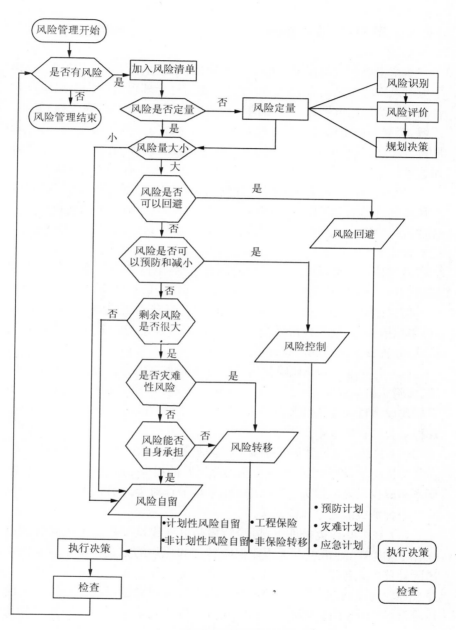

图 14.2　安全风险对策的决策过程

14.8　本章小结

　　本章主要在电网建设工程安全风险的识别、估计、评价基础上,提出了应对风险的策略的系列问题。首先,要制订合理可行的安全风险应对计划;其次,根据电网建设项目的环境条件及其影响因素,在规避、转移、缓解、接受和利用风险等众多应对策略中,选择行之有效的策略,并寻求既符合实际,又有明显效果的具体措施,力图使风险转化为机会或使风险所造成的负面效应降到最低。研究工作在如下方面有了新的认识:

　　(1)电网建设安全风险应对计划的编制主要依据:建立电网建设安全风险管理计划和风险清单;电网建设安全风险的特性;电网建设项目主体的抗风险能力;电网建设安全风险详细分析资料;可供选择的安全风险应对措施。

　　电网建设安全风险应对计划的内容包括:电网建设安全风险已识别风险的描述;电网建设安全风险承担人及其应分担的风险;安全风险分析及其信息处理程序安排;针对每项安全风险,其应对措施的选择和实施计划;采取措施后,期望残留风险的水平;安全风险应对的费用预算和时间计划;处置安全风险的应急计划。

　　(2)电网建设安全风险常用的应对策略和措施有:风险规避、风险转移、风险缓解和损失控制、风险自留和风险利用,以及这些策略的组合。根据建设项目环境条件及其影响因素和其后果看,可以选择其中一种或几种组合的管理策略和措施。

　　(3)总结了电网建设工程安全风险规避的内涵、规避的策略和方法。在某些情况下,控制风险的发生和消除风险的损失,或者降低风险发生的概率和减少风险的损失,安全风险回避是最佳对策。但这是面对安全风险的一种消极的安全风险对策。

　　(4)在某些环境条件下,风险转移是电网建设工程安全风险管理的一种主动策略,通常可以采用非保险转移和保险的方式来实施。非保险风险转移方式包括:应用合同方式和第三方担保。非保险风险转移方式是一种较为灵活的电网建设风险转移方式,利用它可以改变建设项目的风险量,但不能消除风险。这种方式可以转移建设工程中一些不可保的安全风险,达到对工程项目的风险损失控制。

　　(5)在一般情况下,电力建设工程业主或承包商作为投保人将本应由自己承担的工程风险(包括第三方责任)通过投保的方式转移给保险公司,从而使自己免受风险损失。根据工程项目的实际情况可以选择建筑工程一切险或安装工程一切险,以及各种保险方式的组合。

(6) 对一些不是很严重的风险,或者用其他措施应对不是很适合的,或者采用其他应对措施后残余的一些风险,安全风险管理人员选择风险自留的方式处理。风险自留可分为非计划性风险自留和计划性风险自留两种类型。非计划性自留风险往往是由管理人员自身原因造成的,是一种被动的风险应对方式,而计划性自留风险是一种主动的应对风险方式。

(7) 在建设项目安全风险管理中风险的利用是一种主动的,层次更高的风险应对策略。风险利用仅针对投机风险而言,针对风险影响因素的变化,利用风险,化不利的后果为发展的机遇。其中,关键在于如何把握和应对风险。

(8) 为了实现电网建设项目的目标,在占有一定信息的基础上,从若干可能实施的方案(或技术、措施、行动)中,根据项目的建设环境及影响因素,采用一定的理论和方法,经过对项目的建设方案(或技术、措施、行动)存在的安全风险进行系统识别、分析、评价和判断,选出满意的应对策略和方案,对电网建设项目的安全风险管理实施科学决策。本章详细讨论了电网建设安全风险科学决策的准则、实施决策的类型和途径、对策决策的过程及其风险对策决策选择之间的关系。

第15章 结 论

15.1 主要结论及研究成果

本书针对电网建设工程中规划设计、建设实施、运行维护及安全管理过程中，出现的人的不安全行为、物的不安全状态、环境条件恶劣等大量不确定性安全事故影响因素，提出了安全风险的概念及管理路径。运用数学模型和系统控制理论，从理论推导、模型求解以及大量工程案例的应用，对电网建设工程的安全风险管理系统进行了研究和总结。主要结论和成果有：

（1）根据国内外关于电网建设安全风险的研究进展，系统深入地整理了相关的研究资料和研究成果。目前研究主要以电网工程事故为基础，对电网建设安全风险的概念及其发展进行详细论述。安全风险评价，受多种条件的制约，自引入风险理论后，电力安全从以定性评价为主，逐步从定性评价转向定量评价，并以定性与定量相结合的方法，解决安全风险的评价问题。目前电网系统规划建设安全风险的研究主要表现在如下几个方面：

① 从各国现行输电建设安全规划的可靠性来看，基本上是以确定性准则为主，以技术条款和事件校验的方法来评价电网的安全可靠性，普遍采用的是 N－1 可靠性准则，以保证输电网发生故障或扰动时的安全运行。故障概率作为电网系统安全可靠性的定量指标，是各国学者和专家研究的重点，但目前尚未将概率性准则纳入电网建设规划之中。

② 电力市场环境下，发电厂、电网企业和电力用户之间的利益共同体制被打破，市场成员间既相互竞争，又相互合作。电网建设规划，在保证电网系统安全可靠性的前提下，直接由市场需求决定。电网建设规划与发电规划相互间的协调难度增大；对电网建设投资方式可以归纳为两种：基于管制的方法和基于市场的方法；合理的输电服务定价体系是实现市场条件下电网建设投资回收的前提。

③ 电网建设中的风险因素主要有：电源建设的不确定性；电力负荷变化的不确定性；电力系统运行方式的不确定性。

（2）目前研究的热点仍然是在电网系统安全事故的复杂性研究方面。表现在：电网本身结构的复杂性，故障及事故传递的复杂性，目前主要以小世界网络、沙堆模型、分形理论和自组织理论等新的方法和思维，来描述电网及其安全事故的复杂性，并不断地有新的成果发表。

① 电网事故安全风险的自组织临界特性研究是目前研究的热点，这方面主要涉及的相关理论有：耗散结构理论、协同学原理、超循环理论等。

② 电力系统连锁故障是造成电网停电事故的重要原因之一，也是研究电网故障机理和安全风险的热点。电力系统连锁故障安全风险研究进展体现在：电力系统的连锁故障模型除了经典的模式搜索法外，还有基于复杂系统理论的建模法。包括：以研究负荷、发电机、传输能力变化为基础，探讨输电系统系列大停电的全局动力学行为特征的 OPA 模型；用于研究电力系统继电保护装置误动对系统的影响的隐性故障模型；用以模拟连锁故障下，系统可靠性不断被削弱的过程的 CASCADE 模型；连锁故障传播定量分析方法—分支过程模型。

③ 现实的电网系统与外在复杂环境具有密切的联系，它随时都可能受到来自自然灾害的影响或人为因素的干扰，要完全防止事故的发生是不可能的。因此目前电网建设安全风险的研究主要以加强电网系统的规划建设，增强系统本身的抵抗力，减少电网系统连锁故障发生的可能性，使系统事故的范围尽可能小、持续的时间尽可能短是区域电网安全风险预防与控制研究的目标。目前的研究主要在"三道防线"的建设上，以及各种应急预案的实施和演练。从宏观上规划建设阶段开始考虑未来系统的安全，以减少系统建成后的隐患和损失，同时还需要考虑系统的中长期的运行安全和稳定；从微观上重视提高系统在扰动状态下的稳定能力。以特高压电力网络为主干的坚强智能电网系统，目前这也是研究的热点。

（3）从目前的研究成果和研究的热点分析，未来电网建设安全风险的发展趋势有如下几个方面：未来电网建设的安全风险将伴随着智能电网的发展，从一个全新的角度展现出来；市场环境下的电网建设规划面临更多的市场不确定因素，包括规划期内的电源建设、负荷变化和系统运行方式变化等不确定性，新的市场环境下如何处理这些不确定性因素，仍将是电网建设安全风险的重要研究之一；随着区域大电网的建设和发展，电网事故更多地表现为自然灾害的冲击和电源结构的不确定性，以及影响的范围和破坏程度的不确定性；现代新兴学科，如非线性科学、自组织理论主要包括耗散结构理论、协同学原理、超循环理论等，在电网安全事故的定量预测和风险分析方面是目前面临的一大研究；随着现代科学技术的发展,电力系统的安全稳定问题还涉及一些相关的社会问题,如智能电网运行模式下,人们的风险意识及社会责任将如何界定,电网事故对经济系统的影响如何,电力安全、电力设施及管理系统的相关法律法规将有哪些变化等等,都是未来需要解决的。

(4)以电网建设安全风险分析为基础,深入解剖了美加"8·14"大停电事故发生的过程、电力线路负荷分布、保护系统装置、输电走廊是否符合要求,对停电事故的影响等。美加停电事故说明,线路设计不完善,运行维护不够,保护系统装置存在严重缺陷,是造成停电事故的重要原因。莫斯科"5·25"大停电和2008年我国南方冰冻灾害气候引起的停电事故反映出,输电网设备老化严重、设计标准偏低,调度系统不完善,电网缺乏系统的风险管理。欧洲"11·4"停电事故除了线路直接在船舶航行路线的威胁之下外,还有风险管理意识薄弱,电源结构与输电网、系统调度组织协调不好有关。2011年日本地震海啸引发大停电事故,也与对灾害估计不足、设计标准偏低、保护系统不完善等影响因素有关。

国内外典型大停电事故造成了巨大的经济损失和社会影响,教训是深刻的。很明显,确保电网安全是一项复杂的系统工程,必须从提高输电线路本身的抗灾能力入手,对相关发电机组及其并网系统进行安全监控,补充完善电网本身的保护系统和预警系统,加强输变电工程安全风险的管理和人员安全培训,健全安全生产应急管理机制。

(5)研究表明,区域电网风险评价体系的建立和有效运作,将大大提升电网系统各个层面应对电力事故风险的能力,特别是安全管理各项活动中,通过"作业流程再造,危险因素辨识,评价及控制",将大大降低人的不安全行为和物的不安全状态及管理缺陷,有效保证电网系统安全稳定运行。

区域电网安全风险评价指标体系的建立是进行安全风险评价的前提和基础,主要包括:电网评价系统类别的划分、风险评估的基本要素的确定等。本书提出了评价指标分析方法及各因子权重,最后得出某个电网系统安全风险评价综合分值,进而划分其风险等级。研究对于超出电网系统设计安全规范要求,或者结构和功能复杂的电力系统,提出可以采用"性能化"评价方法进行评价。区域电网安全风险专家评价系统以及计算机应用软件的开发和应用,为我国电网系统安全风险评价国家标准的制定奠定基础,为我国建立电网事故保险与安全保障工作协调的互动机制提供理论与方法上的指导。

(6)本书从安全风险的识别原则、安全识别流程、安全风险识别方法与技术、项目目标的安全风险识别等方面得出：

①　电网建设过程中危险因素的辨识是安全风险识别的基础，并提出了电网建设危险因素的辨识的"3346"法则，即"三个所有"（所有设施、所有人员、所有过程）、"三个时态"（过去时、现在时、将来时）、"三种状态"（正常状态、异常状态、紧急状态）、"四个方面"（人的不安全行为、物的不安全状态、环境有害因素、管理缺陷）、"六个影响因素"（物理性安全危险因素、化学性安全危险因素、生物性安全危险因素、心理和生理性安全危险因素、行为性安全危险因素）来识别。

②　安全风险识别主要包括数据或信息的收集、不确定性因素分析、确定风险事件、建立安全风险识别清单等。

③　电网建设中安全风险识别的方法除了采用风险管理理论中所提出的德尔菲法、头脑风暴法、情景分析法、SWOT 分析法、敏感分析法等风险识别的基本方法之外，对电网工程安全风险的识别，还可以根据其自身特点，采用专家调查法、财务报表法、流程图法、初始清单法、经验数据法和风险调查法，以及各种方法的组合，无论哪一种组合，都必须包含风险调查法。通过各种风险识别建立初始风险清单，再通过风险调查法建立最终的风险清单。

④　风险识别必须以建设项目的进度、质量安全和费用三个目标为基础。三个目标并不是完全独立的，在实施过程中，识别这三个目标的风险是工程管理的重要任务。

⑤　以电网建设中危险因素辨识为基础，建立安全风险管理机制，并根据每个工程重大危险因素辨识清单，绘制电网建设安全风险雷达图。

（7）根据电网建设各个阶段安全风险发生的可能性大小、可能的后果、可能发生的时间和影响范围，提出了电网建设项目安全风险的测度方法、测度流程。考虑到电网建设项目安全风险事件比较突然，事件比较分散，历史资料和数据往往比较少，很难确定安全风险事件发生的概率或概率分布，本书提出采用理论概率分布或主观概率进行风险度量，并提出了相应的分析原理和方法。另外，本书引入概率模型，用以描述风险因素或作用后果的不确定性，并运用实例分析了几种常用的连续型概率分布、常用的离散型概率分布和经验概率分布，以及参数估计的方法。

（8）本书引进了分层全息建模（hierarchical holographic modeling）的思想，用以辨识电网建设安全风险，建立一种全新的管理理念。本书从风险的定义出发，探讨了分层全息建模与 TSS（风险情景构建）的关系。针对经济、环境规划、电网建设和安全风险管理的整体方法，本书提出了基于可持续发展的电网建设应用 HHM 方法进行安全风险识别的必要条件,以及五个基本的操作原则,最后建立了基于可持续发展的电网建设安全风险辨识框架。围绕着 HHM 的多个分解结构或视角,通过识别拟定出电网建设项目 250 多种风险源清单,其范围涵盖了从技术问题到具体的文档和不连续性的计划,到人员和组织管理。考虑到电网施工过程的复杂性,以及多方参与该过程(计划、建设、实施和维护)的决策,提出了基于电网施工目标的 HHM 一般建模原则、安全风险识别方法和评估技术。

(9)本书讨论了电网建设安全风险的评价作用、安全风险评价方法和步骤。通过电网工程应用实例,从结构层次方面详细研究了 AHP 方法原理,求解步骤,以及应用的特点,比较电网建设安全风险评价标准和整体风险水平。电网建设安全风险分类、电网建设项目实际安全风险水平和风险标准的比较。这种比较从单个风险水平和相应安全风险标准的比较到整体风险水平和相应安全风险标准的比较,以及综合性风险水平和相应安全风险标准的比较 。研究表明:AHP 分析结果的质量依赖于专家的知识、经验和判断,在实际应用时,尽可能多找行业中的专家来共同确定判断矩阵中的标度,是提高 AHP 应用效果的基础。

(10)本书以华东电网为例,将基于模糊数学的故障树理论引入电网工程事故安全风险分析中,为解决基本事件发生概率的不确定性,把基本事件的发生概率当作模糊数进行处理,同时,求得表示顶事件发生概率的模糊数和隶属函数的分布。并通过华东电网上海复兴东路越江电力管道工程采用深基坑施工和江苏输电线路倒塔事故的实例的应用,首先对影响施工安全的不确定因素进行充分辨识,并在此基础上对各种不确定因素发生的可能性和影响范围进行合理地估计,从而为进一步的安全风险应对和控制提供决策依据。复杂环境下,电网建设施工安全风险的识别和评估对预防电力设施和房屋破坏事故的发生具有重要意义。计算表明,采用基本事件为模糊数的故障树分析方法对电网工程事故安全风险进行分析和评估是可行的,并且具有一定的使用价值。

(11)本书运用沙堆模型原理对区域电力供应链系统的自组织临界特性进行了安全风险诠释。对于电力供应系统的某个运行断面来说,电网输送线路的负载能力、需求总负荷量和支路负荷分配(潮流)情况是决定电力系统在运行断面上是否处于自组织临界状态的重要因素。对于管理人员来说,加强电网建设规划,尽量平衡整个电网的潮流分布可以有效地降低电力供应系统发生大规模连锁故障的安全风险。

(12)以系统的"安全可靠、经济合理"及其定义所包含的各项内容为依据,从电力工程固有的安全性、环境及管理三个层面确立了电网建设的评价指标。本书采用一套系统的评价指标体系,建立基于 BP 神经元网络的电力系统安全风险评价模型,并进行了求解。通过 BP 神经网络模型包括输入输出模型、作用函数模型、误差计算模型和自学习模型,将电网系统中输入信号通过隐层点作用于输出节点,经过非线形变换,产生各种评价指标的输出信号,数据处理过程中,经过了反复的网络训练,每个样本包括输入向量、期望输出量,通过调整输入节点与隐层节点的连接强度取值等等,以达到对评价指标的综合评估。

该模型的实际工程应用结果表明,所采用的电网建设系统评价指标体系很好地反映了系统的安全风险状况,所采用的 BP 网络算法符合电力系统的非线性特征,可以用于电网建设等复杂电力系统的安全风险评价。

（13）区域电网系统是一个复杂的巨系统,大停电事故是该系统自组织演化的一种灾变现象。本书对区域电网系统耗散结构的特征及演化规律进行了研究。研究表明,电网系统的复杂性主要表现为系统状态的开放性、系统组成要素的多样性、系统结构的层次性、状态变量的非线性特征、演化发展的涨落特征、有序进化的自组织特性等几个方面,具备形成耗散结构的有利条件,可以用耗散结构理论来揭示系统从无序到有序的发生机制和条件。通过采用熵判据对区域电网系统进行了自组织耗散结构的熵流分析,建立了熵流模型,揭示了区域电网系统停电事故的自组织演化机理,从而拓展了电网系统复杂性的分析方法。并提出从减少系统熵的产生和引进负熵流两个方面预防和控制电网系统停电事故发生的具体措施。

（14）电网建设项目是一个复杂系统,处于多种因素相互作用之中,各种灾害事件说明,该项目系统具有明显的脆弱性,而且受到各种因素的威胁,具有安全事件和损失的不确定性。通过研究对现有的脆弱性概念,进行了归纳总结,提出了电网建设项目脆弱性的概念;根据建设项目各因素之间的相互关联作用,对电网建设项目的脆弱性进行识别,建立了电网建设项目脆弱性度量模型。并运用矩阵方法,主要考虑项目安全事件的可能性、项目脆弱性的程度以及损失程度,计算出它们的一一对应关系,建立风险等级,以反映项目安全风险的严重程度。实例计算表明,综合考虑风险控制成本与风险影响,如果风险计算值处于可接受的范围,则该风险是可接受的,应坚持已有的安全措施;如果风险计算值超出可接受的范围,即高于可接受的上限值,则风险是不可接受的,需要采取安全预防措施以降低和控制项目风险。

（15）本书对地下变电站安全风险的研究表明：① 地下变电站安全风险的影响因素较多，根据其安全特点，本书较系统地建立了地下变电站安全风险评价指标体系，提出了 5 大类、12 个影响因子作为地下变电站安全风险的评价指标，并应用可拓学中的物元理论对地下变电站安全风险进行了分析，建立了基于物元模型的地下变电站安全风险评价体系。② 物元模型方法利用了关联函数可取负值的特点，使得安全风险的评估能够全面地分析对象属于某级集合的程度。与其他方法相比，物元模型能够直观地反映评价对象的定性与定量的关系，从而比较完整地揭示地下变电站安全状况的综合水平，同时易于用计算机进行编程处理，扩大安全风险评价的范围。③ 通过应用实例分析，本书提出的地下变电站安全风险评价物元模型是合理的，这将为提高地下变电站的安全管理水平，确保城市电网的正常运行提供新的安全评估思路。

（16）本书针对电网建设中识别出的安全风险进行评价，根据不同情况提出了相应的对策措施。

① 首先制定出电网建设安全风险应对计划，其内容包括：电网建设安全风险已识别风险的描述；电网建设安全风险承担人及其应分担的风险；安全风险分析及其信息处理程序安排；针对每项安全风险，其应对措施的选择和实施计划；采取措施后，期望残留风险的水平；安全风险应对的费用预算和时间计划；处置安全风险的应急计划。

② 系统总结了可以采用的电网建设安全风险应对策略和措施，主要有：风险规避、风险转移、风险缓解和损失控制、风险自留和风险利用，以及这些策略的组合。根据建设项目环境条件及其影响因素和后果看，可以选择其中一种或几种组合的管理策略和措施。

③ 分析了电网建设工程安全风险规避的内涵、规避的策略和方法。在某些情况下，控制风险的发生和消除风险的损失，或者降低风险发生的概率和减少风险的损失，安全风险回避是最佳对策。但这是面对安全风险的一种消极的安全风险对策。

④ 在某些环境条件下，风险转移是电网建设工程安全风险管理的一种主动策略。通常可以采用非保险转移和保险的方式来实施。非保险风险转移方式包括：应用合同方式和第三方担保。非保险风险转移方式是一种较为灵活的电网建设风险转移方式，利用它可以改变建设项目的风险量，但不能消除风险。这种方式可以转移建设工程中一些不可保的安全风险，达到对工程项目的风险损失控制。

⑤ 研究表明：在一般情况下，电力建设工程业主或承包商作为投保人将本应由自己承担的工程风险（包括第三方责任）通过投保的方式转移给保险公司，从而使自己免受风险损失。根据工程项目的实际情况可以选择建筑工程一切险或安装工程一切险，以及各种保险方式的组合，本书对保险应对措施进行了详细讨论。

⑥ 对一些不是很严重的风险，或者用其他措施应对不是很适合的，或者采用其他应对措施后残余的一些风险，建议安全风险管理人员选择风险自留的方式处理。风险自留可分为非计划性风险自留和计划性风险自留两种类型。非计划性自留风险往往是由管理人员自身原因造成的，是一种被动的风险应对方式，而计划性自留风险是一种主动的应对风险方式。

⑦ 在建设项目安全风险管理中风险的利用是一种主动的，层次更高的风险应对策略。风险利用仅针对投机风险而言。针对风险影响因素的变化，利用风险，化不利的后果为发展的机遇。其中，关键在于如何把握和应对风险。这是电网安全风险管理值得思考的一项策略。

（17）本书认为，为了实现电网建设项目的目标，在占有一定信息的基础上，从若干可能实施的方案（或技术、措施、行动）中，根据项目的建设环境及影响因素，采用一定的理论和方法，经过对项目的建设方案（或技术、措施、行动）存在的安全风险进行系统识别、分析、评价和判断，选出满意的应对策略和方案，并对电网建设项目的安全风险管理实施科学决策。本书探讨了电网建设安全风险科学决策的准则、实施决策的类型和途径、对策决策的过程及其风险对策决策选择之间的关系。

15.2 存在的问题与可能解决的途径

安全风险评估体系是对安全性评价工作的进一步拓展、延伸和规范，作为一项新的理论和方法，对电网建设安全风险的管理还认识不够。本书所涉及的一些基本概念、研究方法和理论推导，仅仅是在传统安全评价的基础上提出来的。就电网工程而言，由于所研究的对象——电网系统，是一个多维的不连续开放系统，所涉及的电力电子技术专业性很强，事故和灾害的性质及影响要复杂得多，许多问题相互交叉，错综复杂，需要开展和完善更为深入的科学研究。随着科学技术的不断发展，各种问题层出不穷。目前存在的主要研究有：

（1）电网建设工程是一种特殊的项目，除了具有工程建设项目安全风险本身的特征外,还具有电力系统一系列物理技术特征。本书仅仅从建设项目一般规律上研究了电网建设的安全风险的识别、评价,并按照建设工程的风险管理方法提出相应的对策措施,没有对电网建设项目本身的一些特殊性,特别是其全寿命展开研究。因此,电网建设项目安全风险的管理应该从一般的建设项目安全风险管理向电网建设全寿命周期安全管理延伸,其中更具有挑战的研究是电网建设项目运营维护安全风险的识别、评估和对策研究,因为这一研究与电力系统本身的物理技术、社会服务等有密切关系,有待进一步研究。

(2)本书的定量方法研究,在风险识别方面采用了概率模型和统计方法、分层全息技术,在安全风险评价方面主要采用了层次分析法、模糊故障树方法和神经网络方法,某种程度上提高了电网建设安全风险识别和评价的可靠性,但缺乏一个统一的操作界面,给这一方法的生产应用和应对措施的制定带来困难,这是本书需要进一步解决研究的。

(3)本书应用实例的选择主要以华东电网上海越江电力通道建设和江苏大风倒塔事故为例。由于建设项目涉及面广,电力公司对相关资料不予公开,很多数据无法取得,因此,在方法的应用上还应该更为广泛一些,这是该项工作需要进一步深入开展的工作。

(4)随着科学技术的发展,智能电网技术也随之产生,并在经济社会生活中得到初步应用,但由于该技术是一项新的技术,许多方面都还是空白,特别是其安全风险的研究,目前很少有报道。智能电网的概念也还没有得到统一,但智能技术的发展,在很多方面已经或正在改变传统的电网系统,从理论上讲,应该比以前的电网更为安全,但其风险也更大,因此,这方面的工作还需要进一步研究。

(5)电力系统的安全稳定问题既是一个技术问题,同时也是一个社会问题。涉及社会的稳定和对经济发展的影响,因此电网建设的安全风险还包括职业人员的社会责任,这是本书不曾涉及的,有待进一步研究。可以从电网建设和管理相关各方的影响入手展开研究。同时,引入危机管理理论和方法,对电网灾害及其经济社会的危机管理模式进行探讨,这是后续进一步的研究工作。

参考文献

[1] 徐征雄,姚国灿,郭剑波."十五"末我国电网发展的展望.国际电力,2001,5(3): 7-10

[2] 周小谦.加快"西电东送"建设,推进全国联网//跨区域互联电网运行与建设规划 研究.北京:中国电力出版社,2004

[3] 钟杰峰.全国互联网目标格局//跨区域互联电网运行与建设规划研究[M].北 京:中国电力出版社,2004

[4] Xu T,Chen J,He Y, et al. Complex network properties of Chinese power grid [J]. International Journal of Modern Physics B,2004,18(17-19):2599-2603

[5] 鲁宗相.电网复杂性及大停电事故的可靠性研究[J].电力系统自动化,2005,29 (12):93-97

[6] 印永华,郭剑波,赵建军,等.美加"8·14"大停电事故初步分析以及应吸取的教 训[J].电网技术,2003,27(10):8-11

[7] 胡学浩.美加联合电网大面积停电事故的反思和启示[J].电网技术,2003,27(9): 2-6

[8] 甘德强,胡江溢,韩祯祥.2003年国际若干停电事故思考[J].电力系统自动化, 2004,28(3):1-4

[9] 王梅义.大电网事故分析与技术应用[M].北京:中国电力出版社,2008

[10] 中国电力企业管理联合会.2008年冰冻灾害概况[J].中国电力企业管理,2008 (6)

[11] 李强.2008年雨雪冰冻灾害分析及对电网的启示[J].电力建设,2008,29(6): 18-21

[12] 何学秋.安全工程学[M].徐州:中国矿业大学出版社,2000

[13] 罗云,等.风险分析与安全评价[M].北京:化学工业出版社,2009

[14] M H Faber, M A Maes, J W Baker, et al. Principles of risk assessment of engi- neering systems[J]. Applications of Statistics and Probability in Civil Engineer- ing-Kanda,Takada & Furuta (eds),2007 Taylor & Francis Group,London:1-8

[15] R Rackwitz. Optimization and Risk Acceptability Based on the Life Quality Index [J]. Structural Safety,2002,24:297-331

[16] 毛儒.隧道工程风险评估.隧道建设,2003,23(2):1-3

[17] Dale Cooper, Chris Chapman. Risk Analysis for Large Projects:Models,Meth-

ods and Cases[M]. New York:Wiley，Chichester，1987

[18] 杨太华. 水电工程中岩体渗流耦合问题及安全风险研究[M].上海:华东理工大学出版社,2009

[19] Hertz D B ，Thomas H. Risk and Its Application[M]. New York:John Wiley and Sons,Inc,1983

[20] 王卓甫.工程项目风险管理理论、方法与应用[M].北京:中国水利水电出版社,2003

[21] 王有志. 现代工程项目管理理论与实践[M].北京:中国水利水电出版社,2009

[22] 谭忠富,李晓军,王成文.电力企业风险管理理论与方法[M].北京:中国电力出版社,2006

[23] 余卫国.电网安全管理与安全风险管理[M].北京:中国电力出版社,2009

[24] 青海电力公司.电网工程建设风险管理实施指南[M].北京:中国电力出版社,2009

[25] 国家电网公司.电网调度安全风险辨识防范手册(网、省调部分)[M].北京:中国电力出版社,2009

[26] 《供电企业作业现场安全风险辨识和控制手册》编委会.供电企业作业现场安全风险辨识和控制手册[M].北京:中国电力出版社,2008

[27] 蔡磊,张焰,程浩忠.考虑系统暂态稳定性的电网规划方法[J].电力系统自动化,2001,25(6)

[28] 中国南方电网广东省广电集团公司生产技术部,广东省电力试验研究所.跨区域互联电网运行与建设规划研究[M].北京:中国电力出版社,2004

[29] 李晨光,郭剑波,张东霞.国外电网规划可靠性准则综述[J].中国电力,2000,33(10):96-99

[30] 李帆,朱敏.英国电力市场及输电系统简介[J].电力系统自动化,1999,23(2):1-6

[31] NERC Planning Standards 1997. http://www. nerc. com/docs/pc/ct-9806a. pdf

[32] Chao H，Li F X. Market Based Transmission Planning Considering Reliability and Economic Performances[J]. International Conference on Probabilistic Methods Applied to Power Systems，2004:557-562

[33] Crousillat E O, Dorfner P, Alvarado P. Conflicting Objectives and Risk in Power System Planning[J]. IEEE Transactions on Power Systerms，1993,8:887-893

[34] David A K, Wen F S. Transmission Planning and Investment under Competitive Electricity Market Environment[J]. Power Engineering Society Summer Meeting，Canada，2001,3:1725-1730

[35] Juan Rosenllon. Different Approaches Towards Electricity Transmission Expansion[J]. 2003，http://aleph. acadenica. mx/ispui/handle/56789/2919

[36] Hogan W. Transmission Market Design. 2003, http://www. hks. harvard. edu/ fs/whogan/trans_nkt_design_040403. pdf

[37] Fang Ri sheng, Hill D J. A New Strategy for Transmission Expansion in Competitive Electricity Market[J]. Power Engineering Review, IEEE, 2003(01):60

[38] Dekrajangpetch S, Sheble G B. Application of auction results to power system expansion[J]. Proceedings DRPT 2000, International Conference on Electric Utility Deregulation and Restructuring and Power Technologies, 2000: 142-146

[39] Momoh J A. A Value-Based Reliability Enhancement Scheme for Bulk Transmission System Planning[J]. IEEE Transactions on Power Systems, 1998,13(04): 1541-1547

[40] Shrestha G B, Fonseka P A J. Congestion-Driven Transmission Expansion in Competitive Power Markets[J]. IEEE Transactions on Power Systems, 2004,19 (03): 1658-1665

[41] "Handschin E, Heine M, Konig D. Object-oriented Software Engineering for Transmission Planning in Open Access Schemes[J]. IEEE Transactions on Power Systems, 1998,13(01):p94-100

[42] António Braga. Jo(a)o Saraiva Long term marginal prices-solving the revenue reconciliation problem of transmission providers[J]. Power Systems Computation Conference (PSCC), Liège, Belgium, 2005. http://www. researchgate. net/publication/ 228547468_Long_Term.

[43] Javier Contreras, Verónica Bósquez, George Gross . A framework for the analysis of transmission planning in the market environment[J]. 15th PSCC, August 2005. http://pscc. ee. ethz. ch/uploads/tx_ ethpublications/fp378. pdf

[44] David Hayward, Le K D, Hess S W. Current Issues in Operational Planning[J]. IEEE Transactions on Power Systems, 1992,7(03):1197-1210

[45] Yehia M, Chedid R. A Global Planning Methodology for Uncertain Environments: Application to the Lebanese Power System[J]. IEEE Transactions on Power Systems, 1995,10(01):332-338

[46] Angel Martin, Javier Salmeron. Electric Capacity Expansion under Uncertain Demand: Decomposition Approaches[J]. IEEE Transactions on Power Systems, 1998,13(02): 333-339

[47] D J Watts , S H Strogatz. Collective dynamics of 'small-world' networks [J]. Nature, 1998, 393:440-442

[48] A L Barabasi, R Albert. Emergence of scaling in random networks[J]. Science, 1999: 286-509,512

[49] Ct Surdutovich, C Cortez, R Vitilina, et al. Dynamics of "small world" networks and vulnerability of the electric power grid [C]. Proceedings of Ⅷ Sym-

posium of Specialists in Electric Operational and Expansion Planning，May 2002，Brasilia，Brasil

[50] 易俊,周孝信,肖逾勇.具有不同拓扑特征的中国区域电网连锁故障分析[J].电力系统自动化,2007,31(10):7-10

[51] 周涛,傅忠谦,牛永伟,等.复杂网络上传播动力学研究综述[J].自然科学进展,2005,15(5):513-518

[52] Youssef H K，Hackam R. New transmission planning model[J]. IEEE Transactions on Power Systems,1989，4：9-18

[53] Dusonchet Y P，El Abiad A H. Transmission planning using discrete dynamic optimization[J]. IEEE Transactions on Power Apparatus and Systems，1973，Pas-92(06)：358-1371 [54] 何大韧,刘宗华,汪秉宏.复杂系统与复杂网络[M].北京:高等教育出版社,2009

[55] Reka Alber，Albert-Laszlo Barabasi. Statistical mechanics of complex networks [J]. Reviews of Modern Physics，2002，74:47-97

[56] M E J Newman. The structure and function of complex networks [J]. SIAMReview，2003，45(2):167-256

[57] 周涛,柏文洁,汪秉宏,等.复杂网络研究概述[J].物理,2005,34(1):31-36

[58] D J Watts，S H Strogatz. Collective dynamics of "small-world" networks[J]. Nature，1998，393(6684)：440-442

[59] 周涛,傅忠谦,牛永伟,等.复杂网络上传播动力学研究综述[J].自然科学进展,2005,15(5):513-518

[60] R Albert，I Albert，G L Nakarado. Structural vulnerability of the North American power grid[J]. Physical Review E，2004，69(2)：025103(R)

[61] 孟仲伟,鲁宗相,宋靖雁.中美电网的小世界拓扑模型比较分析[J].电力系统自动化,2004,28(15):21-29

[62] 丁明,韩平平.基于小世界拓扑模型的大型电网脆弱性评估[J].中国电机工程学报,2005,25(25):118-122

[63] D P Chassin，Christian Posse. Evaluating North American electric gad reliability using the Barabasi-Albert network model[J]. Physica A,2005,355:667-677

[64] 曹一家,王光增.电力系统复杂性及其相关问题研究.电力自动化设备,2010,30(2):5-10

[65] Liang Zhao，Kwangho Park，Ying-Cheng Lai. Attack vulnerability of scale-free networks due to cascading breakdown[J]. Phys. Rev. 70,2004:035101®

[66] J J Wu，Z Y Gao，H J Sun. Model for dynamic traffic congestion in scale-free networks[J]. Europhys. Lett,2006,76(5):787-793

[67] Adilson E Motter. Cascade control and defense in complex networks[J]. Physical Review Letters,2004,93(9):098701

［68］A-L Barabdsi, E Bonabeau. Scale-free networks［J］. Scientific American, 2003, 288:50-59

［69］曹一家,郭剑波,梅生伟,等. 大电网安全性评估的系统复杂性理论［M］. 北京:中国电力出版社,2010:10-24

［70］Qiang Guo, Tao Zhou, Jiangguo Liu, et al. Growing scale-free small-world networks with tunable assortative coefficient［J］. Physica A, 2006, 371:814-822

［71］Y J Cao, G Z Wang, Q Y Jiang, et al. A neighbourhood evolving network model ［J］. Physics Letters A, 2006, 349:462-466

［72］S H Yook, H Jeong, A L Barabasi, et al. Weighted evolving networks［J］. Physical Review Letters, 2001, 86:5835-5838

［73］Wang Xiaofan, Chen Guanrong. Synchronization in scale-free dynamical networks: robustness and fragility［J］. IEEE Transactions on Circuits and Systems, Part h Regular Paper, 2002, 49(1):54-62

［74］屈靖,郭剑波. "九五"期间我国电网事故统计分析［J］. 电网技术, 2004, 28(21):60-63

［75］P Crucitti, V Latora, M Marchiori. A topological analysis of the Italian electric power grid［J］. Physica A, 2004, 338(1):92-97

［76］Zhaohong Bie, Xifan Wang. Evaluation of power system cascading outages［C］. International Conference on Power System Technology, 2002:415-419

［77］Per Bak, Chao Tang, Kurt Wiesenfeld. Self-organized criticality:an explanation of l/f noise［J］. Physical Review Letters, 1987(7):381-384

［78］Ct A Held. Experimental study of critical-mass fluctuation in all evolving sand pile［J］. Physical Review Letters, 1990, 65(9):1120-1123

［79］B A Carreras, D E Newman, I Dobson, et al. Evidence for self organized criticality in a time series of electric power system blackouts［J］. IEEE Transactions on Circuits and Systems, 2004, 51(9):1733-1740

［80］B A Carreras, D E Newman, I Dobson, et al. Initial evidence for self-organized criticality in electric power blackouts［C］. 33rd Hawaii International Conference on System Sciences, Maui, Hawaii, Jan, 2000

［81］于群,郭剑波. 中国电网停电事故统计与自组织临界性特征［J］. 电力系统自动化, 2006, 30(2):16-21

［82］丁理杰,刘美君,曹一家,等. 基于隐性故障模型和风险理论的关键线路辨识 ［J］. 电力系统自动化, 2007, 31(6):1-6

［83］曹一家,江全元,丁理杰. 电力系统大停电的自组织临界现象［J］. 电网技术, 2005, 29(15):1-5

［84］马士英,马新惠,周任军,等. 沙堆模型的原理及其在电力系统中的应用. 电力建设, 2010, 31(7):5-8

［85］于群,郭剑波.电网停电事故的自组织临界性及其极值分析［J］.电力系统自动化,2007,31(3):1-3

［86］邓慧琼,艾欣,赵亮,等.大停电自组织临界特征的若干问题探讨.电网技术,2007,31(8):42-46

［87］曹一家,丁理杰,江全元,等.基于协同学原理的电力系统大停电预测模型.中国电机工程学报,2005,25(18):13-19

［88］North American Electric Reliability Council,NERC planning standards. http://www. nerc. com

［89］王梅义.大电网系统技术［M］.北京:中国电力出版社,1995

［90］Reka Kinney,Paolo Crucitti,Reka Albert,et al. Modeling cascading failures in the North American power grid［J］. Eur. Phys. J B,2005,46(1):101-107

［91］I Dobson,B A Carreras,V E Lynch,et al. Complex systems analysis of series of blackouts:cascading failure, criticality, and self-organization［C］. Bulk Power System Dynamics and Control-Ⅵ. Cortina d'Ampezzo,Italy,2004:438-451

［92］R C Haidimart, M Kumbale, Y V Makarov. Multi-Scenario cascading failure analysis using TRELSS［C］. CIGRE/IEEE PES International Symposium on Quality and Security of Electric Power Delivery Systems, Montreal, Canada, 2003:176-180

［93］Y V Makarov, R. C. Hardiman. Risk, reliability, cascading, and restructuring［C］. IEEE Power Engineering Society General Meeting,Toronto,Canada,2003,3:1417-1429

［94］别朝红,王锡凡.复杂电力系统一类反应事故可靠性评估模型和算法［J］.电力系统自动化,2001,25(10):30-34

［95］K R W Bell,D S Kirschen, R N Allan,et al. Efficient Monte Carlo assessment of the value of security［C］. In Proc. 13th Power System Computation Conf. Trondheim,Norway,1999:81-87

［96］M A Rios,D S Kirschen,D Jayaweera, et al. Value of security:modeling time-dependent phenomena and weather conditions［J］. IEEE Transactions on Power System,2002,17(3):543-548

［97］Daniel S K, Dilan Jayaweera, Dusko P N. A probabilistic indicator of system stress［J］. IEEE Transactions on Power System,2004,19(3):1650-1657

［98］McCalley J D, Zhu K, Chen Q M. Dynamic decision-event trees for rapid response to unfolding events in bulk transmission systems［C］. IEEE Power Engineering Society Summer Meeting,Vancouver,Canada,2001:15-19

［99］李生虎,丁明,王敏,等.考虑故障不确定性和保护动作性能的电网连锁故障模式搜索［J］.电网技术,2004,28(13):27-31

［100］I Dobson,B A Carreras,V E Lynch,et al. An initial model for complex dynamics in electric power system blackouts. 34th HICSS, Maul, Hawaii, 2001

[101] B A Carreras, V E Lynch, M L Sachtjen, et al. Modeling blackout dynamics in power transmission networks with simple structure. Proceedings of the 34th Annual Hawaii Intemationai Conference on System Sciences, 2001, 719−727

[102] A G Phadeke, James S Thorp. Expose hidden failures to prevent cascading outages[J]. IEEE Computer Application in Power, 1996, 9(3): 20−23

[103] Jie Chert, James S Thorp, lan Dobson. Cascading dynamics and mitigation assessment in power system disturbances via a hidden failure model[J]. Electrical Power and Energy Systems, 2005, 27: 318−326

[104] 易俊, 周孝信. 考虑系统频率特性以及保护隐藏故障的电网连锁故障模型[J]. 电力系统自动化, 2007, 30(14): 1−6

[105] 易俊, 周孝信, 肖逾男. 用连锁故障搜索算法判别和分析系统的自组织临界状态[J]. 中国电机工程学报, 2007, 27(25): 1−5

[106] I Dobson, B A Carreras, D E Newman. A probabilistic loading-dependent model of cascading failure and possible implications for blackouts[C]. Hawaii International Conference on System Science, 2003: 10−19

[107] I Dobson, B A Carreras, V E Lynch, et al. Estimating failure propagation in models of cascading blackouts. International Conference on Probabilistic Methods Applied to Power Systems. USA, 2004: 641−646

[108] D P Nedie, I Dobson, D S Kirschen, et al. Criticality in a cascading failure blackout model[J]. International Journal of Electrical Power & Energy Systems, 2006, 28(9): 627−633

[109] 梅生伟, 翁晓峰, 薛安成, 等. 基于最优潮流的停电模型及自组织临界性分析[J]. 电力系统自动化, 2006, 30(13): 1−6

[110] Paolo Crucitti, Vito Latora, Massimo Marchiori, et al. Error and attack tolerance of complex networks[J]. Physica A, 2004, 340: 388−394

[111] Paolo Crucitti, Vim Latora, Massimo Marchiori. Model for cascading failures in complex networks[J]. Physical Review E, 2004, 69: 045104/124

[112] 丁明, 韩平平. 小世界电网的连锁故障传播机理分析[J]. 电力系统自动化, 2007, 31(18): 6−10

[113] 丛伟, 潘贞存, 丁磊, 等. 满足"三道防线"要求的广域保护系统及其在电力系统中的应用[J]. 电网技术, 2004, 28(18): 29−33

[114] M Amin. Toward self-healing energy infrastructure system[J]. IEEE Computer Application in Power, 2001, 14(1): 20−29

[115] K Moslehi, A Kumar, H D Ching, et al. Control approach for self-healing power system: a conceptual overview[C]. Electricity Tram. in deregulated market: Challenges, Opportunities and Necessary R&D, Carnegie Mellon (USA),

2004

[116] 郭志忠. 电网自愈控制方案[J]. 电力系统自动化, 2005, 29(10): 85-91

[117] 薛禹胜. 时空协调的大停电防御框架(一)从孤立防线到综合防御. 电力系统自动化, 2006, 30(1): 8-16

[118] 薛禹胜. 时空协调的大停电防御框架(二)广域信息、在线量化分析和自适应优化控制[J]. 电力系统自动化, 2006, 30(2): 1-10

[119] 薛禹胜. 时空协调的大停电防御框架(三)各道防线内部的优化和不同防线之间的协调[J]. 电力系统自动化, 2006, 30(3): 1-11

[120] 林圣, 何正友, 钱清泉. 输电网故障诊断方法综述与发展趋势. 电力系统保护与控制, 2010, 38(4): 140-150

[121] 张强, 张伯明, 李鹏. 智能电网调度控制架构和概念发展述评. 电力自动化设备, 2010, 30(12): 1-6

[122] Lerner, Eric J. (October/November 2003). What's wrong with the electric grid?. The Industrial Physicist (American Institute of Physics) http://www. tipmagazine. com/tip/INPHFA/vol-9/iss-5/p8. html. Retrieved 2009-06-10

[123] Chapter 5: How and Why the Blackout Began in Ohio. NERC Final Report. http://www. nerc. com/docs/docs/blackout/ch5. pdf

[124] 韩水, 苑舜, 张近珠. 国外典型电网事故分析[M]. 北京: 中国电力出版社, 2005

[125] 林韩, 等. 电网防灾减灾应急管理系统建设与应用[M]. 北京: 国防工业出版社, 2009

[126] Report on the status of the investigations of the sequencof events and causes of the failure in the continental European electricity grid[EB/OL]. [2006-11-04]. http://www. eon-netz. corn

[127] 阮前途, 王伟, 张征. 欧洲"11·4"大面积停电事故的教训与启示[J]. 华东电力, 2007, 35(1): 5-9

[128] 日本 GDP 核心区"命悬"福岛核电站: 多地停电多厂停产. http://epaper. dfdaily. com/dfzb/html

[129] 杨太华. 区域电网安全风险评价体系的构建[J]. 华东电力, 2010, 38(4): 572-576

[130] 李锋, 谢开. 欧洲互联电网 2006 年 11 月 4 日大范围停电事故分析. 中国电力, 2007, 40(5): 90-96

[131] 李成榕, 吕玉珍, 崔翔, 等. 冰雪灾害条件下我国电网安全运行面临的问题[J]. 电网技术, 2008, 32(4): 14-22

[132] 陆波, 唐国庆. 基于风险的安全评估方法在电力系统中的应用[J]. 电力系统自动化, 2000, 24(22): 61-64

[133] 李蓉蓉, 张晔, 江全元. 复杂电力系统连锁故障的风险评估[J]. 电网技术, 2006,

30(10):18-23

[134] 刘铠滢,蔡述涛,张尧.基于风险评判的电网规划方法[J].中国电机工程学报,2007,27(22):20-25

[135] 艾琳,罗龙,陈为化.基于风险的电力无功电源评估.华东电力,2008,36(5):560-563

[136] 杨太华.基于模糊故障树的电网倒塔事故安全风险分析.上海电力学院学报,2009,25(6):589-592,602

[137] 吕太,张连升,等.层次分析法风电场运行经济性评价中的应用[J].中国电力,2006,39(9):42-44

[138] 田玉敏.建筑火灾风险评价体系的建立与应用探讨[J].中国安全科学学报,2008,18(8):74-79

[139] 付菊.财产保险[M].上海:复旦大学出版社,2005

[140] 魏宗舒,等.概率论与数理统计[M].北京:高等教育出版社,1983

[141] 胡宣达,沈厚才.风险管理学基础——数理方法[M].南京:东南大学出版社,2001

[142] Haimes Y Y. Hierarchical holographic modeling. IEEE Transactions on Systems, Man, and Cybernetics,1981,11(9):606-617

[143] Hall A D. Metasystems Methodology: A New Synthesis and Unification. Elmsford, NY: Pergamon Press, 1989

[144] Haimes Y Y. Sustainable development: A holistic approach to natural resource management. IEEE Transactions on Systems, Man and Cybernetics, 1992,22(3):413-417

[145] Kaplan S, B J Garrick. On the quantitative definition of risk. Risk Analysis, 1981,1(1):11-27

[146] Kaplan S, Y Y Haimes, B J Garrick. Fitting Hierarchical holographic modeling into the theory of scenario structuring and a resulting refinement of the quantitative definition of risk. Risk Analysis, 2001,21(5):807-815

[147] Haimes Y Y, K Tarvainen. Hierarchical-multiobjective framework for large scale systems//Nijkamp, J Spronk. Multicriteria Analysis in Practice. London: Gower, 1981:201-232

[148] Singh M G. Systems and Control Encyclopedia: Theory, Technology, Applications. New York: Pergamon Press,1987

[149] Sage A P. Systems Engineering. New York: Wiley,1992

[150] Warfield J N. Social - Planning and Complexity. New York: John Wiley & Sons,1976

[151] Kaplan S. The general theory of quantitative risk assessment//Y Y Haimes. D Moser, E Stakhiv. Risk Based Decision Making in Water Resources V. New

York: Amerian Society of Civil Engineers,1991:11-39

[152] Kaplan S. The general theory of quantitative risk assessment – Its role in the regulation of agricultural pets. Proceedings of the APHIS/NAPPO International-al Workshop on the Identification, Assessment and Management of Risks due to Exotic Agricultural Pets,1993,11(1):123-126

[153] Kaplan S,B Zlotin, A Zussman, et al. New Tools for Failure and Risk Analy-sis-Anticipatory Failure Determination and the Theory of Scenario Structuring. Ideation Southfield, MI, 1999. http://cip. gmu. edu/wp-content/uploads/2013/09

[154] Blum B I. Software Engineering: A holistic View. New York: Oxford University Press, 1992

[155] Boehm B W. Software Engineering Economics, Prentice-Hall, Englewood Cliffs. NJ, 1981

[156] Johnson B W. Design and Analysis of Fault tolerant Digital Systems. Addison-wesley, Reading, MA,1989

[157] Haimes Y Y, D Macko. Hierarchical structures in water resources systems management. IEEE Transactions on Systems, Man and Cybernetics, 1973,22(3):413-417

[158] Haimes Y Y, P Das, K Sung. Level-B multiobjective planning for water and land//J Water. Resource Planning and Management Division. 1979, 105(WR2):385-401

[159] Haimes Y Y, K Tarvainen,T shima, et al. Hiearchical Multiobjective Analysis of Large-Scale Systems Hemisphere. New York,1990

[160] Haimes Y Y, D Li, V Tulsani. Multiobjective Decision-tree analysis. Risk a-nalysis,1990,10(1):111-129

[161] 茆旭川,田兵权,黄琦. 基于 AHP 在电力建设项目风险评价中的应用[J]. 西南民族大学学报(自然科学版),2007,33(3):624-628

[162] 丁香乾,石硕. 层次分析法在项目风险管理中的应用[J]. 中国海洋大学学报,2004(1):97-102

[163] 钟登华,张建设,曹广晶. 基于 AHP 的工程项目风险分析方法[J]. 天津大学学报,2002(2):162,166

[164] 卢有杰. 现代项目管理学[M]. 北京:首都经济贸易大学出版社,2004

[165] 谢亚伟,等. 工程项目风险管理与保险[M]. 北京:清华大学出版社,2009

[166] 丁士昭. 工程项目管理[M]. 北京:中国建筑工业出版社,2006

[167] 赵云飞,陈金富. 层次分析法及其在电力系统中的应用[J]. 电力自动化设备,2004,24(9):85-87,95

[168] 许树柏. 层次分析法原理[M]. 天津:天津大学出版社,1988

[169] 刘建航,等.基坑工程手册[M].北京:中国建筑工业出版社,1997

[170] 上海市市政工程管理局.市政地下工程施工及验收规程(上海市工程建设规范,DGJ08-236-1999)

[171] 周红波,赵林,邓绍伦.层次分析法在工程项目风险评估中的应用[J].土木工程学报,2005,38(增):72-77

[172] 周宗发,艾欣,邓慧琼,等.基于故障树和模糊推理的电网连锁故障分析方法[J].电网技术,2006,30(8):86-91

[173] 谢强,张勇,李杰.华东电网500 kV任上5237线飑线风致倒塔事故调查分析[J].电网技术,2006,130(10):59-63

[174] 郭剑波."八五"期间我国电网稳定事故统计分析[J].电网技术,1998,22(2):72-74

[175] 胡超凡,陈刚,赵玉柱.2004年国家电网安全运行情况分析[J].中国电力,2005,38(5):9-12

[176] 周宗发,艾欣,邓慧琼,等.基于故障树和模糊推理的电网连锁故障分析方法[J].电网技术,2006,30(8):86-91

[177] Apostolakis G. Probabilistic Safety Assessment and Management. New York: Volumes 1 and 2,Elsevier, 1991

[178] Henley E, H Kumamoto. Probability Risk Assessment: Reliability Engineering, Design, and Analysis. New York: IEEE Press, 1992

[179] Hadipriono F C. Fuzzy fault tree analysis [A]. Proceedings of Fourth European Congress on Intelligent Techniques and Soft Computing (EUFIT'96)[C]. Aachen, Germany: Verlag Mainz, 1996: 1411-15

[180] F Khan, M Haddara. Risk-based maintenance of ethylene oxide process plant. Journal of Hazardous Materials, 2004,A1108:147-157

[181] Lowrance W W. Of Acceptable Risk:Science and the Determination of Safety. Los Altos, CA: William Kaufmann, 1976

[182] Park J I, J H Lambert, Y Y Haimes. Hydraulic power capacity of water distribution networks in uncertain conditions of deterioration. Water Resources Research, 1998,34(2):3605-3614

[183] Schneiter C, Y Y Haimes, D Li, et al. Capacity reliabiIity of water distribution networks and optimum rehabilitation decision making. Water Resources Research,1996,32(7): 2271-2278

[184] U S Nuclear Regulatory Conlmission. Fault Tree Handbook, 1981, NUREG-81/0492

[185] 华小洋,胡宗武,范祖尧.模糊故障树分析方法[J].机械强度,1998,20(1):35-40

[186] Kim C E, JU Y J, GENS M. Multilevel fault tree analysis using fuzzy number

[J]. Computers & Operations Reseach，1996，23(7)：695-703

[187] Robert N C. Software Engineering, Risk Analysis and Management [M]. New York：McGraw-Hill Book Company，1989

[188] 杨太华,郑庆华.基于故障树方法的项目安全风险分析[J].系统管理学报，2009,18(5)

[189] Chen J, Thorp J S, Parashar M. Analysis of electric power system disturbance data[C]. Maui, Hawaii：Proceedings of the 34 th Hawaii International Conference on System Sciences，2001

[190] 曹一家,郭剑波,梅生伟,等.大电网安全性评估的系统复杂性理论[M].北京：清华大学出版社,2010

[191] H.哈肯.信息与自组织[M].成都:四川教育出版社,1988

[192] 岳丽宏,陈为标,田丽,等.基于神经网络的工业企业电气安全评价方法研究[J].青岛理工大学学报,2007,28(4):7-10

[193] 潘华,施泉生.基于神经网络的数据挖掘方法在电力工程事故控制效果评价中的应用研究[J].电力信息化,2007,5(7):90-92

[194] 靳江红,赵寿堂,胡玢.工业企业电气安全评价方法研究[J].安全与环境学报,2005,5(3):116-118

[195] 宋瑞,邓宝.神经网络在安全评价中的应用[J].中国安全科学学报,2005,15(3):78-81

[196] 程磊,杨运良,熊亚选.基于人工神经网络的矿井通风系统评价研究[J].中国安全科学学报,2005,15(5):88-91

[197] 王三明,蒋军成,姜慧.基于人工神经网络理论的系统安全评价[J].工业安全与防尘,2001,27(2):27-30

[198] 张兰江,郭世勇.基于神经网络汽车离合器故障诊断研究[J].青岛理工大学学报,2005,26(6):126-130

[199] 杨太华,汪洋,王素芳.复杂电网建设安全风险研究综述[J].上海电力学院学报,2012(5):457-462

[200] 湛垦华,沈小峰.普利高津与耗散结构理论[M].西安:陕西科学技术出版社,1982

[201] 刘建香.企业创新网络的耗散结构[J].系统科学学报,2007,15(2):72-76

[202] 曾德明,骆建栋,覃荔荔.基于耗散结构理论的高新技术产业集群开放性研究[J].科技进步与对策,2009,26(11):48-51

[203] 钱学森,于景元,戴汝为.一个科学新领域——开放复杂巨系统及其方法论.自然杂志,1990,13(1):3-10

[204] 苏屹.耗散结构理论视角下大中型企业技术创新研究[J].管理工程学报,2013,27(3):107-114

[205] 肖雪梅,王艳辉,张思帅,等.基于耗散结构和熵的高速铁路事故演化机理研究

[J]. 中国安全科学学报,2012, 22(5):99-105

[206] Timmerman P Vulnerability. Resilience and the Collapse of Society: A Review of Models and Possible Climatic Applications[M]. Canada: Institute for Environmental Studies, 1981

[207] 杨太华. 基于脆弱性的电网建设项目安全风险分析[J]. 工程管理年刊,2012: 256-261

[208] 发展改革委,电监会. 关于加强电力系统抗灾能力建设的若干意见[S]. 2008

[209] David Watts. Security & vulnerability in electric power system[C]. NAPS, North American Power System Symposium,Rola(Missouri),2003;559-566

[210] 孙峥. 城市自然灾害定量评估方法及应用[D]. 青岛:中国海洋大学,2008

[211] Fussel H M. Vulnerability: A generally applicable conceptual framework for climate change research[J]. Global Environmental Change, 2007, 17 (2): 155-167

[212] Adger W N. Vulnerability[J]. Global Environmental Change, 2006, 26(3) : 268-281

[213] Mitchell J, Devine N, Jagger K. A contextual model of natural hazards[J]. Geographical Review,1989,79(4): 391-409

[214] Haimes Y Y. On the definition of vulnerabilities in measuring risk to infrastructures[J]. Risk Analysis,2006,26(2):293-296

[215] 张宏亮,李鹏. PFI 项目特点对项目风险事件和脆弱性的影响[J]. 管理工程学报,2007,21(1):102-109

[216] 赵跃龙,张玲娟. 脆弱生态环境定量评价方法的研究[J]. 地理科学, 1998, 18 (1): 73-78

[217] 刘智. 城市抗灾力的内涵、度量模型与评估策略[J]. 中国安全科学学报,2010, 20(4):136-141

[218] 王祯学,戴宗坤,肖龙,等. 信息系统风险评估的数学方法[J]. 四川大学学报(自然科学版),2004,41(5):991-994

[219] 袁志坚,孙才新,李剑,等. 基于模糊多属性群决策的变压器状态维修策略研究[J]. 电力系统自动化,2004,28(11):66-70

[220] 顾煜炯,董玉亮,杨昆. 基于模糊评判和 RCM 分析的发电设备状态综合评价[J]. 中国电机工程学报,2004,24(8):189-194

[221] 胡勇志,黄钞乙,凌申怀. 基于层次分析法的变电站安全风险管理研究[J]. 工业安全与环保,2011,37(12):63-64

[222] 蔡文. 物元模型及其应用[M]. 北京:科学技术文献出版社,1994

[223] 杨春燕,蔡文. 基于可拓集的可拓分类知识获取研究[J]. 数学的实践与认识, 2008,35(16):154-191

[224] 杨太华,王占海. 基于物元模型的地下变电站安全风险分析[J]. 华东电力,

2013,41(3):0524-0527

[225] 黄文杰. 建设工程合同管理[M]. 北京:高等教育出版社,2005

[226] FIDIC. 风险管理手册. 中国工程咨询协会编译. 北京:中国计划出版社,2001

[227] Yang Tai-hua. Fuzzy Synthetic Assessment of Deep Foundation Construction Risk in Shanghai River-cross Power Tunnel Project. Proceedings of CRIOCM 2009 International Symposium on Advancement of Construction Management and Real Estate, Nanjing, P. R. C, China, 2009

[228] Yang Tai-hua. Safety Risk Identification and Coping Strategies of Regional Power Grid Construction. Prpoceedings of the Ist International Conference on Sustainaele Construction & Risk Management, Chongqing, P. R. C. China, 2010